이토록
재미있는
수학이라니

지은이 **리여우화** 李有華

수학을 향한 열정과 사랑이 넘치는 수학 마니아.
복단대학교 컴퓨터공학 석사 학위를 받고 IT 업계에 종사하고 있으며 중국에서 유명한 과학연맹 '과학의 소리' 조직위원을 맡고 있다. 수학을 향한 열정과 사랑이 넘쳐 2016년부터 히말라야FM 인기 팟캐스트 〈리쌤과 수학 수다〉의 메인 진행자로 활동하고 있다. 아마추어 수학 애호가들로부터 전폭적인 응원과 함께 전문가들에게도 인정받고 있다. 현재 중국 인터넷에서 수학의 대중화에 앞장서는 몇 안 되는 전문 프로그램 중 하나다. 또한 그는 국내외 수학 관련 논문, 서적, 언론 기사 등을 꾸준히 섭렵하며 오늘도 수학의 재미를 알리기 위해 힘쓰고 있다.

옮긴이 **김지혜**

한국교원대학교에서 수학교육학 석사 학위를 받았다. 고등학교 수학 교사로 현재 중국 천진한국국제학교에서 근무하고 있다. 평소 수학, 중국어, 독서에 빠져 지내고, 특히 중국 수학책 읽기가 취미이며, 독서와 글쓰기를 즐기며 바쁘게 보내고 있다. 지은 책으로『꿈꾸는 십대가 세상을 바꾼다』,『아무것도 모르면서』등이 있다.

老师没教的数学
ISBN 9787121367182
This is an authorized translation from the SIMPLIFIED CHINESE language edition entitled《老师没教的数学》published by PUBLISHING HOUSE OF ELECTRONICS INDUSTRY Co., Ltd, through Beijing United Glory Culture & Media Co., Ltd., arrangement with EntersKorea Co.,Ltd.

학교에서 가르쳐주지 않는 매혹적인 숫자 이야기

이토록
재미있는
수학이라니

글 리여우화 · 그림 야오화 · 옮긴이 김지혜 · 감수 강미경

미디어숲

감수 강미경

서강대학교 수학과를 졸업(부전공 : 수학교육, 전자계산학)하고 서강대학교 대학원에서 위상수학 전공으로 이학석사와 이학박사학위를 취득하였다. 현재 배재대학교 AI.전기공학과에서 부교수로 재직 중이며 강의 외에도 수학사에 관심을 가지고 공부하고 있다.

이토록 재미있는 수학이라니

펴낸날 2020년 7월 30일 1판 1쇄
펴낸날 2020년 10월 20일 1판 2쇄

지은이_리여우화
그린이_야오화
옮긴이_김지혜
펴낸이_김영선
책임교정_이교숙
교정·교열_양다은, 안중원
경영지원_최은정
디자인_현애정, 정혜욱
마케팅_신용천

펴낸곳 (주)다빈치하우스-미디어숲
주소 경기도 고양시 일산서구 고양대로632번길 60, 207호
전화 (02) 323-7234
팩스 (02) 323-0253
홈페이지 www.mfbook.co.kr
이메일 dhhard@naver.com (원고투고)
출판등록번호 제 2-2767호

값 24,800원
ISBN 979-11-5874-079-5

이 도서의 국립중앙도서관 출판예정도서목록(CIP)은 서지정보유통지원시스템 홈페이지(http://seoji.nl.go.kr)와 국가자료공동목록시스템(http://www.nl.go.kr/kolisnet)에서 이용하실 수 있습니다.(CIP제어번호: CIP2020026414)

아무도 가르쳐주지 않는
재미있는 수학의 세계!

안녕하세요. 리쌤입니다. 저는 〈히말라야 FM〉 첫 번째 방송을 할 때만 해도 이렇게 책을 통해서 여러분과 함께 수학을 가지고 놀 줄은 꿈에도 생각지 못했습니다. 원래는 '수학의 주제'에 대해서 이야기하려고 했는데 집필 과정에서 '놀다'라는 단어에 집중하게 되었습니다. 처음에는 좀 어색하기도 하고 제가 쓰는 이 내용이 '재미가 없으면 어쩌지'라는 걱정도 많았습니다. 그런데 어느 날, 갑자기 영어에서 '놀다'가 'play'라는 것이 떠올랐습니다. 'play'라는 단어는 축구를 할 때도, 악기를 연주할 때도 쓰이는데 제 입장에서 보면 수학은 취미생활과 같으니 '놀다'가 정말 딱 어울리는 표현이라는 생각이 들었습니다.

수학과 '놀다'는 어쩐지 와 닿지 않을 텐데요.

수학이라고 하면 무미건조한 공식과 연습문제가 먼저 떠오르는 사람이 훨씬 많을 것 같습니다. 저는 어렸을 때부터 수학성적이 꽤 괜찮은 편이었습니다. 친구들은 자주 저에게 수학공부를 어떻게 하는지, 공부하는 게 힘들지 않은지 물어보곤 했습니다. 그럴 때마다 솔직히 어떻게 대답을 해야 할지 참 난감했습니다. 사실 저는 수학공부가 힘들다고 생각한 적이 없었기 때문입니다.

이유를 몇 가지 들자면 첫 번째는 수학은 배경지식이 필요 없는 학문입니다. 어렸을 때, 저는 암기과목을 정말 싫어했습니다. 그런데 수학은 제가 느끼기에 외울 내용이 거의 없었습니다. 물론 초등학생 때 구구단과 중고등학교 때 배우는 삼각함수의 기본공식은 외워야 하지만요. 삼각함수는 확실히 시간을 써서 기억해야 하는 공식들이 많은데 공식들 간의 관계성이 있어서 기억하는 데 도움이 되었습니다.

저의 비결이라고 하면 시험이 시작되면 시험지 위에 공식들을 모조리 다 적어놓습니다. 그러면 남은 시험시간 동안은 공식 걱정은 안 해도 되니 마음 놓고 시험을 치를 수 있었죠. 참고할 책을 하나 가지고 있는 것이나 다름없으니까요. 어쨌든 결론적으로 저는 수학으로 인해 고통스러웠던 기억이 없습니다. 수학시간이면 저는 공부를 한다기보다 선생님이 저의 머릿속에서 논리를 끄집어내어 도와주기를 기다렸습니다. 마음속으로 항상 "아, 이런 거구나.", "그래, 만약 그렇다면 나도 이렇게 풀 수 있겠어."라는 소리를 내뱉곤 했습니다.

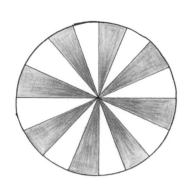
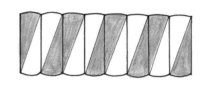

[그림] 원의 넓이 공식을 증명하는 과정

　두 번째는 수학은 암기 스트레스가 없고 공부하기 편할 뿐만 아니라, 확실히 가지고 놀 수 있는 과목이라는 것입니다. 예를 들어, 원의 넓이 공식을 공부할 때 저는 항상 종이 한 장을 가져와서 교과서에 그려져 있는 모양과 완전히 똑같이 그리고 잘라내어 직접 확인해봅니다.

　수학시험 때, 저는 특히 '응용문제' 푸는 것을 즐겼습니다. 응용문제가 마치 수수께끼처럼 느껴졌기 때문에 문제를 풀었을 때의 그 특별한 희열이란 말로 할 수가 없었습니다. 그래서 이 책에서도 응용문제를 가져와 설명하는 부분이 꽤 있습니다.
　그런데 안타깝게도 수학 시험의 난이도가 올라가면

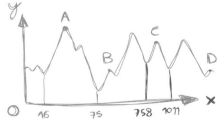

응용문제는 점점 더 어려워지기 마련인데요. 그래서 중학교 이후에 수학시험에서 출제되는 응용문제는 갈수록 줄어들고 있습니다. 이와 반대로 물리시험에서 수학응용문제를 찾을 수 있었습니다. 물리시험 응용문제이지만 총알이 날아간 거리부터 위성의 공전주기에 이르기까지, 수학이 참 재미있다는 것을 증명하는 것 같았습니다.

마지막으로 수학을 공부하는 것은 재미있을 뿐만 아니라 돈이 들지 않습니다. 요즘 많은 사람이 취미생활을 즐기는 데, 돈을 들여야 하는 경우가 많습니다. 하지만 수학으로 노는 것은 돈이 한 푼도 안 드니 이 얼마나 경제적인 취미인가요? 수학애호가 입장에서 수학을 즐기기 위해서는 연필 하나와 종이 한 장만 있으면 충분합니다.

여기까지 읽고도 "수학? 난 아무래도 재미가 없어!"라고 말하는 사람도 있을 겁니다. 바로 이런 분들에게 이 책을 추천하고 싶습니다. 수학에는 아무도 가르쳐주지 않는 흥미로운 이야기가 참 많습니다. 이 책에서는 수학적 사고에 관한 이야기를 많이 다룹니다.

우리가 접하는 과학 관련 서적에서 초·중학생이 보는 참고서와 시험 대비용을 제외하면 대략적으로

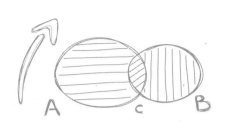

두 가지 종류가 있는데 하나는 역사에 관한 것이고, 다른 하나는 구체적인 수학 분야에 관한 것이라고 생각됩니다. 전자는 독자들이 좋아하는 분류임에 틀림없고, 후자에서 구체적인 수학 분야에 대한 지식은 이해하기 어려운 점이 많아 좀 생소한 것이 사실입니다.

이 책에서 다루는 주제는 수학에서도 매우 심도 있는 수학문제―페르마정리, 리만가설 등―로 이런 문제를 일반 애호가들이 흥미를 가질 수 있도록 평이하게 표현하는 것은 사실 매우 힘든 일입니다.

이 책은 위에서 언급한 두 종류 수학 서적의 중간자적인 역할을 하기를 바라며 썼습니다. 하나는 흥미를 최대한 끌기 위해 독자들이 재미있게 받아들일 수 있는 응용문제를 제시했습니다. 다른 하나는 깊이와 난이도 등 다방면에서 배경자료를 찾고 의미 있는 내용을 소개하려고 애썼으며 흥미를 느낀 독자들이 스스로 연구하는 출발점이 될 수 있도록 고민했습니다. 그리고 각 절마다 끝부분에 본문에서 언급한 내용과 관련 있는 문제를 제시하여 사고의 기회를 제공하고 싶었기 때문에 어떤 문제는 답이 없는 개방형 문제입니다.

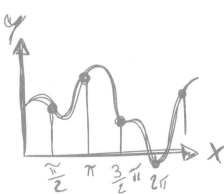

저 또한 구체적인 답을 모르는 경우가 있음을 밝힙니다. 여러분이 계속하여 '놀기'를 바라는 마음에서 낸 문제이니 만약 여러분이 이런 문제를 가지고 놀 수 있다면 저의 목적은 달성된 것입니다.

이 책에서 언급하는 많은 화제들은 어쩌면 다른 서적 또는 인터넷 검색으로 한 번쯤 본 내용일 수도 있습니다. 하지만 분명한 것은 저는 이 책을 출간하기 직전까지 가장 최신의 연구결과를 반영하려고 노력했다는 것입니다. 이밖에도 문제의 이해를 돕기 위해 최대한 재미있는 그림을 실었습니다.

'수학책에 공식이 하나 더 추가되면 판매량이 반으로 줄어든다'는 말이 있습니다. 이 책에도 공식은 있을 수밖에 없으나 책에서 언급하는 많은 공식은 중학생이 읽을 수 있는 정도이고 최대한 구체적인 문자에 맞춰 설명을 해놓아 쉽게 알 수 있도록 하였습니다. 최종적으로는 여러분이 공식의 아름다움을 감상하고 공식을 좋아하며, 심지어 공식을 가지고 놀 수만 있다면 더 이상 바랄 게 없습니다.

마지막으로 이 책은 일반 과학서적으로, 구체적인 수학문제의 서술에서 부족한 점이 있더라도 부디 독자님들의 따뜻한 지적과 양해 부탁드립니다. 여러분이 수학의 바다에서 즐겁게 놀기를 진심으로 바랍니다!

저자 리여우화

차 례

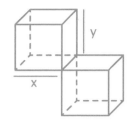

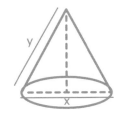

PART 5

LEVEL 5

수학적으로 세상을 수학하라

PART 1

LEVEL 1

시도하는 자가
수학보석을 캘 수 있다

수학에서 보석을 캐다 _ 메르센 소수 ─────

우리는 초등학생 때 이미 '소수'라는 것을 배웠다. 교과서에서는 소수를 간단히 언급하고 지나갔지만 이 소수라는 개념은 수학에서 충분히 매력적이고 모험적인 화두이다. 나는 소수가 수학의 기본 중의 기본이고 심지어 전 우주에서 가장 기초가 되는 요소이자 소통의 기초라고 생각한다.

만약 외계인이 지구인과 대화를 한다면 어떻게 소통할 수 있을지 생각해본 적이 있을까?

나라면 돌을 하나씩 가져와서 2개, 3개, 5개, 7개, 11개, 13개… 이렇게 둘 거 같다. 외계인의 수학 수준이 충분히 높다면, 아니 특별히 멍청하지만 않다면 그들은 분명히 그 다음에 두어야 하는 돌이 17개인 것을 알 것이다. 지구를 방문한 외계인이니 당연히 지구의 과학수준 정도로는 발전해 있을 것이고 소수 같은 기초 지식을 이해하는 데는 문제가 없을 것이다. 나는 외계인과 수학으로 수다를 떠는 것이

[그림] 만약 외계인을 만난다면 함께 돌로 '소수'를 놓으며 수학으로 수다를 떠는 것이 유용한 소통방식이 될지 모른다.

제일 유용한 소통방식이라고 생각한다. 물론 문학, 역사, 철학 또는 생물학, 물리학도 가능하겠지만 말이다.

소수에 대한 이야기를 하는 김에 많은 사람에게 친숙한 소수와 관련된 화제, 메르센 소수를 다뤄보려고 한다.

메르센 수Mersenne number : $2^n - 1$ (n : 자연수) 꼴의 수
메르센 소수Mersenne prime : 메르센 수 중에서 소수인 수

나는 독자들이 이미 다양한 경로를 통해서 메르센 소수를 접했을 거라고 생각한다. 우리는 어른이 될 때까지 많은 수학책에서 소수에

대한 소개를 접하고 수학 관련 도서에서는 늘 메르센 소수에 대해 싣
는다. 좀 더 재미있는 것은 다른 시기에 출간된 책이라도 가장 최근
에 발견된 가장 큰 메르센 소수가 얼마인지를 꼭 언급한다는 것이다.
나 또한 이 이야기를 하려고 한다.

최근 몇 년 동안 기본적으로 매 1년에서 3년마다 새로운 메르센 소
수가 발견되었다. 가장 최근의 기록은 2018년 12월에 51번째로 발견
된 메르센 소수 $2^{82589933}-1$이다. 이 수는 2400만 자리 이상으로 알려
져 있다.

메르센 소수는 17세기 프랑스 수학자 마랭 메르센$^{\text{Marin Mersenne}}$의
이름에서 따온 것이다. 그런데 그는 메르센 소수를 만든 사람도 아니
고 더군다나 메르센 소수를 가장 많이 발견하지도 않았다. 그렇다면
왜 메르센 소수라고 부르는 것일까? 이런 종류의 소수는 고대 그리
스인에 의해 그 존재가 처음 확인되었는데 메르센이 이 소수를 처음

체계적으로 연구했고 작은 수부터 시작하여 257까지의 메르센 소수를 구했기 때문이다.

그런데 그가 찾은 것 중에 두 개는 소수가 아닌 것으로 확인되었고 세 개의 소수를 빠뜨렸다. 이 실수는 아주 오랜 시간이 지나고서야 다른 사람에 의해 정정되었다.

메르센은 $p=2, 3, 5, 7, 13, 17, 19, 31, 67, 127, 257$일 때, 2^p-1은 소수라고 생각했다. 하지만 $p=67, 257$일 때, 2^p-1은 소수가 아니다. 또한 그는 $p=61, 89, 107$일 때 2^p-1이 소수인 것을 빠뜨렸다. 그가 착오를 일으킨 $p=67, 257$인 경우를 다시 짚어보자.

$$2^{67}-1=193707721 \times 761838257287$$
$$2^{257}-1=535006138814359 \times 1155685395246619182673033 \times$$
$$3745505985018109365817766300096313181393$$

위의 식을 보면 그의 실수에 대해 이해할 수 있다. 아쉬운 점은 메르센이 어떻게 메르센 소수를 검증했는지 알 수 없다는 것이다. 그는 검증 방법에 대한 어떤 기록도 남기지 않았다. 어쩌면 그 역시 자신의 방법에 대해 100% 확신이 없었는지도 모른다.

현대인은 어떻게 메르센 소수를 찾을까? 모두가 비슷한 예상을 할 거 같은데 바로 컴퓨터를 이용하는 것이다. 1997년부터 발견된 수많은 메르센 소수는 모두 어떤 프로젝트에 의해 발견된 것이다. 이 프로젝트는 줄여서 '김프스^{GIMPS} 프로젝트'라고 부른다. 의미는 'Great

Internet Mersenne Prime Search(수십만 대의 개인용 컴퓨터를 통합해 초대형 메르센 소수를 찾기 위한 프로젝트)'이다. 개개인은 모두 이 프로젝트에 자발적으로 참여할 수 있다. 소프트웨어는 누구든지 다운로드하여 프로젝트에 참여할 수 있는데 더 큰 메르센 소수를 찾는 데 자신의 힘을 보탤 수 있다. 50번째 메르센 소수도 미국의 한 택배기사가 교회에 묵혀있는 낡은 컴퓨터를 이용하여 이 프로젝트의 프로그램을 십여 년을 돌려 발견한 것이다.

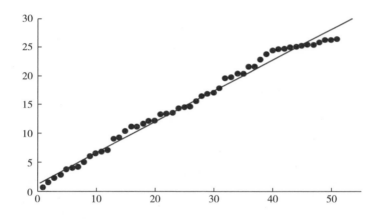

[그림] 메르센 소수 분포의 예측과 실제의 비교 그래프. x축은 메르센 소수의 순서번호, y축은 $\log_2(\log_2 M_n)$, M_n은 n번째 메르센 소수이다. 최근 몇 개의 메르센 소수는 비교적 가까운 수들이라서 남색 점들이 평행하게 분포한다.

메르센 소수는 왜 이렇게 찾기 힘들까? 소수 하나를 검증하는 데 걸리는 시간, '다항시간polynomial time'에 대해 들어본 적이 있는가? 이는 P problem이라고 한다.(P problem이라는 것은 어떤 문제를 해결하는 데 필요한 시간이 polynomial time이라는 것이다.)

메르센 소수를 검증하는 것은 일반 소수를 검증하는 것보다 간단하다. 바로 '루카스-레머 소수 판정법 Lucas-Lehmer primality test'을 활용한다. 이 방법은 1878년 프랑스 수학자 에드워드 루카스에 의해 발견되었고 1930년대 수학자 데릭 레머가 수정완성하였다.

[루카스-레머 판정법]

다음과 같은 수열 $\{S_i\}$를 정의하자.

(1) $S_0 = 4$

(2) $S_i = S_{i-1}^2 - 2 \ (i \geq 1)$

이 수열의 몇 개의 항을 나열하면 $4(=S_0)$, 14, 194, 37634⋯와 같다. 또한, $2^p - 1$이 소수라면 S_{p-2}이 $2^p - 1 (= M_p)$로 나누어 떨어지는 것과 동치이다.

즉, $S_{p-2} \equiv 0 \pmod{M_p}$

[예] $M_5 = 2^5 - 1 = 31$은 소수이다.

∵ 루카스-레머 판정법에 의해 $S_3 (= 37634)$가 31로 나누어떨어지므로 즉, $S_3 \equiv 0 \pmod{31}$

메르센 소수는 1천만 자리를 넘어서서 계산량이 방대하다. 그래서 메르센 소수를 검증하는 데 평균적으로 1년에서 3년 정도의 시간이 소요된다. 또한 새롭게 발견된 메르센 소수와 직전에 발견된 수와의 간격이 날이 갈수록 커지고 있기 때문에 앞으로 메르센 소수를 발견하는 데 소요시간은 더 길어질 것으로 예상된다.

어떤 수가 소수인지를 검증하는 것이 매우 어렵다면 관점을 바꿔 어떤 큰 합성수에 대해 그 수의 소인수를 찾는 건 어떨까? 단언하건 대 이것은 소수 검증보다 수천 배는 더 어려울 것이다. 수학자는 2^n-1 꼴의 수많은 합성수를 발견했지만, 그것의 소인수가 몇 개인지는 알 수 없다고 한다. 그렇다면 우리가 열심히 메르센 소수를 찾고 있는 이유는 무엇일까? 그것은 메르센 소수가 매우 의미 있는 특징이 있 기 때문이다. 이 특징을 사람들이 알아채기는 힘들지만 뭔가 감춰진 비밀스러운 느낌을 준다.

메르센 소수는 왜 2^p-1꼴이어야 할까?, 3^p-1, 4^p-1꼴의 메르센 소수 는 왜 찾지 않는 걸까? 이 질문에 대한 답으로 다음의 정리를 함께 살 펴보자.

[정리 1]

a^b-1이 소수이면 $a=2$이다.

즉, 3^p-1, 4^p-1, $5^p-1\cdots$ 등은 소수가 될 수 없다.

($a^n-1=(a-1)(a^{n-1}+a^{n-2}+\cdots+1)$을 이용하여 독자가 스스로 증명해보길 바 란다.)

[정리 2]

2^p-1이 소수이면 p는 소수이다.

$2^{ab}-1$꼴(a, b는 모두 1이 아닌 자연수)의 수를 생각해보자.

$2^{ab}-1$은 2^a-1과 2^b-1을 인수로 가진다.

이런 이유로 $2^{ab}-1$은 소수가 아니다.

그래서 2^p-1이 소수라면 p는 필히 소수이어야 한다.

이처럼 메르센 소수의 모양은 정해져 있으니 이 소수를 찾는 것은 그렇게 어렵지 않다고 생각할 수 있다. 다른 정수는 고려할 필요도 없이 2의 소수제곱에서 1을 빼기만 하면 된다. 그러나 수많은 소수와 관련된 명제들에서 말해주듯이 그것은 마치 대자연과 인류의 농담처럼 느껴진다. 실제로 2의 소수제곱에 1을 뺀 수를 소수라고 여기고 검증해보면 대부분이 소수가 아니라는 것을 알게 된다. 아주 가끔씩 소수가 나타날 뿐이다.

이것은 보석을 캐러 보석광에 가는 것과 비슷하다. 당신은 어떤 지점에 보석이 있다는 단서를 알고 있다. 게다가 당신은 많은 지점에 보석이 있는 것도 아니라는 사실을 안다. 그래서 당신은 쉬지 않고 아래쪽으로 파내려간다. 하지만 반나절을 파도 어떤 것도 나오지 않는다. 그래서 어떤 수학자는 메르센 소수를 '수학의 보석'이라고 부른다. 수학자에게 새로운 메르센 소수를 하나 찾는 것은 예기치 않게 보석을 캐는 것과 같다.

우리가 메르센 소수를 보석이라고 하는 것은 희귀할 뿐만 아니라 주목할 특징이 있기 때문이다. 바로 메르센 소수는 완전수와 밀접한 관련이 있다.

어떤 자연수가 1을 포함한 약수들의 합과 같을 때 이 자연수를 완전수라고 한다. 예를 들어 6은 1, 2, 3을 약수로 가진다. 그리고

[그림] 메르센 소수를 찾는 것은 보석을 캐는 것과 같다.

1+2+3=6이므로 6은 완전수이다. 완전수는 그 자체로도 화젯거리가
되는데 완전수와 메르센 소수는 미묘하게도 아름다운 관계에 있어
눈길을 끈다.

어떤 짝수가 완전수라면 그 수는 $2^{p-1}(2^p-1)$ 의 꼴이다.

여기서 2^p-1은 메르센 소수이다. 이것을 일컬어 '유클리드-오일러
정리'라고 한다. 짝수인 완전수와 메르센 소수는 일대일 대응인 것이
다. 이 얼마나 신비로운 결과인가! 새로운 메르센 소수를 찾아낼 때

마다 새로운 완전수를 알게 되는 것이다. 그러니 수학자들이 왜 그렇게 기뻐하는지 이제는 이해할 수 있을 것이다. 한마디 더 하면 아직까지 홀수인 완전수는 발견되지 않았다. 많은 수학자들은 홀수 완전수는 없을 거라고 예상한다.

지금까지 확인된 바로는 10^{1500}까지 홀수인 완전수는 없다. 하지만 수학 명제가 증명되지 않은 경우라면 누가, 언제, 어떻게 또 놀라운 수를 발견할지 아무도 알 수 없다.

메르센 소수는 수학의 보석일 뿐만 아니라 유용하기도 하다. 1997년 일본의 마코토 마쓰모토Makoto Matsumoto와 타쿠지 니시무라Takuji Nishimura는 'MT Mersenne twister'라는 난수생성법을 고안했다. 이 알고리즘은 한 쌍의 메르센 수를 이용했기 때문에 붙여진 이름이다.

이어서 메르센 소수와 관련된 몇 가지 추측을 함께 생각해보려고 한다.

첫 번째, 메르센 소수는 무수히 많을까? 절대 다수의 수학자들은 '메르센 소수가 무수히 많다'는 명제가 참일 거라고 여긴다. 하지만 증명은 할 수 없다.

두 번째, 합성수인 메르센 수는 무수히 많을까? 당신은 어쩌면 너무 쓸데없는 질문 아니냐고 반문할 수 있다. 앞에서 2^p-1의 대부분은 합성수였을까? 수학에서는 앞서 많은 증명된 예가 있더라도 최후에 등장하는 반례로 인해 추측한 상황이 뒤집힌다.

많은 수학자들은 무수히 많은 메르센 수는 합성수라고 확신한다. 하지만 이 문제는 지금까지 추측일 뿐이다.

위의 두 가지 추측 중 적어도 하나는 참이다. 물론 두 개 모두 참일 수도 있다.

오일러는 이렇게 증명했다.

$k>1$일 때, $p=4k+3$이 소수라면 $2p+1$은 소수이다.

즉, $2^p=1 \pmod{2p+1}$

(이것의 의미는 만약 무수히 많은 $p=4k+3$과 $2p+1$이 모두 소수라면, 무수히 많은 메르센 수는 합성수이다.)

세 번째, 메르센 수는 완전제곱수를 약수로 가지지 않을까?

이것의 의미는 2^p-1이 소수라면 약수 중에는 완전제곱수가 당연히 포함되지 않는다. 한편, 2^p-1이 합성수라면 우리는 소인수분해를 해볼 수 있다. 그 결과로 각 약수들이 한 번만 나타나는지, 어떤 수도 (1을 제외한) 완전제곱수로 나누어 떨어지지 않는지를 확인하는 것이다. 현재 이 추측은 모든 합성수인 메르센 수에 적용된다.

다음 두 개의 메르센 수를 소인수분해한 결과에서 각 인수는 한 번만 나타난다.

$2^{11}-1=23\times89$

$2^{71}-1=228479\times48544121\times212885833$

이 추측이 모든 메르센 수에 대해서 성립하느냐 하는 의문을 가질 수 있지만 현재로서는 알 수가 없다.

이 추측은 또 다른 흥미로운 소수인 베버리 소수$^{Waverly\ prime}$와 관련이 있다. p가 소수일 때, p^2이 $2^{p-1}-1$로 나누어 떨어지면 p를 베버리 소수^{Waverly prime}라고 한다.

수학자는 4.96×10^{17}이내에서 두 개의 베버리 소수 1093, 3511을 발견하였다. 그래서 이 소수는 메르센 소수보다 더 찾기 힘들다! 그런데 이 두 소수의 제곱은 현재 알려진 메르센 수의 약수가 아니다. 또한 무수히 많은 베버리 소수가 존재하는지도 모른다. 그래서인지 이 수는 메르센 소수보다 더 신비스러운 느낌을 준다.

네 번째 추측은 더 재미있다. 어떤 사람은 다음과 같은 수열을 만들어 보기도 한다.

첫째항을 $a_1 = 2$라고 하면, 두 번째 항은 첫째항을 지수로 하여 $a_2 = 2^{a_1} - 1 = 2^2 - 1 = 3$이므로 소수이다. 세 번째 항은 두 번째 항을 지수로 하여 $a_3 = 2^{a_2} - 1 = 2^3 - 1 = 7$이므로 소수이다.

이런 식으로 계산해가면 $a_4 = 127$, a_5는 모두 소수가 된다는 것을 알 수 있다. 이와 같이 매우 자연스럽게 구한 a_n이 모두 소수인지 아닌지 궁금해진다. 모두 소수일까?

위의 과정을 보면 설득력이 있지만 실제로 많은 수학자들은 이 추측이 틀렸다고 한다. 뿐만 아니라, 바로 다음 수 a_6는 소수가 아닐 거라고 하는데 이것을 확인하는 데 유일한 어려움은 a_6가 매우 큰 수라는 것이다! a_6는 얼마나 큰 수일까? $a_5 = 2^{127} - 1$은 서른 몇 자리수이다. 그런데 우리가 검증했던 가장 큰 메르센 소수의 지수는 겨우 아홉 자리밖에 안 되니 메르센 수 a_6가 소수인지를 검증하려면 지금의 방법으로는 할 수가 없다.

수학자들은 어째서 이 명제는 거짓이라고 딱 잘라 말할 수 있을까? 역사적인 경험에서, 수학 명제는 많은 수학적 예가 있다 하더라도 충분한 근거가 되지 못한다는 것을 안다. 하물며 소수와 관련 있는 명제 중에는 수많은 반례가 모두 천문학적 숫자로 나타난다. 그런데 이 명제는 단지 5개의 예로만 확인했으니 수학자의 입장에서 거짓이라고 말하기에 충분하지 않은가.

소수의 다양한 표현은 우리에게 소수를 쉽게 만드는 공식을 찾는 것은 불가능하다고 알려주는 것 같다. 앞선 천년 동안 이미 많은 사람은 소수 순서를 생성하는 간단한 공식을 만들고 싶어 했다. 그러나 얼마 되지 않아 모두 실패했다. 충분히 '유효'한 소수 순서를 생성하는 공식을 찾을 수 있다면 좋겠지만 이것은 여전히 수학에서 매우 어려운 난제가 될 것이다. 심지어 영국의 수학자 리처드 K.가이^{Richard} ^{K.Guy}는 통계학에서 '큰 수의 법칙'과 버금가는 '작은 수의 법칙'을 그럴싸한 유머로 꺼낸다. : 수학적 추측은 아무리 구체적이고 실증적인 예를 제공한다고 하더라도 이 추측 자체가 성립되는지에 대한 영향은 매우 적다. 당신이 수만, 수억 가지 실제 예를 가져온다 해도 실제 미치는 영향은 미미할 수 있다.

오래되지 않은 예로, 어떤 사람이 컴퓨터프로그램으로 a_6의 값을 검증했는데 결과적으로 10^{51} 내에는 그것의 인수를 찾을 수 없다고 나왔다. 그가 계속 찾아갔는지는 알 수 없다. 그러나 a_6가 합성수라고 여기는 수학자의 생각을 조금도 동요시키지 못했다.

이런 기발한 추측을 한 수학자도 있었다. 만약 메르센 소수 2^p-1에서 p가 메르센 소수이면, 이런 숫자로 만들어지는 2^p-1꼴은 모두 메르센 소수일까? 즉, 2^p-1이 소수이면, $2^{2^p-1}-1$은 소수인가?

이런 종류의 소수를 '이중 메르센 소수 Double Mersenne Primes'라고 부른다.

$p=2, 3, 5, 7$에 대해서는 모두 성립한다. 그런데 재미있는 것은 $p>7$일 때는 모두 반례가 있다. 따라서 현재 시점에서 추측은 $p=7$ 이후에 더 큰 이중 메르센 소수가 존재하는가? 또는 '이중 메르센 소수는 무수히 많이 존재하는가?'이다. '이중 메르센 소수'는 단지 4가지 값에 대해 확인되었지만, 수학이 매우 빠르게 성장하고 있기 때문에 앞으로 어떤 해법이 나올지 모를 일이다.

이상으로 메르센 소수와 관련된 이야기를 마무리하려고 한다. 당신이 이것을 '수학의 보석'으로 소중하게 받아들일지는 잘 모르겠다. 가장 주된 감상 포인트는 소수와 관련된 명제는 매우 예민하게 언급하라는 것이다. 몇 가지 간단한 예로 가볍게 결론을 내릴 수는 없다.

Let's play with MATH together

1. 마랭 메르센은 $p=61, 89, 107$일 때 메르센 소수를 빠뜨렸다. 루카스-레머 검증법을 이용하여 소수임을 확인해보자.

2. $2^{13}-1$은 이미 소수임을 알고 있다. 이중 메르센 수 $2^{2^{13}-1}-1$은 합성수임을 확인해보자.

29

싸우지 않고 케이크를 나눠 먹는 방법 _ 공평분배 ────

어렸을 때 누구나 이런 경험이 있을 것이다. 케이크 하나를 친구와 나눠 먹어야 할 때 어른들은 케이크를 두 조각으로 나누기만 하면 된다고 조언한다. 그래서 나는 주어진 케이크를 두 조각으로 나눈 후, 그중에 하나를 친구가 먼저 선택하게 하고 나머지 하나는 내가 가졌다. 나는 이 방법이 매우 적절하다고 생각했다. 왜냐하면 케이크를 두 조각으로 나눌 때 '만약 내가 나눈 케이크가 동일한 양이 아니면 상대방은 더 큰 조각을 택할 것이고 그래서 나는 최대한 같은 크기로 두 조각을 내야 한다'고 생각했기 때문이다.

따라서 위의 방법은 상대방이 가져간 조각이나 내가 선택한 조각이나 모두 손해를 보지 않는 결과로 서로가 '공평'하다고 느끼게 되는 멋진 해법이다.

만약 세 명이 하나의 케이크를 나누어야 하는 경우, 같은 방법으로 잘 나눌 수 있을까? 이 문제를 해결하기 전에 먼저 어떤 기준을 확실히 세워야 한다. 즉, 케이크를 나누는 문제에서는 기본적으로 '공평'

이라고 부르는 잣대가 하나 필요하다. 모든 사람은 자신이 적어도 평균 이상의 케이크를 나누어 갖기를 원하는데 이 기준을 만족시키려면 다음과 같은 방법을 생각해볼 수 있다.

첫 번째 사람이 먼저 1/3이라고 여겨지는 케이크 조각을 고른 후, 두 번째 사람에게 넘긴다. 두 번째 사람이 첫 번째 사람이 선택한 케이크가 자신이 생각하는 1/3보다 많다고 생각한다면 케이크를 조금 잘라낸다(자신이 생각하는 1/3이 되도록). 한편, 두 번째 사람이 첫 번째 사람이 선택한 케이크가 자신이 생각하는 1/3보다 적다고 생각한다면 그대로 세 번째 사람에게 넘긴다. 세 번째 사람도 두 번째 사람과 같은 방법으로 한 다음, 최후에 케이크를 자른 사람에게 케이크를 준다. 만약 두 번째, 세 번째 사람 모두 케이크를 자르지 않았다면 이 조각은 바로 첫 번째 사람에게 주면 된다.

그 다음 문제는 두 사람이 남은 케이크를 나누어 가지는 것인데 이것은 두 명이 하나의 케이크를 나누는 상황을 생각하면 된다. 이렇게 케이크를 나누는 방법은 확실히 간단하다. 본질적으로 모든 사람의 마음속에는 1/3을 비교하려는 심리가 있다. 마음속으로 누구의 1/3이 더 큰지 혹은 더 적은지 찾으려고 한다. 어떤 한 사람은 가장 적은 1/3을 가져갈 수 있다. 두 사람은 남은 2/3를 다시 나누어 가져가면 된다고 생각할 것이고 그들은 더 많은 1/3을 가졌다고 여길 것이다. 이 방법도 많은 상황에서 폭넓게 사용될 수 있는데 케이크를 자르는 과정을 되풀이하기만 하면 된다.

하지만 우리의 케이크 분배문제는 아직 해결되지 않았다. 앞서 세 명의 케이크 분배과정에서 '공평'이라는 기준에는 도달했지만 사람 사이에 '질투' 심리를 면하기는 어려워 보인다. 만약 어떤 사람이 다른 사람보다 적게 들고 갔다고 느낀다면(그의 마음속에 1/3과 같다고 하더라도) 그는 '질투'하는 마음이 생길 수 있다.

예를 들어 한 사람이 자신이 생각하는 1/3을 먼저 가져간 후 그는 남은 케이크를 두 사람이 나누어 가져가는 것을 그저 바라만 볼 뿐이다. 남은 두 사람이 나누어 가진 후에 그는 자신이 가져간 조각과 다른 사람이 가져간 조각을 관찰하고 자신의 것이 다른 사람의 것보다 훨씬 적다며 '네가 이렇게 큰 조각을 가져가게 될지 미리 알았더라면, 나는 내 수중에 있는 1/3 조각을 가지지 않았을 것이다.'라고 생각할 것이다. 이것은 인간의 자연스런 심리이므로 그런 상황을 완전히 피하기는 어려워 보인다.

예로부터 "적은 것을 걱정하지 않고, 고르지 못한 것을 걱정해야 한다."라고 했다. 모두가 가난한 것은 상관없지만 다른 사람이 나보다 부자인 것은 그냥 볼 수 없다. 한 사람이 케이크를 나눠 먹는 방법은 '공평'하고 '질투'를 면할 수 있다. 다른 사람에 비해 많고 적은지를 고민할 필요가 없기 때문이다. 앞에서 말한 두 명이 케이크를 나누어 먹는 방법도 이 두 가지 기준을 만족시킨다.

두 번째 기준을 영어로 'Envy Free(질투가 없다)'라고 한다. 그래서 어떤 이들은 끊임없이 공평하며 'Envy Free'인 케이크 공평분배문제를 연구한다. 이 문제에서 공평한 해결은 매우 어렵다는 것을 보여주지만 확실한 것은 세 명이 케이크를 나누는 문제는 질투 없는 '공평'한 문제 해결이 가능하다는 것을 누군가가 찾았고 이 방법은 여전히 끊임없이 연구되고 있다. 그중 하나를 소개하겠다.

1980년 월터 스트롬퀴스트라는 수학자가 제기한 방법으로 사람들로부터 많은 찬사를 받았다. 속칭 '칼질하는 법'이라고 부른다. 가설은 케이크가 긴 국수 가락처럼 생긴 모양이라고 가정한다. 각 부분은 모두 동일하다. 한 명의 심판과 세 명의 참여자가 있다. 그리고 그들의 손에는 각각 케이크를 자를 칼이 있다.

먼저 심판이 칼을 케이크의 앞쪽에 두고 (예를 들면 가장 왼쪽에) 아주 느린 속도로 오른쪽으로 옮겨간다. 세 명의 참가자는 심판 오른쪽에 서서 판단한다. 심판의 칼을 주시하며 남은 오른쪽 부분에서 어느 위치가 자신이 생각하는 케이크의 절반 지점인지를 생각한다. 그런 다음 자신이 가지고 있는 칼을 그 위치에 댄다. 그래서 상황은 왼쪽에 있던 칼이 오른쪽으로 서서히 이동할 때 오른쪽에 있는 다른 세 사람도 각자 자신의 칼을 가지고 심판의 칼 오른쪽 부분에서 어느 지점이 절반이 되는지 판단한다. 심판의 칼이 오른쪽으로 이동하면 세 명이 평가하는 절반의 위치도 오른쪽으로 옮겨갈 것이므로 세 명도 함께 오른쪽으로 천천히 이동한다.

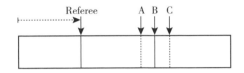

[그림] 칼질하는 법 그래프 : Referee는 심판의 칼이다. A, B, C는 세 사람의 칼의 위치이다. 'CUT!' 소리치는 사람은 가장 왼쪽 조각을 가져간다.

이것과 동시에 세 명의 참가자는 심판 칼의 왼쪽 부분 케이크를 끊임없이 평가한다. 만약 이 부분이 그가 생각하는 1/3부분이라면 그는 바로 'CUT!'이라고 소리칠 것이다. 'CUT!' 소리가 나면 다른 사람들은 칼을 이동시킬 수 없다. 이때 심판은 자신의 칼로 케이크를 자른다. 오른쪽 세 사람은 누구의 칼이 다른 두 사람 사이에 있는지 확인한다. 가운데 칼로 케이크를 자른다. 이런 과정으로 케이크는 세 부분으로 나누어진다.

다음은 케이크를 나누어야 한다. 제일 왼쪽에 있던 것은 심판의 칼로 잘라서 난 조각이다. 그 조각은 'CUT!'이라고 소리친 사람에게 준다. 왜냐하면 'CUT!'을 외친 사람이 생각하는 1/3 부분이기 때문이다. 따라서 그는 큰 문제없이 그 조각을 가져간다. 그런 후에 남은 두 사람의 칼의 위치를 보자. 칼이 좀 더 왼쪽에 있는 사람이 바로 중간 조각을 가져간다. 좀 더 오른쪽에 기대있는 사람이 제일 오른쪽 조각을 가져간다.

이제 이 방법이 왜 '질투 없이' '공평'한지 살펴보자.

먼저 각자는 '칼질'을 할 때, 다음과 같은 멋진 논리적 전략이 있다.

> 칼질 전략 : 각자의 칼은 항상 오른쪽 케이크를 반으로 나눌 수 있다.
> 'CUT!' 소리치는 전략 : 제일 왼쪽에 있는 케이크와 당신이 '멈춰(CUT)'라고 소리 지를 때의 케이크가 똑같을 때, 바로 'CUT!'이라고 하고 싶다(만약 '소리'를 안 지르면 왼쪽 케이크는 바로 다른 사람 손에 넘어간다). 즉,

당신의 칼이 제일 왼쪽에 있었다면, '왼쪽 조각=가운데 조각'일 때 'CUT!' 소리친다.

당신의 칼이 제일 오른쪽에 있었다면 '왼쪽 조각=오른쪽 조각'일 때 'CUT!' 소리친다.

당신의 칼이 가운데에 있었다면, '왼쪽 조각=가운데 조각=오른쪽 조각'일 때 'CUT!' 소리친다.

'CUT!' 소리치지 않은 두 사람 입장에서는 심판 칼이 자르는 케이크가 마음속 1/3이 아니라고 여겨서다. 그래서 그들은 'CUT!'을 외친 사람을 절대 질투하지 않는다. 또한 오른쪽 두 조각을 자를 위치는 두 사람의 칼 중간이다. 그래서 두 사람은 모두 자신이 만족하는 부분을 얻게 된다.

한편, 'CUT!'을 외친 사람의 입장에서는 만약 그의 칼이 제일 왼쪽에 위치했을 때 자신이 가져 온 케이크와 가운데 케이크의 크기가 같고 세 번째 사람 것보다는 더 많다고 여긴다. 만약 칼이 제일 오른쪽에 있었다면, 자신이 가져온 케이크와 오른쪽 케이크의 크기가 같고 이것도 세 번째 사람 것보다 더 많다고 여긴다. 만약 그의 칼이 가운데 있었다면, 그는 모든 사람의 케이크 크기가 같다고 여기게 된다.

이상의 과정은 확실히 정교하다. 뿐만 아니라 케이크는 단 두 번의 칼질로 나누어졌다. 그러나 이 방법도 분명히 결점이 있다. 즉, 실행 가능성이 없다는 것이다. 이것은 하나의 케이크가 동일한 물질로 이루어져 있어야 하고, 각 사람의 칼질이 매우 정확해야 하며, 각 사람은 칼질의 논리적인 전략이 뭐가 제일 정확한지 알고 있어야 한다.

이런 방법은 컴퓨터로 계산하는 것과 같다. 따라서 실제상황에서 실행할 수 있는 방법이 아니다.

일찍이 1960년에 수학자 존 셀프리지John Selfride는 방법 하나를 소개했다. 그는 이 방법을 친한 친구이자 수학자인 리처드 K.가이에게 알려주었는데 이후 리처드 K.가이가 다른 많은 사람에게 이를 소개했다. 그러나 당시 그들은 이 발견을 대수롭지 않게 여겼다. 그래서 정식으로 학계에 발표를 한 적이 없다. 이 발견은 단지 항간에 한동안 떠돌았을 뿐, 그다지 큰 파문을 일으키지는 못했다. 아마도 존 셀프리지는 이 방법이 보잘것없어서 언급할 가치가 없다고 여겼을 수 있다. 수학자에게 다른 방면에서의 성취에 비하면 케이크 공평분배 문제는 좀 보잘것없었을지도 모른다.

1993년에 이르러 영국의 수학자 존 호턴 콘웨이John Horton Conway는 독립적인 해법—생명게임CGOL: Conway's Game Of Life—을 발견했다. 신기한 것은 케이크를 공평하게 나누는 방법을 발견한 수학자 이름이 모두 존John이라는 것과 그들은 모두 정식 발표를 하지 않고 비공식적으로 교류를 했다는 것이다. 그러나 이후에는 일반 과학 및 전문적인 학술기사에서 이 방법을 언급하고 있다. 현재 이 방법은 두 수학자의 성을 따와서 '셀프리지-콘웨이 분할 절차'라고 부른다.

당신의 이해를 돕기 위해 하나의 이야기를 통해 이 방법을 소개하려고 한다.

어느 절에 세 명의 승려가 있는데 한 명은 통통하고 한 명은 키가 크고 또 한 명은 키가 작았다. 이 세 명의 승려가 케이크를 공평하게

[그림] 세 명의 승려가 케이크를 나눈다.

나누는 상황을 들어 설명하려고 한다.

이들은 평소 매우 이기적이어서 조금도 손해를 안 보려고 한다. 어느 날 물이 극도로 부족해서 밥도 제대로 못해 먹는 상황이 되었고 승려들은 굶주림에 매우 허기진 상태에 이르렀다. 어느 날, 지나가던 행인이 우연히 이 절을 방문하게 되었고 절에서 하룻밤을 묵기로 했다. 행인은 "보아하니 세 분은 너무 오래 굶주려 매우 배가 고플 거 같으니 제가 가지고 있는 케이크를 하나 드리겠습니다. 공평하게 나눠 먹으세요."라고 말했다.

세 승려는 이 케이크를 어떻게 나누어야 할지에 대해 격렬하게 논쟁하기 시작했고 어느 누구도 손해를 보지 않으려고 고집을 피웠다. 그러자 행인이 "싸우지 마세요! 저에게 좋은 방법이 하나 있어요!"라며 싸움을 말렸다.

"키 작은 승려가 먼저 와서 이 케이크를 세 조각으로 나누세요. 그런데 기억해야 할 것은 다른 두 사람이 선택한 후 최후에 남은 한 조각이 당신 것이라는 거예요. 그래서 당신이 케이크를 자를 때 최대한 동일한 양으로 잘라야 해요. 그렇게 한다면 누구도 손해를 보지 않을 겁니다." 키 작은 승려는 이 방법이 아주 훌륭하다고 생각되진 않았지만 최선이라고 생각하고 최대한 공평하게 세 등분하려고 시도했다.

행인이 통통한 승려에게 "만약 당신이 첫 번째로 선택한다면 어느 조각을 선택하고 싶나요?"라고 물었다. 통통한 승려는 마음속으로 '이 문제는 나에게 유리해. 내가 골라서 선택할 수 있네.'라고 기뻐하며 바로 제일 커 보이는 케이크 조각을 선택했다. 행인은 이어서 "천천히 골라요. 당신은 이제 남은 두 조각을 가져갈 수 없어요. 지금 남은 두 조각 중 하나를 선택하라면 당신은 비교적 큰 것을 선택하겠죠?"라고 말했다. 통통한 승려는 행인이 무슨 꿍꿍이가 있는지는 모르겠지만 바로 커 보이는 조각을 선택했다. 그런 다음 통통한 승려는 "지금 내가 이 케이크 조각을 가져갈 수 있나요?"라고 물었다.

행인은 "아니요."라며 이렇게 말했다. "방금 당신은 제일 큰 조각과 그 다음 큰 조각을 선택했어요. 그럼 지금 당신이 선택한 것 중에서 제일 큰 조각을 조금 잘라서 그 다음 선택한 조각의 크기가 완전히 똑같게 만드세요."

통통한 승려는 그 말을 듣자마자 맥이 빠졌다, '애초부터 나를 시험하려는 거였어.' 그러나 다른 뾰족한 수도 없으니 지금은 행인의 말을 들어야 한다고 생각했다. 그래서 그는 더 큰 조각을 선택해 그 다음 조각과 완전히 같아지도록 그 차이만큼 조금 잘라내었다.

행인은 "좋아요, 이제 키 큰 승려 차례가 왔어요. 당신은 키 작은 승려가 나눈 이 세 조각 중에 아무거나 하나를 선택할 수 있어요. 그 중에는 통통한 승려가 조금 잘라낸 케이크도 있어요. 만약 당신이 조금 베어진 케이크가 마음에 든다면 그 케이크를 선택할 수 있어요." 키 큰 승려는 이 말을 듣고 너무 기뻐 '내가 제일 먼저 선택하는 거였구나!'라며 신이 났다. 키 큰 승려는 세 조각의 케이크를 본 후, 통통한 승려가 두 번째로 선택한 것이 자기 생각에 제일 마음에 들었고 그것을 선택했다. 그러자 행인이 "통통 승려님, 지금 키 큰 승려가 두 번째로 당신이 선택한 케이크가 마음에 든다고 하는군요. 당신이 자른 케이크는 가져가지 않았어요. 그러니 당신은 당신이 베어낸 첫 번째 케이크를 반드시 선택해야 하네요. 당신은 방금 당신이 베어 낸 케이크가 제일 마지막 케이크보다 낫다고 생각했으니 당신이 이 조각을 가진다 해도 어떤 불만도 없을 거 같네요."라고 했다.

통통 승려도 사실은 그리 생각했고 자신이 베어냈던 그 케이크를 가져갔다. 이후 행인은 이렇게 말했다. "키 작은 승려님, 남은 조각을 가져가면 됩니다. 이 케이크는 당신이 직접 나눈 것이지요. 뿐만 아니라 당신은 세 조각 모두 크기가 똑같도록 나누었으니 당신도 어떤 불만이 없을 거예요." 키 작은 승려는 곧장 마지막 남은 케이크를 가져갔다.

남은 케이크를 가져가던 키 작은 승려는 이렇게 말했다. "잠시만요, 여기에 통통 승려가 잘라 낸 작은 조각이 남아 있어요. 이 조각의 크기는 작지만 낭비하는 것도 좋지 않아요." 행인은 뭔가 알고 있다는 듯이 허리를 꼿꼿이 세우며 말했다. "맞아요, 그건 지금 이 과정에서 잘라 낸 작은 조각이에요. 키 큰 승려님, 이리로 오세요. 이 조각을 공평하게 삼등분 해주세요." 키 큰 승려는 아주 조심스럽게 작은 조각을 세 조각으로 나누었다.

그러자 행인이 이어서 말했다. "이번에는 통통 승려가 먼저 한 조각을 가져가세요." 통통 승려는 자기 마음에 드는 한 조각을 가져갔다. 그런 후에 행인이 다시 말했다. "키 작은 승려님도 와서 하나 고르세요." 키 작은 승려도 자기 마음에 드는 케이크를 선택했다. 최후에 키 큰 승려가 남은 조각을 가져갔다. 행인은 덧붙여 이렇게 마무리했다. "좋아요, 케이크는 모두 나누었고 세 분 모두 만족하시죠?"

세 명의 승려는 마음속으로 계산하기 시작했다.

통통 승려의 생각 : 제1라운드에서 내가 가져가서 조금 베어냈던 그 케이크는 키 큰 승려가 가져간 케이크와 크기가 같아. 그리고 키 작은 승려 것과 비교해도 내 것이 더 마음에 들어. 제2라운드 때도 내가 제일 먼저 선택했잖아. 그러니까 키 큰, 키 작은 승려가 가져간 것보다 당연히 크지. 그래서 나는 조금의 불만도 없어. 마음에 들어!

키 큰 승려의 생각 : 제1라운드에서 내가 첫 번째로 선택했고, 그러니까 통통, 키 작은 승려 것보다 내 것이 당연히 크지. 제2라운드에서는 내가 케이크를 나눴잖아. 내가 완전히 똑같이 삼등분한 거니까, 어쨌든 나는 마음에 들어. 두 번의 과정에서 나는 분명히 두 명의 것보다 큰 조각을 가져갔어. 난 결과에 만족해.

키 작은 승려의 생각 : 제1라운드에서 나는 내가 자른 것을 가져 왔어. 이 케이크는 키 큰 승려의 그 케이크와 크기가 같아. 그런 데 통통 승려가 베어내어 가져갔던 그 케이크보다도 조금 많아. 제2라운드에서 나는 키 큰 승려보다 먼저 선택했어. 그러니까 당연히 내가 키 큰 승려보다 더 큰 조각을 가져왔어. 만약 내 것 과 통통 승려의 것을 비교해야 한다면 통통 승려는 내가 처음에 잘랐던 1/3을 가져갔어야 해. 잘라 낸 그 작은 조각은 나와 키 큰 승려도 조금씩 더 나눠 가졌잖아. 그래서 통통 승려는 결국 내가 제1라운드에 가져간 것에 미치지 못해. 나는 통통 승려에 비해 많이 가져왔어. 그래서 이번 케이크를 나눈 것에 매우 이 익을 봤지.

결론은 신기하게도 세 승려 모두 자기가 가진 것이 다른 사람 것에 비해 적지 않고 오히려 많다고 여겼다. 그래서 세 승려 모두 만족했 고 행인도 아주 원만하게 문제를 해결하게 되었다!

이상 케이크를 공평하게 나누는 이야기는 셀프리지-콘웨이 분할 절차를 재구성한 것이다. 좀 더 부연 설명을 하자면, 이 이야기는 모 든 가능한 선택을 보여주지는 않지만 이미 전체 과정을 설명하기에 충분하다. 이 절차는 '질투 없는'의 목표가 실현가능하다는 것을 보 여준다. 즉 최종적으로 분석할 때, 각 승려는 각자의 주판을 두드리며 계산했고 어느 누구도 다른 사람의 것보다 적다고 생각하지 않았다 (오히려 자신의 것이 크거나 같을 것이라고 예상했다).

당신은 이 방법이 4명 이상인 상황에서도 확대적용 가능한지 궁금하지 않은가? 그러나 이건 매우 곤란한 문제이다. 이 문제는 두 개 상황으로 나누어 생각할 수 있다. 위의 세 승려의 상황을 보면 각자는 잘린 큰 조각 하나와 작은 조각 하나를 가진다. 그런데 칼질하는 과정에서 케이크를 자르는 것이 아주 깔끔해야 한다. 모든 사람은 깔끔하게 잘린 한 조각씩을 가져간다. 하지만 생각해보자. 완전히 깔끔하게 자르는 것은 케이크를 나누는 것보다 어려운 일일지 모른다. 완전한 케이크를 얻고 싶겠지만 그것은 조절할 수 없다. 반드시 모두가 만족하는 결과를 한 번에 잘라야 한다.

1990년대에 사람들이 발견한 네 명 또는 그 이상의 공평분배 방법은 모두 무한 분할 절차를 밟아야 한다. 혹자는 좀 더 정확하게 '질문 절차'라고 말한다. 이것은 케이크를 나누는 사람에게 질문—어느 부분을 원하느냐, 무엇을 가져가는 게 제일 좋겠느냐 등—을 해나가는 것이다. 케이크 공평분배문제에서 '질문'은 가장 중요한 절차이다. 왜냐하면 매 번의 질문으로 한 번의 칼질이 결정되기 때문이다. 뿐만 아니라 만약 연속적으로 케이크를 얻어야 한다면 n명이 있을 때, 최대 $n-1$번의 칼질이 필요하다. 그래서 분할방법이 좋은지 아닌지는 '질문'의 횟수에 따라 결정된다.

90년대 말에 이르러 다양한 분할방법이 발견됐지만 이 방법들은 모두 무한 번의 질문 절차가 필요하다. 2000년부터 2010년까지 10년 동안 사람들은 케이크를 연속적으로 요구하는 또는 요구하지 않는 경우, 질문횟수의 하한을 연구했다. 만약 끊임없이 연속된 케이크라면 이 하한 또한 무한히 클 것이다. 즉 질문횟수를 제한하는 방법만으로 모두가 만족하는 연속된 케이크를 자르지 못했다는 것을 증명했다.

　오랜 시간 동안 사람들은 연속된 케이크의 상황에서 유한분할절차가 있는지를 고민했다. 우리는 하한이 존재한다는 것은 알지만 상한^{上限}에 대해서는 알 수가 없었는데, 2016년에 비로소 두 명의 오스트레일리아 연구자에 의해 의문이 해결되었다. 네 명 또는 그 이상일 때, 결과가 완전한 경우를 요구하지 않는 문제에 대해서 하나의 상한만 가진다. 이 상한 숫자는 매우 신기하다 : $n^{n^{n^{n^n}}}$

　이 숫자는 당연히 예상하기 힘들 정도로 크다. n=2라고 하더라도 일반 컴퓨터가 정확하게 계산하기 힘든 숫자이다. 그러나 어떤 모양인지와 상관없이 이 문제의 상한이 있다는 것을 알려준다. 이 사실은 한계를 극복할 수 있는 매우 중요한 사실이다. 어쩌면 이후에 어떤 사람이 더 작은 상한 혹은 더 큰 하한을 발견할지 모른다. 현재로서는 상한과 그것의 하한의 차이가 너무 많이 난다는 사실만 알 뿐이다.

　마지막으로 케이크 공평분배 문제는 재미있는 변형꼴이 많다. 만약 케이크가 추상적인 직선형이 아니고 2차원 원형이라면 칼질법은 더 간편해진다. 또 다른 예는 만약 케이크를 나눌 때 남은 부분을 허용한다면 사람 수가 어떻든 간에 상대적으로 간단한 유한 질문 절차의 분할방법이 있다는 것이다. 하지만 단점은 바로 인원수가 증가함에 따라 자르지 않은 케이크의 비율도 점점 커진다는 것이다. 이 과정을 반복할 수 있다고 하더라도, 계속 자르지 않은 케이크를 자르다 보면 자를 수 없는 케이크가 있게 마련이다.

우리는 셀프리지-콘웨이 분할 절차를 네 명으로 확장하여 생각할 수 있을까? 좋은 소식은 유한의 절차로 분할을 완성할 수 있다는 사실이 이미 알려져 있다는 것이다. 또한 나쁜 소식은 질문 횟수의 상한이 $4^{4^{4^4}}$ 이라는 것이다. 나는 당신에게 이 문제가 상당히 어려운 문제라는 것을 경고하고 싶다. 아니라면 지금까지 발견한 사람이 없을 수가 없다. 당연히 만약 당신이 찾게 된다면 그것은 엄청난 발견이 될 것이다. 하지만 당신이 주의할 것은 자신의 방법이 '질투 없는' 것이어야 한다. 즉 어떤 상황이든 두 명이 비교되는 상황이면 모든 사람은 자신의 것이 많기를 바란다. 이 점이 많은 사람이 놓치는 부분이다.

Let's play with MATH together

1. 케이크가 원형이라면 어떤 '칼질법'을 쓸 수 있을까? 세 명이 케이크를 공평하게 나누는 상황으로 생각해보자.

2. 생활 속 어느 장면에서 '세 명이 케이크를 공평하게 나누는 전략'을 쓸 수 있을까?

과학적으로 소파 옮기기 _ 소파상수

협소한 통로에 있는 소파를 옮기려는데 코너에 막혀서 이러지도 저러지도 못한 경험이 있는가? 이럴 때면 우리를 지켜보고 있는 거인이 소파를 살짝 들어 옮겨주었으면 하는 엉뚱한 생각이 들기도 한다. 하지만 현실에서는 용을 쓰다 지쳐서 소파를 돌려놓을 수밖에 없다.

'심심한' 수학자들은 이 문제를 거론했다. 만약 폭이 1인 복도에서 오른쪽 방향으로 직각의 모서리를 끼고 있는 공간이 있다고 하자. 이 공간을 통과할 수 있는 소파의 단면적 최댓값은 얼마일까?

처음 이 문제를 접했을 때 단순하게 해결될 수 있는 문제일 거라고 생각했다. 그러나 이 문제는 1966년에 제기된 이후 아직까지 미해결 문제로 남아 있다. 이 문제에 대해 몇 가지 짚고 가야 할 것이 있다.

첫 번째, 이 문제를 2차원 평면상에서 고려할 때 복도의 높이는 고려하지 않는다. 즉, 소파를 들어 올리는 것 같은 상황은 고려하지 않는다. 소파바닥에 바퀴가 잔뜩 달려있다고 생각해도 무방하다. 평행

[그림] 협소한 공간에서 소파를 옮기는 데 골머리를 앓고 있다.

이동만 가능하며, 이 문제는 소파의 최대 단면적이 얼마냐 하는 것이다.

두 번째, 복도의 길이는 결과와 무관하다. 직각 모서리 코너를 돌기 전후 모두 무한히 긴 공간이라고 생각해도 무방하다. 복도의 길이가 모서리 코너를 돌 수 있는 소파 크기에 아무런 영향을 주지 않는다는 것은 확인할 수 있다.

세 번째, 수학자들은 직각모서리 코너를 통과할 수 있는 소파의 최대 단면적―'소파상수Sofa Constant'―값을 알려준다. 수학자들도 소파 이동문제에 많은 고뇌의 시간이 있었던 것 같다.

이제 문제는 잘 정의되었다. 우리는 소파상수가 과연 어떤 값으로 표현되는지 살펴볼 것이다. 모서리 코너를 통과하는 상황은 무조건 있기 때문에 즉, 이 소파상수의 하한下限은 분명히 있다. 반면 임의의 큰 물체는 모서리 코너를 통과할 수 없다.

조금만 생각해보면 이 직각 모서리를 통과할 수 있는 소파의 가장

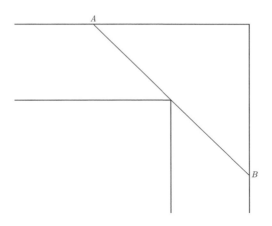

[그림] 폭이 1인 직각복도에서 선분 AB는 통과할 수 있는 가장 긴 길이이고 그래서 최대 길이는 $2\sqrt{2}$ 이다.

긴 쪽의 길이가 $2\sqrt{2}$ 라는 것을 알 수 있다. 즉, 한 변의 길이가 2인 정사각형의 대각선 길이에 해당한다.

이 길이를 조금 늘리면 아주 가늘고 가느다란 막대기라 하더라도 코너를 통과할 방법은 없다. 당신도 집에서 물건을 옮길 때 막다른 코너를 돌아야 하는데 막혀버려서 옴짝달싹 할 수 없었던 경험이 한 번쯤 있었을지 모른다. 이것은 소파상수의 최댓값이 $2\sqrt{2}$ 를 초과할 수 없음을 알려준다.

어쩌면 대각선 길이가 $2\sqrt{2}$ 인 것을 보고 폭이 1이라고 바로 생각했을 수도 있다. 이런 모양이 모서리를 통과할 수 있을까? 당신은 아주 잠시 생각하고는 바로 이것은 모서리를 통과할 수 없다고 말할 것이다. 왜냐하면 일단 소파 두 지점의 거리가 $2\sqrt{2}$ 이고 폭이 없는 모

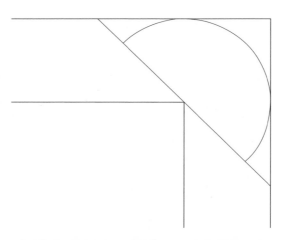

[그림] 반지름의 길이가 1인 반원도 모서리를 통과할 수 있다

양이므로 직선상황만 고려할 수 있다. 이쯤 되면 소파상수 값을 빨리 확인해보고 싶어서 안달이 날 수 있다. 우선 모서리를 충분히 통과할 수 있는 최댓값을 찾아보자.

먼저 한 변의 길이가 1인 정사각형은 당연히 가능하다. 면적은 1이다. 그렇다면 반지름의 길이가 1인 반원도 당연히 통과가 가능하다. 반원의 면적은 $\pi/2$ 약 1.57의 값이다. 정사각형은 모서리를 통과할 때 평행이동으로 옮겨지지만 반원인 경우는 회전이동을 통해 모서리를 통과한다. 왜냐하면 반원이 직각 모서리를 통과할 때, 실제로는 직각 모서리의 내각을 원의 중심을 기준으로 떠받치면서 움직인다. 결과적으로 반원은 90° 회전하게 되고 이후 평행이동을 한다.

모서리를 통과할 때 평행이동을 이용하기도 하고 회전 이동을 이용하기도 하는가? 1968년 영국수학자 존 해머즐리John Hammersley는

[그림] 해머즐리 소파는 하나의 (아치형)도형과 두 개의 부채꼴로 이루어져 있다.

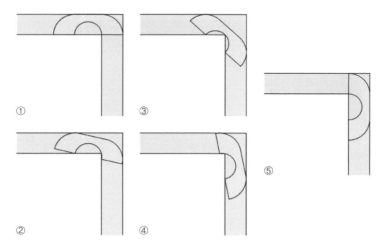

[그림] 해머즐리 소파가 평행이동과 회전이동으로 모서리를 통과하고 있다.

'해머즐리 소파'라는 방법을 고안했다. 소파의 모양이 아치형 다리처럼 생겼는데 양쪽 끝부분은 반지름이 1인 부채꼴 모양이고 다리 부분은 가로 $4/\pi$ 세로 1인 직사각형에서 반지름이 $\pi/2$인 반원을 잘라낸 것이다. 양쪽 부채꼴의 면적의 합은 $\pi/2$이고 여기에 다리 부분 면적 $2/\pi$를 합하면 전체 면적은 $\pi/2+2/\pi$ 약 2.2074에 해당하는 값이다. 이 값은 좀 전에 구한 면적 1.57보다 큰 값이다. $\pi/2+2/\pi$은 참 재미있는 모양을 하고 있는데 마치 무리수가 뭔가를 말해주는 것처럼 느껴진다.

하지만 이 기록은 오래 가지 못했다. 1992년 조제프 게르버^{Joseph} Gerver라는 미국수학자는 '게르버 소파^{Gerver's Sofa}'라는 좀 더 큰 모양을 발견한다.

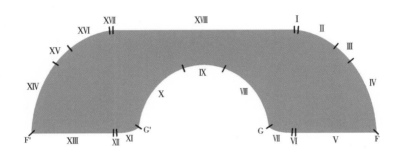

[그림] 게르버 소파. 18개 곡선으로 구성되어 있고 해머즐리 소파와 생김새가 매우 비슷하다.

그가 고안한 소파는 해머즐리 소파와 굉장히 비슷하지만 18개의 곡선으로 구성되어 있다. 아주 복잡하게 들리겠지만 이 도형은 좌우대칭으로 각 측면에 10개의 곡선(양쪽이 두 개의 곡선을 공유한다)으로 이루어져 있다. 10개의 곡선과 해머즐리 소파의 양끝 부채꼴 모양은 많이 닮았는데 원래 직선이었던 부분이 호의 부분으로 조금 바뀐 것처럼 보인다.

게르버가 고안한 이 소파는 '부분적 최적화법'이라는 방법으로 모서리를 통과한다. 매우 신기하게 들릴지 모르겠다. 사실 우리는 이미 평소 소파를 모서리를 통과하며 옮길 때 '부분적 최적화법'을 사용해 왔다. 어떤 물건이 모서리에 막혀 움직일 수 없을 때, 우리는 어떻게 할까? 먼저 분명히 어디에서 막혔는지 확인할 것이고 그런 후에 어느 부분이 여유가 더 있는지 찾아볼 것이다. 회전을 생각하든, 평행이 동을 하든, 모서리에서 막힌 부분은 움직일 수 있는 부분이 아니다. 심지어 조금 누르거나 억지로 움켜잡지 않는 이상 움직일 수 있는 방법이 없다. 이것이 바로 '부분적 최적화법'이다.

이런 '부분적 최적화'를 진행한 게르버의 결과는 해머즐리의 것과 굉장히 유사하다. 그러나 소파 모서리의 부분 최적화는 전혀 간단하지 않은 유도과정으로 많은 복잡한 계산이 필요하다. 결과적으로 게르버 소파의 크기는 약 2.2195이다. 해머즐리 소파보다 약 0.01 정도 크다. 게르버는 그의 소파가 제일 최적화된 것이라고 믿었다. 하지만 그의 소파면적이 동일 조건에서 제일 큰 값인지는 증명할 방법이 없다.

부분적 최적화를 게르버 소파에 다시 적용하면 되지 않느냐고 말할지 모르겠다. 예를 들어 도형을 임의로 짧은 곡선 부분으로 더 쪼개어 더 많은 부분으로 나눈다면 더 좋은 결과를 얻을 수 있지 않을까? 나의 대답은 '된다!'이다. 하지만 증명은 당신의 몫이다.

앞에서 말한 것처럼 게르버는 매우 복잡한 계산을 겨우 완성하여 결과를 내었다. 당신이 그의 소파 최적화방법에서 한 발 더 나아가 적지 않은 더 큰 값을 계산하면 좋겠다. 하지만 한편으로는 '부분적 최적화'는 영원히 부분일 뿐, 당신이 해머즐리 소파를 개선하는 것은 아주 미미할 결과일 뿐이다. 실제로 사람들이 많은 계산을 해보고 게르버 소파의 부분적 최적화 설계가 매우 훌륭한 결과임을 확인했다. 계속 최적화를 진행하면 더 향상된 값을 얻을 수 있을지 모르지만 그 폭은 사실상 생략될 정도일 것이다. 그래서 현재 수학자들은 다른 방법으로 전체적인 각도에서 가장 큰 소파 모양을 찾으려고 시도하거나 아니면 게르버 소파가 이미 최상의 결과일 수 있다고 여긴다. 현재 소파상수의 가장 훌륭한 결과는 여전히 1992년 게르버가 계산한 2.2195이다.

소파이동문제는 다양하게 확장되었다. 방금 오른쪽 코너를 통과하는 소파문제를 다루었다. 이제 오른쪽 또는 왼쪽의 복도를 통과하는 소파를 생각한다면 그 크기는 얼마일까?

이 소파는 이전에 다룬 소파보다는 조금 더 작을 거라고 생각할 수 있다. 현재 이 문제의 가장 훌륭한 결과는 '좌우이심左右二心의 소파'라고 부른다. 좌우 두 개의 소파가 연결되어 있는 모양으로 면적공식은 사람들을 놀라게 하기에 충분하다.

$$\sqrt[3]{3+2\sqrt{2}} + \sqrt[3]{3-2\sqrt{2}} - 1 + \tan^{-1}\left[\frac{1}{2}\left(\sqrt[3]{\sqrt{2}+1} - \sqrt[3]{\sqrt{2}-1}\right)\right] \approx 1.645$$

또 다른 유형은 3차원 확장이다. 예를 들어 복도가 오른쪽으로 회

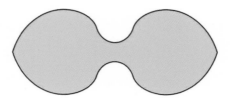

[그림] 오른쪽 또는 왼쪽의 복도를 통과하는 소파. 캘리포니아 대학교(University of Califonia, Davis)의 로미크(Romick)가 2016년에 발견한 것으로 게르버 소파보다 아름다운 모양이다.

전한 다음에 수직으로 올라가는 모양이라고 하자. 그러면 '이 복도를 통과할 수 있는 소파의 부피는 얼마인가?'라고 물을 수 있다. 이 문제는 나의 두뇌가 미치는 범위를 완전히 벗어난 것이다. 관심이 있다면 3차원으로 확장된 소파가 어떻게 생겼는지 검색해보길 바란다. 3차원 소파의 평면 투영은 해머즐리 소파와 매우 흡사하다는 것만 언급하겠다.

여기까지의 내용으로 어떤 수학 고수는 '소파이동문제'와 '카케야 소이치Kakeya Soichi문제'가 닮았다고 생각할 수도 있다. 1917년 일본 수학자 카케야 소이치는 '길이가 1인 선분이 평면 상에서 이동(회전이동과 평행이동)에서 180도 회전한 후 다시 원래 위치로 돌아올 때 자취의 최소면적은 얼마인가?'라는 문제를 제기했다. 나는 이 문제를 보자마자 참 재미있는 문제라고 생각했는데 결과는 더 놀랍다. 답은 바로 "임의의 작은 것을 생각할 수 있으므로 최솟값은 없다."이다. 이 문제는 소파가 좌우 어느 방향으로 회전해야 하는지, 최소면적 값은 얼마인지를 묻는 것과 같다.

소파이동문제는 카케야 소이치문제보다 더 흥미롭다. 수학자들은 소파이동문제에 확실한 값이 있다고 확신한다. 현재 가장 좋은 답은 2.2195이다.

또한 소파이동문제는 카케야 소이치문제보다 더 어렵다. 이 문제에서 우리가 증명한 몇 가지 결과는 매우 가치 있다. 더 큰 소파면적을 찾을 수 있더라도 최댓값임을 증명할 수 없을 뿐이다.

소파이동문제는 굉장히 개방적이다. 제약조건은 매우 적고 직각모서리를 통과하기만 하면 된다. 만약 제약 조건이 추가된다면, 예를 들어 모서리를 통과할 수 있는 가장 큰 직사각형, 원형, 삼각형 등의 면적을 묻는다면 이런 문제들은 모두 답을 구할 수 있다. 이 문제를 비롯한 많은 수학문제가 그러하듯 제약조건이 적고, 고려 가능성이 매우 많으면 종종 문제가 매우 어려워진다.

마지막으로 '모스 웜mos worm문제'와 '피아노이동문제'와 같은 유사한 미해결 문제가 몇 개 더 있지만 당신에게 연구의 기회를 넘기고 이 문제에 대한 흥미를 고조시키는 정도로 마무리하려고 한다.

Let's play with MATH together

1. 소파가 직사각형이라면 직각모서리를 통과할 수 있는 소파의 최대 면적은 얼마인가?

2. '카케야 소이치 문제'를 더 들여다보자.
   평면 위의 한 변의 길이가 1인 정사각형 물체를 90°회전이동시켜 원래 위치로 돌아온다면 자취의 최소면적은 얼마일까?

조르당 곡선에서 정사각형을 찾아라 _ 내접정사각형문제 ──

당신은 일찍이 어떤 도형에 내접하는 다각형에 대해 공부한 적이 있을 것이다. 예를 들어 원은 반드시 내접하는 정사각형을 가진다. 하지만 임의의 연결된 폐곡선도 항상 내접하는 정사각형을 가지는지 생각해본 적이 있는가? 함께 직접 테스트해보자.

종이를 하나 가져와서 그 위에 연결된 폐곡선을 아무거나 하나 그려보자. 모양이 어떻든 닫혀 있으면 되고 울퉁불퉁해도 상관없다. 하지만 곡선이 서로 교차해서는 안 된다. 그런 다음 곡선에 내접하는 정사각형 하나를 그리자. 정사각형의 네 꼭짓점은 모두 곡선 위의 점이다. 하지만 이 네 점을 연결했을 때 곡선을 삐져나오는 부분이 있어도 무방하다.

놀라운 발견을 했는가? 차례대로 연결하여 정사각형이 되도록 네 점을 찾기만 하면 된다. 이에 1911년 독일의 유대계 수학자 오토 퇴플리츠는 조르당 곡선 Jordan curve 에서 '내접정사각형문제'를 제기했다. 위상수학에서 조르당 곡선은 평면상에서 서로 교차하지 않고 시

55

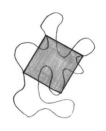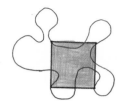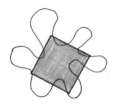

[그림] 어떤 모양의 연결된 폐곡선이기만 하면 모두 내접하는 정사각형을 가지는 것처럼 보인다.

작점과 끝점이 일치하는 임의의 연속된 곡선으로 설명한다.

조르당 곡선정리Jordan curve theorem는 '모든 조르당 곡선은 평면을 내부와 외부 영역으로 나눈다. 게다가 한 영역에서 다른 영역으로 가는 임의의 길은 모두 반드시 어떤 부분과 돌아오는 부분에서 만난다'이다. 이 정리는 미국 수학자 베블런Osward Veblen이 1905년에 증명했다. 이 증명은 쓸데없는 짓을 한 것처럼 보이지만 엄격히 증명되는 데 50년이 넘게 걸렸다. 연결된 폐곡선의 종류가 매우 다양하기 때문이다. 예를 들어 프랙털 곡선fractal curve 등도 포함된다.

한편, 이 정리는 구면상에서는 성립하지만 환면상에서는 성립하지 않는다(원형의 간단한 연결된 폐곡선을 하나 그려서 생각해보세요). 이는 환면과 구면이 위상수학에서 본질적으로 다른 것으로 구별된다는 것을 의미한다. 이것은 화제를 벗어난 내용이니 자세한 설명은 생략하겠다.

내접정사각형문제는 여전히 미해결 문제로 남아있다. 따라서 현재

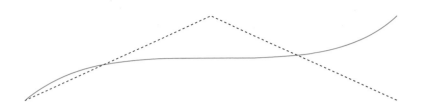

[그림] 붉은 선은 'smooth'한 곡선의 일부이고, 파란 점선은 '특이점'을 가지는 'smooth'하
지 않은 곡선이다.

까지 수학자들이 해결한 몇 가지에 대한 이야기를 해보려고 한다. 우선 1913년에 안로이드 엠시는 '충분히 smooth(충분히 매끈하다)'한 조르당 곡선은 반드시 내접정사각형을 가진다는 것을 증명했다. 소위 'smooth'하다는 것은 미적분에서 익숙한 개념으로 곡선 위의 임의의 점에서 '연속이고 미분가능하다'를 의미한다. 이미지를 말하자면 곡선 위를 따라갈 때, 어떤 점에서도 멈춰서 방향을 바꾸지 않고 앞으로 계속 나아갈 수 있다는 것이다(그러나 이동 중에 '자연스럽게' 곡선을 따라 가면서 방향이 바뀔 수는 있다).

'smooth'는 그 정도에 따라 구분될 수 있는데, 예를 들어 곡선 위의 임의의 점에서 일계, 이계,…, 임의의 n계 미분 가능하다. 일반적으로 말하면 미분 가능한 횟수가 많을수록 곡선은 더 'smooth'하다. 반면 'smooth'하지 않은 곡선에 대해서 같은 방법으로 수많은 'smooth'한 곡선에 근접한 것을 이용하여 증명할 수 있다. 하지만 최종적으로 내접정사각형은 한 점으로 모일 것이고, 따라서 이 증명은 'smooth'하지 않은 곡선에 완벽하게 적용될 수 없다.

2년 후인 1915년 엠시는 '잘게 쪼개진 해석곡선piecewise analytic curve'

은 내접정사각형을 항상 가진다는 것을 증명했다. 해석곡선은 '해석함수'가 그리는 곡선이다. 그리고 해석함수는 임의의 점에서 무한 미분 가능하고 테일러 급수가 자신의 함수로 수렴하는 것을 의미한다. 수많은 초등함수, 예를 들어 다항함수, 지수함수, 대수함수, 멱함수와 삼각함수 등이 해석함수에 포함되는데 부분적으로 정수 계수 다항식으로 근사할 수 있는 함수이다.

1989년 미국 수학자 월터 스트롬퀴스트(케이크 공평분배문제에서 언급했던 수학자)는 부분단조곡선(곡선 위의 임의의 점 근방에 구간을 잡을 때 그 구간에 하나의 증가하거나 감소하는 곡선)은 반드시 내접정사각형을 가진다는 것을 증명했다. 덧붙여 곡선이 '대칭성'을 가지는 경우의 증명에서 특별히 의미 있는 몇 가지 예를 열거하겠다(이하 그림과 증명은 네덜란드 대학 수학과 교수 마크 닐센Mark Nielsen의 홈페이지에서 구한 것이다).

"대칭중심을 가진 임의의 단순폐곡선은 모두 내접정사각형을 가

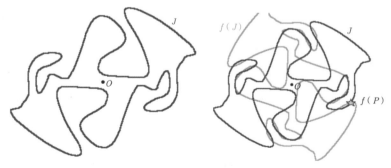

[그림] 곡선 *J*는 점 *O*를 대칭의 중심으로 하는 단순폐곡선이다. *f(J)*는 곡선 *J*를 점 *O*를 중심으로 90˚회전하여 얻은 곡선이다.

진다." 이 결론은 곡선을 대칭중심에서 90° 회전하여 확인할 수 있다.

곡선 J 는 점 O 를 대칭의 중심으로 하는 단순폐곡선이다. 그림에서 바로 알 수 있듯이 만약 점 P 가 곡선 J 위의 임의의 점이면 $-P(P$ 좌표에 -1을 곱해서 얻은 값)도 곡선 J 위의 점이다. $f(J)$ 는 곡선 J 를 점 O 를 중심으로 90° 회전하여 얻은 곡선이다.

곡선 J 와 $f(J)$ 가 서로 만나는 점 $P, f(P), -P, -f(P)$ 으로 곡선 J 의 내접정사각형을 구성할 수 있음이 확인된다.

이제는 곡선 J 와 $f(J)$ 가 반드시 한 점에서 만난다는 것을 그림을 통해 살펴보도록 하자.

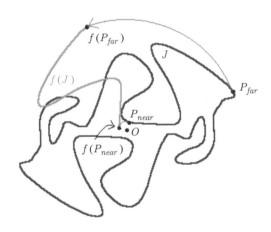

- P_{near} 과 P_{far} 는 곡선 J 위의 점 중에서 점 O 와 거리가 가장 가까운 점과 가장 먼 점이다. 즉:

- $f(P_{near})$에서 점 O 사이의 거리는 곡선 J 위의 임의의 점과 점 O까지 거리보다 작거나 같다.
- 비슷한 방법으로, $f(P_{far})$에서 점 O 사이의 거리는 곡선 J 위의 임의의 점과 점 O까지 거리보다 크거나 같다.
- 그리하여 $f(P_{near})$은 곡선 J 위의 임의의 점 또는 내부의 점이다: $f(P_{far})$은 곡선 J 위의 임의의 점 또는 외부의 점이다.
- 만약 위의 두 점 중에 곡선 J 위에 있는 점이 하나 있다면 여기서 이미 증명되었다.
- 만약 위의 두 점이 모두 곡선 J 위의 점이 아니라면 즉 $f(J)$는 반드시 곡선 J의 내부의 한 점 및 외부의 한 점과 연결되어 있으므로 $f(J)$와 곡선 J는 반드시 만난다.

유사한 명제 "모든 단순폐곡선은 수많은 내접평행사변형과 내접마름모를 가진다."를 보자.

단순폐곡선과 직선 L에 대해서 곡선 J는 두 변이 직선 L에 평행한 내접마름모를 하나 가진다. 그 증명은 매우 흥미로운데 과정은 다음과 같다.

먼저 좌표평면을 그리고 직선 L을 x축으로 잡는다. 이렇게 하면 문제는 내접마름모의 두 변이 평행하다는 것을 증명하는 것으로 바뀐다.

우리는 '등산'의 사례로 증명하려고 한다. 곡선 J를 '산봉우리'의 측면그림이라고 하자. 산봉우리의 가장 낮은 지점은 x축상의 점 P이고, 산봉우리의 정상은 y좌표에서 가장 큰 값을 가지는 점 Q이다.

[그림] 네 명의 등산객이 단순폐곡선의 산봉우리를 오른다.

네 명의 등산객이 있다고 생각하자. 그중 두 명은 산봉우리의 가장 낮은 지점인 P에서부터 등산을 시작하는데 두 명은 서로 마주보며 산봉우리의 양 측면으로 올라가고 있다. 두 명의 약속은 '올라가는 속도'는 항상 동일하게 유지하는 것이다. 즉, y좌표 값은 항상 같다. 당연히 어느 한 사람이 잠깐 멈추고 싶으면 "기다려!"라고 다른 사람에게 말하고 또 같이 출발하여 고도를 같도록 유지하면 된다. 등산과정을 엄밀히 증명하는 것은 좀 복잡하지만 직관적으로 이것이 실현가능하다고 믿는다.

또 다른 두 명의 등산객은 산봉우리 Q에서 하산하기 시작한다. 이 두 명도 같은 방법으로 얼굴을 마주보며 산봉우리의 양측면을 따라 내려간다. 하산하는 과정에서 두 명의 고도는 같게 유지한다.

계속해서 우리는 네 명의 등산객이 함께 보조를 맞추기를 원한다. 네 명 등산객의 약속은 등산하는 두 사람과 하산하는 두 사람 사이의 수평 간격을 동일하게 유지하는 것이다. 당연히 과정 중에 어느 한 팀은 중도에 되돌아가고 싶을 수도 있다.

그래서 이 네 명의 등산객은 시종일관 하나의 평행사변형—두 변은 직선 L에 평행한—을 구성한다. 이 평행사변형은 처음에는 '매우 길쭉한' 모양을 하고 있다. 하지만 최종적으로는 '평퍼짐하고 통통한 (같은 측면에 있는 등산객이 만나기 직전)' 모양이 된다. 그런데 이 과정에서 평행사변형이 필연적으로 마름모가 되는 순간이 있기 마련이다.

'내접정사각형문제'와 관련된 명제를 증명해보았다. 증명결과에서 알 수 있는 것들은 다음과 같다.

- 모든 단순폐곡선은 반드시 최소 하나의 내접직사각형을 가진다.
- 주어진 임의의 삼각형에 대해서 모든 폐곡선은 적어도 하나의 내접삼각형을 가지는데 그것은 주어진 삼각형과 유사하다.
- 이상의 명제는 3차원으로 확장가능하다 : 3차원공간에서 단순 폐곡선은 반드시 하나의 내접 삼각형을 가지며 주어진 삼각형과 유사하다.

충분히 smooth하거나 대칭성이 있으면 바로 내접정사각형을 찾을 수 있다. 내접정사각형문제를 확장하여 내접 n각형의 문제를 생각해보면 주어진 어떤 $n \geq 5$각형 P에 대해 P와 닮은 내접 n각형이 없도록 단순폐곡선을 찾는 것은 쉽다. 그러나 만약 '닮은'이라는 요구를 없애면 각각의 길이만을 가지고 순차적으로 원래 다각형 대응변의 비와 동일하게 구성하면 되므로 항상 내접 n각형을 찾을 수 있다.

Let's play with MATH together

1. 단 하나의 내접정사각형을 가지도록 단순폐곡선 하나를 찾아보아라.

2. 자와 컴퍼스를 이용한 작도법을 활용하여 삼각형에 내접하는 정사각형을 찾아보아라.

3. 임의의 단순폐곡선은 모두 외접하는 정사각형을 가질까?

다각형을 품고 있는 점의 개수 구하기 _ 해피엔딩문제 ─────

실험을 하나 해보자. 종이 한 장을 펴고 그 위에 5개의 점을 찍자. 이 중 어느 세 점도 한 직선 위에 있지 않다. 그리고 5개의 점이 어떻게 놓여 있든지 이 중에서 4개의 점을 잇는다. 목표는 바로 볼록 사각형 하나를 만드는 것이다.

여러 조합으로 많은 사각형을 그릴 수 있다. 어쩌면 당신은 5개의 점 위치와 상관없이 언제든지 4개의 점으로 볼록 사각형을 만들 수 있다고 생각할 수도 있다. 그러나 분명한 것은 4개의 점이 항상 볼록 사각형이 되는 것은 아니다. 당신은 5개의 점에서 4개를 이을 때 볼록 사각형이 만들어지지 않는 경우도 있다는 것을 발견하게 될 것이다.

이 문제는 주어진 조건에서 볼록 다각형을 만들 수 있는지, 볼록 사각형을 만들려면 최소 5개의 점이 필요한지, 볼록 사각형을 만들 수 없도록 5개의 점을 그릴 수 있는지에 대한 것이다. 만약 볼록 오각형을 만들고 싶다면 최소 몇 개의 점이 필요할까? 볼록 육각형은 또

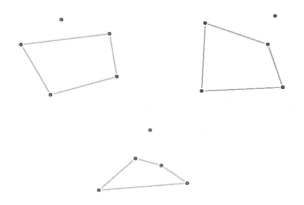

[그림] 해피엔딩문제 : 평면 위에 5개의 점이 있을 때, 4개의 점을 연결하여 볼록 사각형을 만들 수 있다.

어떨까? 일반적으로 평면상 볼록 n각형을 만들 수 있는 최소한의 점의 개수를 묻는 문제를 '해피엔딩문제'라고 부른다.

이 문제와 '해피엔딩'이 무슨 상관이 있을까? 여기에는 아름다운 이야기가 있다.

1933년 헝가리 부다페스트에 수학을 사랑하는 젊은이들이 있었고 그들은 자주 모여 수학문제를 논의했다. 그중에서도 활발한 활동을 했던 세 사람이 있었다. 당시 23세 여성 클라인Klein, 그녀보다 한 살 적은 남성 세케레시Szekeres, 20세 에어디쉬Erdos였다.

어느 날, 클라인은 두 친구에게 이 문제를 선보였다. 그들이 이 문제를 증명하기 원했고 몇 개의 예를—평면상의 5개의 점이 있을 때 그중 4개의 점은 반드시 볼록 사각형이 되는지—제시했다. 오래지 않아 세케레시와 에어디쉬는 이 문제를 증명했다. 뿐만 아니라 2년 후에 이들은 임의의 볼록 n각형을 만들려면 최대 $_{2n-4}C_{n-2}+1$개의 점이 필요하다는 것을 증명했다. 그중 볼록 n각형이 되도록 n개의 점을 찾기만 하면 된다는 것이다. 이것을 '에어디쉬-세케레시 정리'라고 부른다.

세케레시와 클라인은 함께 이 문제를 연구하면서 사랑에 빠졌고 결국 화촉을 밝히게 된다. 이후 짓궂은 에어디쉬는 이 문제를 차라리 '해피엔딩문제'라고 부르자고 제안했다.

1937년 그들은 헝가리에서 결혼했고 2년 후에 제2차 세계대전이 발발했다. 두 사람은 유대인이었기 때문에 도망갈 수밖에 없었고 그들은 상해에서 살기로 했다. 제2차 세계대전 동안에 상해는 4만 명이 넘는 유대인 난민을 수용했다. 그중 이 두 사람만 수학자였다. 상해에서 지내는 동안 첫째 아들이 태어났다. 이후 1948년에 그들은 오스트레일리아로 이주했고 거기에서 남은 여생을 보냈다. 두 수학자 모두 장수했는데 90년 이상을 살았다. 2005년 두 사람은 한 시간 차이로 잇달아 생을 마감한다. 그래서 그들의 인생은 절대적으로 해피엔딩이라고 불릴 만하다.

이 문제를 '해피엔딩'이라고 불렀던 에어디쉬에 대해서 말하려고 한다. 그는 수학계에서 매우 저명한 학자였다. 많은 산출물을 남겼고 일생 동안 1500편의 논문을 발표했다. 그는 여러 수학자와 함께 논문을 발표하는 것을 좋아했다. 수학계에서는 비공식적으로 '에어디쉬 수', '에어디쉬'라는 표현을 쓰는데 그 의미는 만약 당신이 에어디쉬와 함께 연구하여 논문을 발표하게 되면 당신의 에어디쉬 수는 1이고 에어디쉬 수가 1인 사람과 함께 합작하여 논문을 발표하면 에어디쉬 수 2가 된다. 이런 식으로 수를 매기는데 당연히 에어디쉬 수가 작을수록 당신의 수학 수준 또는 지위는 높아진다.

에어디쉬와 세케레시는 볼록 오각형은 9개의 점이 필요하다는 것을 증명했다. 삼각형은 점 3개가 필요하다는 것이 자명하고 볼록 사각형은 5개의 점이 필요하다. 에어디쉬와 세케레시는 이미 알려진 상황으로부터 추론하여 n각형에 대해, $1+2^{n-2}$개의 점이 필요하다고 했다. 이 식에서 볼록 육각형은 17개의 점이 필요하다는 것도 추론할 수 있는데 증명하기까지 70년이 걸렸다. 2005년이 되어서야 증명되었다. 게다가 컴퓨터의 힘을 빌려 증명한 것이다. 하지만 볼록 칠각형의 경우는 33개의 점이 필요함을 추론하지만 컴퓨터도 역할을 하지 못했다.

1935년 에어디쉬와 세케레시는 최댓값이 $_{2n-4}C_{n-2}+1$, 최솟값이 $1+2^{n-2}$ ($=f(n)$) 임을 증명했다(최솟값은 볼록 n각형을 만드는 데에 필요한 최소한의 점의 개수이다).

$n=4$인 경우에 어떤 식으로 증명하는지 들여다보자.

다음 그림에서 평면 위에 5개의 점이 있다고 하자. 여기서 어느 세 점도 일직선 위에 있지 않다. 그중 세 점을 택해 삼각형을 만들자. 남은 2개의 점에 A, B라고 이름을 붙이고 두 점을 연결하여 직선 AB를 그린다. 만약 점 A, B가 모두 삼각형 내부에 있다면 직선 AB는 반드시 삼각형의 두 변과 만나고 삼각형을 2개의 부분으로 나눈다. 그중 한 부분은 삼각형이고 나머지 한 부분은 사각형이다. 사각형인 부분에서 점 B와 점 C, 점 A와 점 D를 각각 연결하면 볼록 사각형을 얻게 된다.

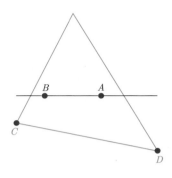

[그림] 세 점을 연결하여 삼각형을 만든 내부에 두 점 *A*, *B*가 있을 때, 점 *B*와 점 *C*, 점 *A*
와 점 *D*를 각각 연결하면 볼록 사각형 *ABCD*를 얻는다.

만약 세 점을 이어 삼각형을 만들었을 때 남은 두 점이 모두 삼각
형 내부에 있지 않다면, 즉 적어도 한 점은 삼각형 외부에 있다면 그
점을 *D*라고 이름 붙이자. 원래 삼각형의 세 점과 점 *D*를 연결하면 볼
록 사각형을 얻게 된다.

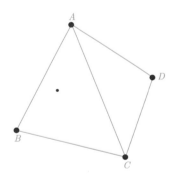

[그림] 삼각형 *ABC*를 외부의 점 *D*와 연결하면 볼록 사각형 *ABCD*를 얻는다.

[그림] 평면 위에 8개의 점이 있을 때, 볼록 오각형이 되는 예는 없다. *f(5)*>8임이 증명되었다.

$n=4$인 경우가 이렇게 간단하다고 이 문제를 얕보지 마라. 임의의 볼록 n각형에 대한 증명은 상당히 곤란하다. 에어디쉬와 세케레시의 증명에 근거한 볼록 오각형일 때, 최솟값 $f(5)=9$는 1935년 마카이[E · Makai]에 의해 증명되었다.

$n=6$, $f(6)=17$의 결과는 세케레시(성과발표 때 이미 세상을 떠났다)와 피터스[L.Peters]가 2006년에 증명했다.

가장 최근의 성과는 앤드류 수커 교수가 2016년에 증명한 것으로 알려져 있다. 이밖에 의미 있는 것은 해피엔딩문제는 '램지이론[Ramsey theory]'의 첫 번째 중요한 응용이라는 것이다. 램지이론은 이런 종류의 문제를 다루는 이론―세 사람이 서로 알든지 혹은 서로 모르려면 최소 몇 명이 필요한가?―으로 1930년대에 램지가 이 수를 6명이라고 증명했다. 그러나 지금까지 5명이 서로 알든지 혹은 서로 모르려면 최소 몇 명이 필요한가에 대한 답은 수학자들도 여전히 모른다. 단지

43~48명 정도가 필요하다는 정도만 알 뿐이다. 그래서 램지이론도 간단해보이지만 아직도 연구 중인 미해결 문제이다.

해피엔딩문제는 '공심^{空心}해피엔딩문제'로 확장된다. 이것은 해피 엔딩문제보다 더 많은 조건이 필요한데 볼록다각형을 만들 때 다른 점을 내부에 포함하지 않는 것이다. 공심해피엔딩문제는 볼록 사각 형인 경우, 여전히 5개의 점이 필요하고 오각형은 10개의 점이 필요 하다고 알려져 있다.

당신은 공심해피엔딩문제에서 많은 점을 찍기만 하면 된다고 생각 할지도 모른다. 그러나 1983년에 조제프 호턴Joseph Horton은 점의 수 가 충분히 많을 때 공심볼록칠각형을 찾을 수 없음을 증명했다.

하나의 추론에서 시작해서 꼬리에 꼬리를 무는 증명의 과정들을 통해 수학자의 위대함을 느낄 수 있었을 것이다. 수학 공부로 모두 인생이 해피엔딩에 이르기를 바란다.

Let's play with MATH together

1. 평면 위에 17개의 점이 있을 때 (오목, 볼록 상관없이) 얼마나 많은 육각형을 만들 수 있을지 생각해보자.

2. 평면 위에 $1+2^{n-2}$개의 점이 있다면 몇 개의 n각형을 만들 수 있을 까?

'수학병'에 걸리게 하는 문제 _ 콜라츠추측 ──────

만약 당신이 제목 '콜라츠추측^{collatz conjecture}'을 보고 감이 전혀 오지 않는다면, 힌트를 몇 개 더 주겠다. $3n+1$ 추측, 우박추측, 카쿠타니^{Kakutani}추측, 하세^{Hasse}추측, 울람^{Ulam}추측과 시라쿠스^{Syracuse}추측. 어떤가, 떠오르는 것이 있는가?

여전히 잘 모르겠다는 이를 위해서 추측의 내용을 설명해보겠다. 임의의 자연수 하나를 가져오자. 만약 그 수가 홀수이면 거기에 3을 곱하고 1을 더한다. 만약 그 수가 짝수라면 그 수를 2로 나누어라. 얻은 결과를 다시 반복해서 위 과정을 거친다. 이 과정을 '콜라츠연산'이라고 부른다. 최종적으로 당신이 어떤 자연수를 가져왔는지는 상관없이 위 과정을 반복해서 실행하면 결국에는 4, 2, 1의 순환이 나타난다. 이런 과정으로 $3n+1$ 추측을 연상할 수 있다.

기억이 나는가? 나는 당신이 이 추측을 본 적이 있을 거라고 단언한다. 종이 위에 몇 개의 자연수를 써놓고 그것을 확인해본 적이 있었을 것이며 많은 사람이 이런 비슷한 경험을 해보았을 것이다. 초등

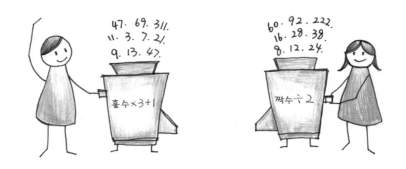

[그림] 콜라츠연산. 자연수를 홀수 또는 짝수로 구분하여 반복처리하는 과정이다.

학교 때 나는 이 추측을 접했는데, 상당히 오랜 시간 미해결 문제였다는 것이 믿기지 않는다.

먼저 이 추측을 이해하지 못한 사람들을 위해서 감성적으로 접근하려고 한다. 우리는 간단한 테스트를 해 볼 것이다. 예를 들어 6을 생각해보자. 6은 짝수이다. 2로 나누면 3이다. 3은 홀수이다, 여기에 3을 곱하고 1을 더하면 10이다. 이후에는 5, 16, 8, 4, 2, 1과 같은 순서로 나타난다. 1이 나타난 후에도 이 계산을 계속한다면 또 4가 나타날 것이고 그런 다음에는 다시 4, 2, 1이 반복해서 나타나게 된다.

'콜라츠추측'은 많은 자연수가 이런 과정을 여러 번 거치면서 결국에는 4, 2, 1로 순환하며 나타난다는 것이다. 당신은 이 문제가 충분히 간단하다고 생각하지 않는가? 초등학교 4학년도 당연히 이해할 수 있는 문제이다.

이 추측은 1930년대 초, 그 당시 독일의 대학생이었던 콜라츠에 의

해 제기되었다. 1960년대에 일본 수학자 카쿠타니가 이 문제를 연구하면서 중국으로 전해졌고 중국에서는 이 추측을 카쿠타니 추측이라고 불렀다.

테스트를 하나 더 해보려고 한다. 계산기를 미리 하나 준비하길 바란다. 숫자 27에 대해서 이 테스트를 시작해보자. 이 숫자는 보기에는 작은 숫자이지만 나는 당신이 10분도 안 되어 포기할 거라고 장담한다. 왜냐하면 50회 반복한 후에도 이 테스트는 끝나지 않기 때문이다. 80회째에는 9232라는 놀라운 수를 얻게 될 것이다. 27부터 9000이 넘는 수에 도달하면 놀라지 않을 수 없다. 하지만 이후에 110회째까지 가면 예상한 수열을 만나게 되고 결국 1에 도달한다. 그러나 26은 10회, 28은 18회만으로 1에 도달한다. 그래서 여기에는 명확한 규칙이 없어 보인다.

숫자 27에 대한 완전한 테스트 결과는 다음과 같다. 그중에서 가장 큰 숫자는 9232이고 모두 111회 진행되었다.

{27, 82, 41, 124, 62, 31, 94, 47, 142, 71, 214, 107, 322, 161, 484, 242, 121, 364, 182, 91, 274, 137, 412, 206, 103, 310, 155, 466, 233, 700, 350, 175, 526, 263, 790, 395, 1186, 593, 1780, 890, 445, 1336, 668, 334, 167, 502, 251, 754, 377, 1132, 566, 283, 850, 425, 1276, 638, 319, 958, 479, 1438, 719, 2158, 1079, 3238, 1619, 4858, 2429, 7288, 3644, 1822, 911, 2734,

1367, 4102, 2051, 6154, 3077, 9232, 4616, 2308,
1154, 577, 1732, 866, 433, 1300, 650, 325, 976, 488,
244, 122, 61, 184, 92, 46, 23, 70, 35, 106, 53, 160, 80,
40, 20, 10, 5, 16, 8, 4, 2, 1}

비유를 통해 다시 살펴보자. 우리는 콜라츠추측의 모든 연산과정을 비행기의 항로로 생각해 볼 수 있다. 시작하는 숫자는 비행기의 시작 고도이다. 중간과정에 각 연산은 비행 고도의 변화라고 생각할 수 있다. 모든 항로는 제일 낮은 지점 1에서 끝난다. 그리고 항로의 길이는 곧, 콜라츠연산의 횟수이다. 예를 들어 27호 항로는 고도 27에서 시작하여 9232라는 최고 고도에 이르고 항로의 길이는 111이다. 최종적으로 고도 1에 안전 낙하한다.

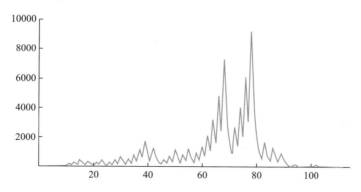

[그림] 27호 항로. 가로축은 횟수, 세로축은 고도. 즉, 매회의 결과를 나타낸 그래프이다.

여기서 많은 항로가 공유된다는 것을 확인할 수 있다. 예를 들어 '27호 항로'는 최고 고도 9232에 도달한다. 사실 이 지점에서 시작한다고 여길 수 있는데, 그것은 곧 '9232호 항로'에 따라 비행한다. 9232호 항로가 27호보다 엄청 높은 고도에서 시작한 것과는 상관없이 9232호 항로가 27호보다 짧다는 것을 발견할 수 있을 것이다.

1만 이내의 항로 중에서 가장 긴 것은 6171호, 길이는 261이다. 1억 이내에서는 가장 긴 항로가 63,728,127이고 947회 공유된다. 이미 사람들은 컴퓨터를 이용하여 5×10^{18}에 이르렀고 이 범위 내에서 반례는 찾지 못했다. 그러나 많은 문제에서처럼 테스트를 많이 한다고 해서 문제의 증명에 도움이 되는 것은 아니다.

수많은 항로는 최종적으로 1에 모이기 때문에 점점 더 미궁에 빠지는 느낌이다. 만약 반대로 나무 한 그루처럼 생각한다면 뿌리가 1이 된다. 그런 후 위로 2, 4, 많은 가지들을 만들어간다. 어떤 사람이 이런 식으로 나무 한 그루를 그려놓았다. 신기하지 않은가?

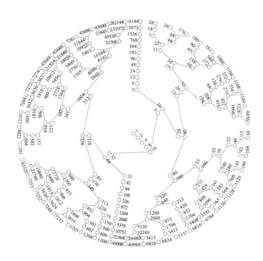

[그림] 콜라츠 나무

만약 이 나무가 모든 자연수를 커버할 수 있다는 증명을 한다면 이는 곧 콜라츠추측을 증명한 것이다. 2003년 두 명의 연구자는 1부터 n개의 자연수에 대해서 콜라츠추측을 증명했다. 콜라츠추측의 자연수 개수는 $n^{0.84}$보다 더 큰 수이다. 예를 들어 n을 10000이라고 하면 10000 이내 적합한 콜라츠추측의 자연수 개수는 $10000^{0.84} \approx 2291$보다 더 큰 값이다.

당신은 이 결과가 매우 부실하다고 생각할 수 있다. 뿐만 아니라 좀 모호하다고 여길 수도 있다. '~보다 더 큰'을 뭐라고 이해해야 할까. 사실 이것은 콜라츠추측이 매우 어렵다는 것을 정확히 알려준다. 그러나 수학자 또한 빈틈없고 엄격하다. $n^{0.84}$보다, $n^{0.9}$보다도, 심지어 $n^{0.9999}$보다 더 큰 것으로 잡아도 가능하다는 것을 확인할 수 있다. 하지만 증명은 하지 못했다.

중국계 호주인 수학자 테렌스 타오Terence Tao는 2011년에 콜라츠추측을 연구하며 얻은 결과와 감상을 블로그에 남겼다. 비록 블로그에 올린 글이지만 내용은 매우 심오하다. 그중 주된 내용과 요점을 당신에게 소개하고자 한다. 테렌스 타오를 통해 수학자의 사고방식을 가져보길 바란다.

다른 수학자가 말했던 것처럼 테렌스 타오도 콜라츠추측을 '수학병' 같다고 했다. 왜 '병'이라고 했을까? 그 이유는 이 추측은 매우 유명하고 개념은 매우 간단해서 수많은 사람들이 미련을 남겼을 뿐만 아니라 이 추측에 매여서 많은 좋은 날들을 낭비하였기 때문이다.

사실 문제 자체에만 얽매인다면 결코 많은 어려운 수학문제들을 해결할 수 없다. 끊임없이 다른 영역 혹은 기타 문제들의 한계에 도전하고 난관을 극복한 후에야 비로소 결과를 얻고 원래 문제에 응용하게 되고 결국은 문제를 해결한다는 것이다. 가장 전형적인 예가 바로 페르마 대정리의 증명을 꼽을 수 있다. 어떤 사람은 페르마 대정리는 '타니야마 시무라추측'의 추론이라는 것을 발견했는데, 이는 만약 '타니야마 시무라추측'을 증명한다면 페르마 대정리를 증명한 것이나 다름 없다는 뜻이다.

앤드류 와일즈는 이 점을 이해한 후에 몇 가지 사고 과정을 통해서 '타니야마 시무라추측'을 정복할 수 있다고 생각했다. 그래서 그는 바로 이 방향으로 전진했고 결국은 타니야마 시무라추측을 통해 페르마 대정리를 이끌어냈다. 이것은 특정 수학난제에 대해서 심하게 연연해하거나 얽매이는 것은 바람직하지 않다는 것을 말해주는 것 같다. 좋은 방법은 광범위한 학습과 관련 있는 수학 분야의 지식을 더 심도 있게 이해하는 것이고 이후에는 그 문제에 대해 더 좋은 방법을 발견하고 해결할 수 있게 된다.

다음으로 테렌스 타오도 콜라츠추측을 수학자들이 주력해야 하는 문제가 아니라고 여겼는데 아직은 이론적 도구가 잘 정비되지 않았다고 생각해서일 것이다. 그는 출중한 수학자는 마땅히 그런 수학도구를 능가하는 문제를 고려해야 한다고 여겼다. 나는 그의 말을 통해서 당신에게 충고하고 싶다. "콜라츠추측에 대해 병적으로 매달리지 마라. 이것은 수학을 즐기는 자가 해결할 수 있는 문제가 아니다."

이어서 테렌스 타오는 콜라츠추측에 대해 정말 재미있는 계발식 토론을 했는데 '계발식'의 토론은 엄밀한 증명이 절대 아니다. 단지 문제에 대한 예상, 연상, 유추를 하는 것이다. 먼저 그는 누구나 다 아는 연상을 말한다. 콜라츠연산에서 홀수는 3을 곱하고 1을 더하는데 그 결과는 항상 짝수이다. 그래서 우리는 홀수가 나오면 3을 곱하고 1을 더한 후 다시 2로 나누는 것으로 조금 수정할 수 있다. 이유는 분명히 2로 나누어 떨어지기 때문이다. 나눈 결과는 홀수인지 짝수인지 알 수 없는데 짝수가 나오면 2로 나눈다. 결과는 마찬가지로 알 수 없다. 우리는 이 과정을 '압축 콜라츠연산'이라고 부르기로 한다.

여기서 홀수는 압축 콜라츠연산을 통해서 원래보다 약 1.5배 큰 수가 되고, 짝수는 반이 된다는 사실을 확인할 수 있다. 만약 압축 콜라츠연산에서 홀수와 짝수의 개수가 절반 정도로 차이가 없다면 1.5배 증가할 수 있는 절반의 기회가 있다. 다른 절반은 원래수의 반이 된다. 그래서 총 크기는 더 작아진다. 이것은 콜라츠추측을 입증하는 데 유리한 논거이다. 그러나 주의할 것은 단지 계발식 논의의 결과이고 엄밀한 증명은 아니다.

뿐만 아니라 더 중요한 것은 설령 연산 과정에 있는 정수의 홀수, 짝수 개수가 확률적으로 반반이라고 증명되더라도 콜라츠추측을 전혀 증명할 수 없다는 것이다. 이유는 '4-2-1' 이외의 순환이 있다는 것을 부정할 수 없고 어떤 수가 발산할지도 장담할 수 없기 때문이다. 항상 한두 개의 특별한 예가 이러한 확률의 성질에서 벗어날 수 있다는 것을 부정할 수 없다.

테렌스 타오의 문장으로 돌아가 그 역시 위와 같은 계발식 추측은 단지 자연수의 연산을 축약했을 뿐이라고 말한다. 그러나 그것은 다른 모순 상황을 배제할 수는 없어 보이는데 모순 가능성에 대해 다음에서 살펴보자.

그는 우선 '약한 콜라츠추측'의 명제 하나를 꺼냈다. 콜라츠연산을 거친 어떤 자연수가 있다고 가정하자. 그러면 이 자연수는 1, 2, 4 세 개 중의 하나이다. 이것을 '약한 콜라츠추측'이라고 부르는 이유는 무엇일까? 이유는 그것을 증명할 때 콜라츠추측을 증명할 수 없고 발산할 가능성이 더 크기 때문이다. 그러나 콜라츠추측을 증명한다는 것은 바로 그것을 증명한 것이나 다름없다. 그래서 비교적 약해 보인다. 이것 또한 수학에서 상용되는 사고방식 중 하나이다. 원래 명제가 매우 어려울 때, 조건을 완화하여 약한 결론을 얻을 수 있다. 만약 증명이 가능하다면 적어도 목표에 좀 더 가까워진다.

여기서 주어진 약한 명제를 어떻게 써먹을 수 있을까? 2명의 연구자는 이 약한 콜라츠추측이 다른 한 명제와 같다는 것을 발견했다.

어떤 자연수 $K(\geq 1)$가 존재하지 않고 다음과 같은 수열이 주어질 때

$$0 = a_0 < a_1 < a_2 < \cdots < a_n$$

정수 $2^{a_k-1} - 3^k$은 $3^{k-1} 2^{a_1} + 3^{k-2} 2^{a_2} + \cdots + 2^{a_k}$로 나누어떨어진다. 자연수 k와 n이 존재하지 않을 때도 이하 등식이 성립한다.

$$(2^{a_k-1} - 3^k) n = 3^{k-1} 2^{a_1} + 3^{k-2} 2^{a_2} + \cdots + 2^{a_k}$$

이 명제는 복잡해보이지만 수학자는 잘 해결할 수 있을 것으로 생각한다. 원래 콜라츠추측의 어려움 중의 하나는 교대로 변화하는 과정에 있다. 심지어 변화 상태 중에 혼돈이 있는데 지금의 도구로는

해결할 수 없다.

　당연히 테렌스 타오도 이 약한 콜라츠추측의 명제를 증명할 수 없다고 했지만 이 명제에 대해 분석했다. 만약 이 명제가 성립하지 않는다면 약한 콜라츠추측은 다른 순환이 있다는 반례가 된다는 것이다. 그러면 이 순환의 길이는 적어도 105000이다. 우리는 이미 5×10^{18} 이내의 자연수에 대해서 모두 콜라츠추측을 검증했다. 그래서 반례가 필요하다면 19자리 이상인 수에서 105000개 콜라츠 순환을 가지는 자연수 수열을 상상하길 바란다. 이런 순환이 존재할까? 분명한 것은 현재는 그것이 존재하지 않는다는 것을 증명할 수 없다.

　마지막으로 테렌스 타오는 약한 콜라츠추측이 성립하지 않는다면 일련의 추론을 만들 수 있다는 것을 연구했다. 당신은 어쩌면 "약한 콜라츠추측은 모두 증명이 없는데 그렇다면 추론은 왜 생각하는 건가요?"라고 물을 수 있다. 약한 콜라츠추측으로부터 추출할 수 있는 결론을 이미 아는 결론과 비교해보면 차이가 상당히 크다. 이것이 바로 수학자가 가지는 대단한 사고과정이다.

　어떤 명제가 이미 아는 결론과 비교했을 때 훨씬 강하다면 그것은 약한 콜라츠추측을 증명하기 위해 필요한 지식이 이미 아는 지식과 비교하여 훨씬 더 어려워야 한다는 것이다. 예로, 콜라츠추측으로부터 페르마 대정리를 추출하고 싶다면 그나마 다행이다. 페르마 대정리는 이미 증명되었기 때문이다. 그러나 만약 콜라츠추측으로부터 리만가설을 이끌어내고 싶다면 그건 좋지 않은 상황이다. 그것의 증명은 적어도 리만가설을 증명하는 것과 같은 난이도이기 때문이다. 테렌스 타오는 약한 콜라츠추측에서 2개의 추론을 얻었다.

추론 1 : 만약 약한 콜라츠추측이 성립한다면, 즉 임의의 자연수 a와 k에 대하여 $2^a > 3^k$인 $2^a - 3^k \ggg k$이다.

여기서 '$\ggg$'은 매우 크다는 의미이다. 예로 $2^4 > 3^2$이면 위 명제에 따라 $2^4 - 3^2 = 16 - 9 = 7 \ggg 2$이다.

추론 2 : 만약 약한 콜라츠추측이 성립한다면, 즉 임의의 자연수 a와 k에 대하여 $2^a > 3^k$인 $2^a - 3^k \ggg (1+\epsilon)^k$이다.

여기서 ϵ은 어떤 양수이다. 이 추론은 앞의 것을 강화한 것으로 $(1+\epsilon)^k$은 보통 k와 비교하여 매우 크다.

테렌스 타오는 이와 같이 약한 콜라츠추측의 분석을 통해 추론했다. 콜라츠추측의 증명을 시도하는 경로는 초월수 이론을 이용하든지 완전히 새로운 기교를 이용해야 한다. 2의 거듭제곱과 3의 거듭제곱을 분리하는 것은 충분히 아름답다. 여기서 초월수 이론이 가리키는 것은 초월수와 관련된 이론이다. 이 표현의 구체적인 의미는 내가 정확히 말하기 어렵다. 그러나 나는 콜라츠추측을 해결하기 위해 시간을 낭비할 수 없다는 것을 잘 안다.

이제 이 추측의 확장을 이야기해보자. 먼저 만약 음수를 끌어들이면 어떻게 될지 생각해 보자. 음수도 홀수, 짝수로 나눌 수 있으므로 콜라츠연산의 결과로서 3가지 종류의 순환을 확인할 수 있다.

$-1 \rightarrow -2 \rightarrow -1$

$-5 \rightarrow -14 \rightarrow -7 \rightarrow -20 \rightarrow -10 \rightarrow -5$

$-17 \rightarrow -50 \rightarrow -25 \rightarrow -74 \rightarrow -37 \rightarrow -110 \rightarrow -55 \rightarrow -164 \rightarrow$

$-82 \rightarrow -41 \rightarrow -122 \rightarrow -61 \rightarrow -182 \rightarrow -91 \rightarrow -272 \rightarrow -136 \rightarrow$

$-68 \rightarrow -34 \rightarrow -17$

제일 마지막은 매우 기이한데 길이가 18이다. 당연히 사람들은 위의 것이 모두 순환인지 아닌지를 증명하지 않았다.

또 다른 확장은 자연수 범위에서 일반화된 콜라츠추측이라고 불리는 것이다. 원래의 콜라츠추측이 고려하는 것은 짝수와 홀수를 나누는 2가지 상황이었기 때문에 자연스럽게 일반화할 수 있다.

임의의 소수에 대해 나머지에 따라 하나의 선형변환을 정의하는 것이다. 예로, 소수 3을 취하면 연산은 이렇게 정의할 수 있다.

- 3으로 나눈 나머지가 1이면 3을 곱하고 1을 더한다.
- 3으로 나눈 나머지가 2이면 3을 곱하고 2를 더한다.
- 3으로 나누어떨어지면 다시 1/3을 곱한다.

당연히 구체적인 연산은 선형이기만 하면 임의로 정의할 수 있다. 이렇게 얻은 결과를 일반화된 콜라츠추측이라고 부른다.

이 문제와 관련된 결론은 1972년 존 콘웨이(3명의 케이크 문제에서 거론되었던 수학자)가 증명했다. 콘웨이는 일반화된 콜라츠추측은 '결정할 수 없는 것 undecidable'으로 '어떤 정수를 입력하면 유한시간 안에 일반화된 콜라츠연산을 통과한 정수가 순환 상태로 진입가능한지를 알려주는 이런 컴퓨터 프로그램은 없다'고 했다.

이 문제는 어떤 수가 소수인지 아닌지를 판정하는 것을 가능하게 한다. 소수를 판정하는 프로그램은 며칠에서 몇 년에 이르기까지 연산시간이 매우 길 것으로 예상되지만 이런 프로그램은 분명히 유한 시간 내에 이 수가 소수인지 아닌지를 우리에게 알려줄 수 있다. 그러나 '일반화된 콜라츠 문제'를 겨냥하여 이런 프로그램이 있는 것은 아니다.

마지막으로 다시 콜라츠 나무로 거슬러 올라가보자. 2011년 콜라츠의 한 학생은 콜라츠추측을 증명했다. 그런데 이후 그의 증명에는 결함이 하나 있었는데 증명에 이용된 나무가 수많은 자연수를 커버한다는 증명이 없다는 것이다. 2017년 한국계 미국인 수학자 허준이 박사가 콜라츠 추측을 증명했다는 기사를 접했다. 당시에 검증 중이었는데 그 결론에 대한 사람들의 관심이 집중되었다.

몇십 년 몇백 년을 과제처럼 전해 내려오는 수학난제가 수학자의 손을 거치면서 증명되고 풀리는 것을 바라보면 수학을 사랑하는 애호가로서 온몸에 전율이 느껴진다. 모든 수학난제들도 풀리는 때가 있는 것 같다. 아직 때가 오지 않았을 뿐!

PART 2

LEVEL 2

우주는 **어떤 수**로
표현할 수 있을까?

완벽한 입방체는 존재하는가? ──

지구상에 완벽한 입방체는 존재하는가? 여기서 완벽한 입방체는
정육면체가 아니고 특별한 성질을 가지는 입체도형이다. 이것은 피
타고라스 정리와 관련이 깊은데 피타고라스 정리를 공부해본 사람이
라면 5, 12, 13 숫자들이 낯설지 않을 것이다.

많은 사람이 이 수를 보자마자 $5^2+12^2=13^2$ 이 식이 떠올랐을 것
이다.

우리는 위에서처럼 피타고라스 정리를 만족하는 세 자연수를 피타
고라스 수라고 부른다. 그리고 세 수가 서로소일 때 근원 피타고라스
수라고 하는데 가장 기본이 된다는 의미이다. 그렇다면 근원 피타고
라스 수를 모두 찾을 수 있을까? 고대 그리스 사람들은 다음과 같은
공식을 발견했다.

m, n은 자연수이고 $m>n$이라고 하자. 그러면,
$$a=m^2-n^2$$

$$b=2mn$$
$$c=m^2+n^2$$

가능한 m, n을 위 식에 대입해보면 그 결과는 모두 근원 피타고라스 수를 얻는다. 재미있는 것은 몇몇 자연수는 서로 다른 조합에 중복해서 나타나기도 하는데 (20, 21, 29)와 (20, 99, 101)에서 20이 중복되어 나타나는 것이 확인된다.

1719년 폴 하코$^{Paul\ Harko}$의 회계사는 세 수 44, 117, 240을 발견했다. 세 수 중에 두 수의 제곱 합을 구하면 결과는 여전히 완전제곱수이다.

$$44^2+117^2=125^2$$
$$117^2+240^2=267^2$$
$$240^2+44^2=244^2$$

그러므로 세 수 중에 어떤 두 수는 모두 직각삼각형의 직각을 낀 두 변의 길이가 될 수 있다. 만약 이 세 수를 직육면체의 세 변의 길이로 정하면 당신은 이 직육면체의 모든 변의 길이가 정수이고 모든 면의 대각선의 길이도 정수가 된다는 것을 발견할 수 있을 것이다.

오일러는 어떤 세 수가 이런 관계를 만드는지에 대해 심도 있는 연구를 했다. 그는 적어도 두 세트의 매개변수식을 찾았는데, 그중 하나는 다음과 같다.

$$a = |2mn(3m^2-n^2)(3n^2-m^2)|$$
$$b = 8mn(m^2-n^2)(m^2+n^2)$$
$$c = |(m^2-n^2)(m^2-4mn+n^2)(m^2+4mn+n^2)|$$

예를 들어 $m=2$, $n=1$을 위 식에 대입하면, (44, 240, 117) 이 수를 얻을 수 있다. 이것은 오일러가 연구한 것이므로 후대 사람들이 이런 종류의 수 조합을 '오일러 큐브Euler Cuboid'라고 불렀다. 오일러와 거의 동시대에 살았던 니콜라스 손더슨Nicholas Saunderson은 간단한 한 세트를 발견했는데 피타고라스 수의 매개변수 유도공식에 기인한 것이다.

(u, v, w)가 하나의 피타고라스 수라고 하면,
$(|u(4v^2-w^2)|, |v(4u^2-w^2)|, 4uvw)$ 은 반드시 오일러 큐브가 된다.

그런데 여기서 흥미로운 것은 완전 의외의 결론으로 오일러와 손더슨 공식이 모든 오일러 큐브를 포함하지는 않는다. 아무래도 오일러 큐브가 그물을 다 빠져나가버린 것 같다. 게다가 근원 오일러큐브(세 수가 서로소인 것)도 많지 않다. 1000 이내에 5개 세트가 있을 뿐이다. 10000 이내에도 19개 세트이니 이것은 오일러큐브가 그렇게 단순한 것이 아니라는 것을 보여준다. 다음은 이미 알려진 '근원 오일러 큐브'의 성질이다.

- 반드시 한 변은 홀수, 2개의 변은 짝수이다.
- 적어도 두 변은 3으로 나누어떨어진다.

- 적어도 두 변은 4로 나누어떨어진다.
- 적어도 한 변은 11로 나누어떨어진다.
- 임의의 근원 오일러 큐브 (a, b, c)는 확장된 오일러 큐브 (ab, ac, bc)를 만든다.

오일러 큐브는 이미 충분히 찾기 힘들다. 완벽한 입방체는 여기서 한 걸음 더 나아가 오일러 큐브의 대각선이 정수인지를 요구한다. 즉, $a^2+b^2+c^2$이 완전제곱수가 되게 하는 한 세트의 오일러 큐브를 찾을 수 있는가? 보기에는 조건이 하나일 뿐인데 우리는 지금까지 완벽한 입방체를 찾지 못했다. 우리가 아는 것은 만약 그것이 존재한다면 반드시 다음의 많은 성질들을 만족시켜야 한다는 것이다.

- 하나의 변, 2개의 면대각선과 입체대각선은 모두 홀수이다. 다른 한 변과 남은 면대각선은 모두 4로 나누어떨어진다. 마지막 한 변은 반드시 16으로 나누어떨어진다.
- 두 개의 변은 모두 3으로 나누어떨어진다. 그중 적어도 한 변은 9로 나누어떨어진다.
- 한 변은 반드시 5로 나누어떨어진다.
- 한 변은 반드시 7로 나누어떨어진다.
- 한 변은 반드시 11로 나누어떨어진다.
- 한 변은 반드시 19로 나누어떨어진다.
- 한 변 또는 입체대각선은 반드시 13으로 나누어떨어진다.
- 한 변 또는 면대각선 또는 입체대각선은 반드시 17로 나누어떨

어진다.

- 한 변 또는 면대각선 또는 입체대각선은 반드시 29로 나누어떨어진다.
- 한 변 또는 면대각선 또는 입체대각선은 반드시 37로 나누어떨어진다.
- 입체대각선은 어떤 소수의 거듭제곱 또는 두 소수를 서로 곱한 값이 될 수 없다.

우리는 이미 컴퓨터를 이용하여 가장 짧은 변은 적어도 10^{10}, 또는 홀수변은 적어도 2.5×10^{13}, 이 범위 내에서 완벽한 입방체를 찾을 수 없다는 것을 확인했다. 매우 유감스럽게도 어떤 결과는 거의 '완벽함'에 가깝다. 예를 들어 (672, 153, 104) 이 수는 입체대각선과 두 개의 면대각선이 정수이지만 안타깝게도 다른 한 변이 조건을 만족하지 않는다.

모든 대각선과 두 개의 변이 모두 정수라는 것을 찾을 수 있지만, 다른 한 변이 정수가 아닌 상황도 있다. 예로 (18720, $\sqrt{211773121}$, 7800)과 (520, 576, $\sqrt{618849}$) 같은 것을 발견하기도 한다. 또한 1972년에 발표된 충격적인 사실은 스보언이 손더슨 공식으로부터 도출된 오일러 큐브 중에는 완벽한 입방체를 만족시키는 것이 없다는 것을 증명했다. 이것은 피타고라스 수로부터 완벽한 입방체를 생각하려는 시도를 완전히 차단한 것과 같다. 오일러의 매개변수공식으로 유한히 많은 완벽한 입방체를 만들 수 있다는 증명도 있지만 최댓값은 여전히 모른다.

2009년에 '완벽한 평행육면체(모든 면이 모두 평행사변형인 육면체)'를 발견했다. 세 변의 최소 길이는 271, 106, 103이고 그중 24개 면대각선과 4개 입체대각선은 모두 정수이다.

통계자료에 의하면 완벽한 평행육면체는 뜻밖에도 오일러큐브보다 많고 4개면이 직사각형이며, 다른 2개면은 평행사변형이지만 직사각형이 아닌 완벽한 평행육면체다. 결론은 '완벽한 입방체 문제'에는 동시에 만족해야 하는 조건이 몇 개 있다는 것이다.

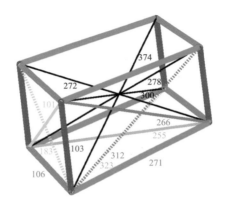

[그림] 완벽한 평행육면체. 거의 완벽한 입방체이다.

1. 가로, 세로, 높이의 길이는 모두 정수이다.

2. 각 대각선의 길이는 모두 정수이다.

3. 같은 꼭짓점에서 만나는 3개의 면은 모두 직사각형이다.

만약 임의로 두 개의 조건을 모두 만족하더라도 '완벽'할 수는 없다.

수학자의 연구에 따르면 완벽한 입방체 문제는 수론 중에서도 가장 난해하고 심오한 것 중 하나라고 한다. 문제가 제기된 지 약 300년이 된 지금도 여전히 해결은 기약도 없이 아득해 보인다. 인류는 358년을 페르마 대정리를 해결하는 데 썼다. 완벽한 입방체 문제를 해결하는 데 얼마나 더 많은 시간이 필요할까?

Let's play with MATH together

1. 오일러 또는 손더슨의 공식을 이용하여 근원 오일러 큐브를 하나 찾아보자.

2. 방정식 $x^2+y^2=z^3$은 자연수 해를 가질까? 만약 가진다면, 매개변수 해가 존재할까? (단, x, y, z 는 서로소이다.)

수학자는 평면을 빈틈없이 채운다 _ 테셀레이션 문제 ────

무심코 길을 걸어가다가 바닥에 깔려있는 보도블록이 눈에 들어온 적이 있는가. 바닥은 다양한 모양의 도형들로 빈틈없이 채워져 있다. 만약에 빈틈이 조금이라도 생기면 어떻게 될까? 하이힐의 굽이 끼거나 동전이 빈틈에 떨어져 난감한 상황이 생기지 않을까? 그래서 우리의 관심은 바닥을 빈틈없이 채울 수 있는 타일의 모양에 있다.

이 질문에는 바로 정삼각형, 정사각형 그리고 정육각형 모양이 가능하다고 자신 있게 대답할 것 같다. 그렇다면 만약 정다각형이 아니라면? 이제 이 문제의 바통을 수학에 넘겨주자. 이것은 바로 수학에서 '테셀레이션 tessellation'이라고 불리는 문제이다. 의미는 어떤 모양의 평면도형을 이용하여 겹치지 않고 빈틈없이 평면을 가득 채우는 것이다.

지금부터 우리가 다루는 것은 2가지─단순 테셀레이션 문제와 볼록다각형 문제─이다. 단순 테셀레이션 문제는 다각형 모양의 평면도형을 이용하는 것이고 볼록다각형 문제는 오목다각형을 생각하면 너무 복잡하기 때문에 기초가 되는 볼록다각형만을 다루기만 한다. 그밖에도 테셀레이션을 할 때 다각형을 옮기고 뒤집고 회전하는 것을 허용한다. 왜냐하면 이것을 허용하지 않으면 테셀레이션 할 수 있는 형태가 매우 적게 되기 때문이다.

단순 테셀레이션 문제에서 변의 수가 적은 것부터 많은 순서로 볼록다각형을 차례로 생각해보자. 임의의 삼각형에 대해 우리는 2개의 삼각형을 변형해서 하나의 평행사변형을 만들 수 있다. 이 평행사변형은 당연히 서로 만나서 평면을 빈틈없이 채울 수 있다. 그래서 임의의 삼각형은 테셀레이션이 가능하다.

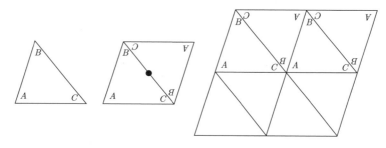

[그림] 임의의 삼각형은 테셀레이션 가능하다.

사각형을 생각해보자. 사각형의 내각의 합은 정확히 $360°$이다. 우리는 그림처럼 서로 같은 네 변을 가지는 사각형이 서로 같지 않은 각끼리 만나도록 둘 수 있다. 길이가 같은 변을 서로 만나도록 배치하면 된다. 이것은 평행사변형을 하나 구성할 뿐만 아니라 확장가능하다. 네 변의 길이가 서로 같도록 평행사변형을 가위로 오려서 직접 실험해보길 바란다. 따라서 임의의 사각형도 테셀레이션이 가능하다.

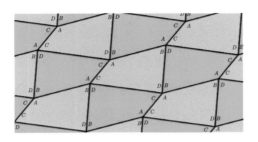

[그림] 임의의 사각형은 테셀레이션이 가능하다.

1	2		3
p2, 2222	pgg, 22×	p2, 2222	p3, 333
$b=e$ $B+C+D=360°$	$b=e,\ d=f$ $B+C+E=360°$		$a=f,\ b=c,\ d=e$ $B=D=F=120°$
2-*tile lattice*	4-*tile lattice*		3-*tile lattice*

[그림] 3가지 종류의 볼록육각형으로 테셀레이션이 가능하다. 맨 아랫줄에 나열된 것이 '기본단위'이다.

오각형인 경우는 잠시 뛰어넘고 육각형을 보자. 1963년 어느 수학자는 3가지 종류의 볼록육각형을 이용한 테셀레이션을 증명했다. 그것은 2개, 3개, 4개의 육각형으로 구성된 '기본단위'로 다시 확장된다. 여기서 기본단위가 모두 오목다각형인 것을 볼 수 있다. 그래서 볼록다각형 테셀레이션은 오목다각형 테셀레이션의 기초라고 말한다.

수학자는 육각형 이후 변의 수가 7개 이상인 경우에 테셀레이션이 가능한 볼록다각형은 없다는 것을 증명했다. 이제 다시 오각형으로 돌아가 보자. 분명히 만만한 문제가 아닐 것이라고 벌써 짐작했을 것이다. 오각형의 경우는 2017년 9월에 이르러서야 완벽하게 해결되었다.

오각형 테셀레이션 문제는 1918년 독일 수학자 라인하르트 시대로 거슬러 올라간다. 라인하르트는 그의 박사학위 논문에 5개의 서로 다른 오각형 테셀레이션 모형을 소개했다. 이 5개 모형은 비교적 '쉬운' 발견에 속한다. 여기서 '쉽다'는 것에 따옴표를 쳐야 한다. 라인하르트는 그의 박사논문에서 5개의 간단한 오각형 테셀레이션 모형을 발표했지만 더 있는지 아닌지에 대해서는 언급하지 않았다. 시간이 지나고서야 더 많은 것이 있다는 것이 알려졌다.

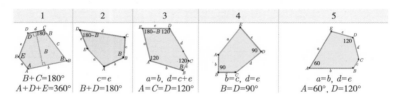

[그림] 5개의 서로 다른 오각형 테셀레이션 모형

50년의 시간이 흘러 1968년 존스 홉킨스 대학의 리처드 커쉬너는 3개의 오각형 테셀레이션 모형을 더 발견한다. 이 3개의 모형이 정말 복잡한 것으로 보아 굉장히 어렵게 찾았을 것이라고 생각된다. 그리고 이후에 그의 논문에서 이외의 다른 오각형 테셀레이션은 불가능하다고 했는데 그는 "이상적인 상황에서 그렇다……참된 증명은 책 한 권이 필요하다."라는 말을 남겼다. 하지만 이후 테셀레이션 가능한 오각형이 더 많이 발견되었기 때문에 그의 예언은 성립하지 않는

Type 6	Type 6 (Also type 5)	Type 7	Type 8
p2 (2222)	p2 (2222)	pgg (22×)	pgg (22×)
		p2 (2222)	p2 (2222)
$a=d=e,\ b=c$ $B+D=180°,\ 2B=E$	$a=d=e,\ b=c$ $B=60°,\ A=C=D=E=120°$	$b=c=d=e$ $B+2E=2C+D=360°$	$b=c=d=e$ $2B+C=D+2E=360°$
4-tile primitive unit	4-tile primitive unit	8-tile primitive unit	8-tile primitive unit

[그림] 리처드 커쉬너가 발견한 3개의 오각형 테셀레이션 모형. 앞의 2개는 같은꼴이다.

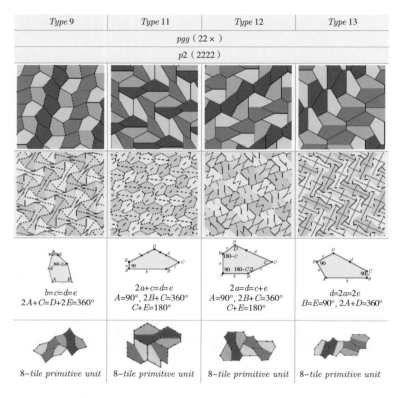

[그림] 마조리 라이스가 발견한 4개의 오각형 테셀레이션 모형

것으로 확인되었다.

1975년 미국의 저명한 과학저술가 마틴가드너 Matin Gardner가 《사이언티픽 아메리칸》 칼럼에 이 오각형 테셀레이션 문제를 기고하여 이 문제는 유명세를 타게 됐다. 놀라운 사건은 마조리 라이스 Marjorie Rice 라는 50대 가정주부가 이 문제를 해결했다는 것이다. 그녀는 고등학생 정도의 수학실력을 가지고 있었는데 여유가 생길 때마다 종이에

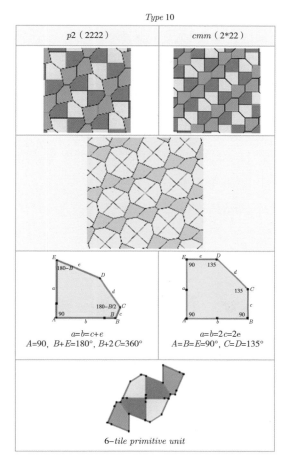

Type 10

p2 (2222)	cmm (2*22)

$a=b=c+e$
$A=90,\ B+E=180°,\ B+2C=360°$

$a=b=2c=2e$
$A=B=E=90°,\ C=D=135°$

6–tile primitive unit

[그림] 리처드 제임스가 발견한 오각형 테셀레이션 모형

이리저리 그림을 그려보았다. 뿐만 아니라 그녀는 자신만의 표기법
으로 변과 각의 관계를 표시했다. 1977년에 이르러 그녀는 4개의 새
로운 오각형 테셀레이션 모형을 발견했다. 또한 60개가 넘는 서로 다
른 기타 다각형과 비단순 테셀레이션 모형도 발견하게 되었다.

이것은 근대수학사에서 매우 보기 드문 현상으로 수학애호가의 중대한 공헌을 보여주는 한 예라 할 수 있다. 그래서 만약 당신도 수학에 대한 신념이 있다면 수학연구를 포기하지 않기를 바란다.

테셀레이션 모형은 1975년을 전후로 컴퓨터 프로그래머 리처드 제임스가 독립적으로 1개의 오각형 테셀레이션을 발견한다. 이로써 오각형 테셀레이션 모형은 총 13개가 된다.

1984년 랄프 스타인도 1개를 추가한다. 이로써 총 14개가 된다.

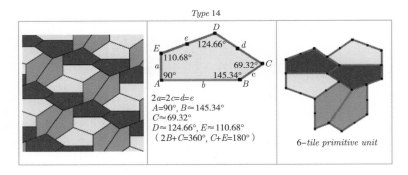

[그림] 랄프 스타인이 발견한 오각형 테셀레이션 모형

이때 누군가가 모든 가능성을 일일이 셀 수 있다고 예언한다. 테셀레이션 가능한 모든 오각형을 찾아내고 대체적인 틀 구조를 그린 후 그것을 오각형과 거의 같게 나눈다. 다시 변과 각의 관계에 근거하여 방정식 해를 구한 것을 배열한다. 이런 방법이 가능할지 모르겠지만 문제는 가능성이 아주 많다는 것이다. 컴퓨터의 도움을 받는다 해도 이것을 일일이 세는 작업으로는 완성하기 어려울 것이다.

이후 31년이 지난 2015년 워싱턴 대학의 부교수 만Mann과 그의 두 조교는 컴퓨터의 힘을 빌려 15번째 오각형 테셀레이션 모형을 발견한다. 15번째 오각형 테셀레이션 모형은 보기에도 굉장히 어지럽고 복잡하다. 이유는 12개의 서로 같은 오각형을 붙여 하나의 기본단위를 만들었기 때문이다. 컴퓨터가 없었다면 이런 모형은 생각지도 못했을 것이다. 하지만 당시에도 여전히 오각형 모형이 더 있는지 아닌지 확신할 수 없었다.

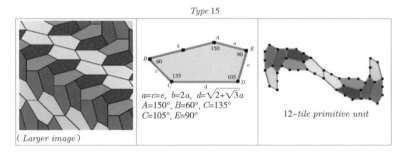

[그림] 만(Mann)이 발견한 15번째 오각형 테셀레이션 모형

프랑스 국립과학연구센터의 미카엘 라오는 이 소식을 듣고 직접 확인해보기로 결심한다. 2017년 7월, 그는 논문에서 '15'는 최종적인 숫자라는 것을 발표한다. 수학자는 결국 100년에 걸쳐 오각형 테셀레이션 문제를 해결한 것이다. 당시 다른 두 팀이 더 있었는데 그중 만Mann을 포함한 팀도 이 문제를 연구했고 그들 간의 시간싸움도 굉장히 치열했다고 전해진다.

논문에서는 우선 가능한 경우의 수가 371개밖에 없다는 것을 증명한다. 그런 다음 컴퓨터를 이용하여 이 371개 상황을 헤아리는데, 이

가능한 상황 중에 몇 개는 적당한 그림으로도 도출된다. 중복되는 해를 제외하고 최종적으로 15개 오각형 테셀레이션 모형이 확인되었다. 오각형 테셀레이션 문제가 해결되었다는 의미는 임의의 다각형에 대해 단순 테셀레이션 문제가 모두 해결되었다는 것이다.

그러나 수학자는 멈추지 않았다. 그들은 또 다른 테셀레이션 문제인 '아인슈타인 문제Einstein problem'를 생각하기 시작했다. 놀라지 마라. 이 문제는 물리학자 아인슈타인과는 아무 상관이 없다. 독일어로 '하나의 돌'을 의미할 뿐이다. 이 문제는 '비주기적 테셀레이션'이라고도 부른다.

앞에서 우리가 다룬 것은 모두 주기적 테셀레이션 문제, 즉 '기본단위'를 찾을 수 있는 것이었다. 완전한 테셀레이션은 곧 이 기본단위를 중복해서 구성한다. 그러나 비주기적 테셀레이션은 이런 기본단위를 찾을 수 없기 때문에 주기도 찾을 수 없다. 현재 찾아낸 모든 비주기적 테셀레이션은 적어도 2개의 모형을 이용한 것이다. 예를 들어 유명한 펜로즈 타일링 같은 것이다.

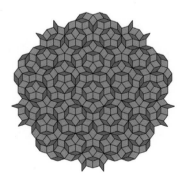

[그림] 펜로즈 타일링. 2개의 모형으로 구성된 비주기적 테셀레이션이다.

현재의 문제는 1개의 모형으로 비주기적 테셀레이션을 완성할 수
있는지다. 이 목표에 가장 근접한 것으로 2010년에 조슈아 수컬라와
존 타일이 발견한 '타일러 조각'이 있다.

그러나 이런 모양은 벽돌을 이용한 도안과 특정한 연결규칙으로
완성된 비주기적 테셀레이션이다. 수학자가 기대하는 '하나의 돌'에
해당되는 내용이 아니다. 수학자가 추구하는 모양은 마땅히 어떤 도
안과 연결규칙이 없는 것이다. 앞의 내용에 근거하여 볼록다각형만

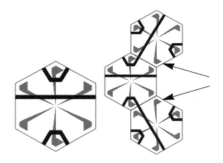

[그림] 하나의 타일러 조각과 조합규칙. 검은 선은 서로 연결되도록 하고 검은 선 양쪽의
보라색 작은 화살은 항상 같은 방향을 향하도록 한다.

[그림] 타일러 조각으로 완성된 테셀레이션

주기적 테셀레이션이 된다는 것을 알고 있다. 그래서 이제는 오목 다각형을 생각해야 한다. 하지만 일단 오목다각형을 고려하면 문제는 훨씬 더 어려워진다.

아인슈타인 문제는 우리의 관심을 끌기에 충분히 매력 있는 문제이다. 어쩌면 이미 몇몇 프로그래머가 시도하려고 식음을 전폐하고 매달리고 있을지도 모른다. 가정주부인 수학애호가도 발견이 가능한 것을 보면 누가 또 수학계를 놀라게 할지 아무도 모를 일이다.

Let's play with MATH together

1. 임의의 오목사각형으로 단순 테셀레이션을 구성할 수 있을까?

2. 볼록칠각형은 단순 테셀레이션을 구성할 수 없다는 것을 증명하여라.

기네스북에 오른 가장 큰 수 _ 그레이엄 수 ———

수많은 과학서적에서는 큰 수에 대한 이야기를 멈추지 않는다. 구골 수, 바둑의 변화 수, 제일 큰 메르센 소수, 스고스 수 등이 언급될 수 있겠지만 나는 이런 수들을 모두 건너뛰고 바로 그레이엄 수에 대해 다루려고 한다. 그레이엄 수를 앞에서 언급한 수와 비교한다면, 얼마나 더 큰 수인지 형용할 수도 없을뿐더러 그런 수는 모두 무시해도 되는 클래스에 속한다. 그럼 이제 그레이엄 수가 어떤 수인지 함께 알아보도록 하자.

이 수를 처음 정의한 수학자는 로널드 그레이엄으로 현재에도 건재하다. 그의 아내는 대만계 미국인 판청Fan Chung으로 그녀 역시 수학자이다. 부부가 수학자 폴 에어디쉬와 친한 사이로 두 명 모두 에어디쉬 수가 1이다. 그레이엄은 1970년대에 그의 논문에서 최초로 그레이엄 수를 언급했다. 주제는 에어디쉬가 제안한 문제와 관련이 있는데 램지이론과도 연관이 있다.

우선 간단한 예부터 시작해보고자 한다. 정육면체 하나를 생각해
보자. 8개의 꼭짓점이 있고 모든 점들을 서로 잇는다. 그러면 모서리
를 제외하고 모든 면대각선과 입체대각선 중복을 포함하여 총 28개
를 그을 수 있다. 이것을 8개 꼭짓점의 '완전도형'이라고 부른다.

이제 28개 선분에 색을 칠해보자. 붉은색 또는 파란색을 써서 칠하
는데 동일 평면상 4개의 점으로 구성된 모든 선분을 살펴보자. 정육
면체에서 동일 평면상 4개의 점의 조합은 상당히 많다. 6개 면을 제
외하고도 더 있는데 예를 들어 윗면과 아랫면의 서로 마주보는 모서
리도 모두 동일 평면상에 있다. 이런 종류의 면이 6개 더 있으므로 모
두 12개면으로 각 면은 각각 4개의 꼭짓점을 가지고 있다.

이 12개의 면을 살펴보자. 각 면이 4개의 꼭짓점, 6개의 모서리를
가진다. 목표는 12개 면 중에서 어떤 한 면에 나타나는 6개의 모서리
가 모두 같은 색인 경우를 피하는 것이다. 그렇다면 정육면체에서 위

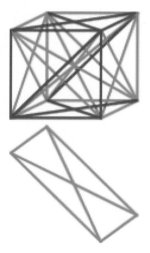

[그림] 하나의 대각면에서 6개의 모서리가 모두 붉
은색이다. 만약 맨 아래 모서리를 파란색으
로 바꾼다면 육면체의 채색방법 조건에 맞는
것이다.

의 목표를 충족할 수 있는 가능한 채색 방법이 있을까? 정답은 있다!

그레이엄은 조건에 맞는 육면체 채색 방법을 찾을 수 있다면, 동일한 조건을 만족하는 사차원, 오차원의 입체도형도 존재하지 않을까를 연구했다. 비록 사차원 이상의 입체도형은 그릴 수 없지만 수학에서 그것을 정의하는 것은 완전히 가능하기 때문이다. 그는 최소 몇 차원이어야 하는지를 연구했는데 n차원 입체도형을 채색할 때 n이 충분히 크다면 어떤 채색방법을 택하든 상관없이 4개의 점으로 구성된 면이 단색인 것은 최소 하나 생긴다는 것을 확인했다. 이 문제를 '그레이엄 문제'라고 한다.

[그림] 4차원 입체도형

1970년대에 그는 그레이엄 문제의 답은 반드시 유한인 것을 증명했다. 동시에 이 유한인 값의 최댓값을 구했는데 그것이 바로 그레이엄 수이다. 그러나 그레이엄 수가 너무 크다는 것이 발견된다.

많은 자료에서 그레이엄 수는 엄청 큰 수라고 소개한다. 나는 이렇게 설명하고 싶다. 만약 그레이엄 수가 어느 정도 클 거라고 상상한다면 당신은 분명히 그것을 작은 수로 생각하고 있는 것이다. 나도 그

수가 어느 정도 되는지, 어떤 수와 비교해서 구체적으로 얼마나 큰 지 알 수 없다. 그러나 사람들이 그레이엄 수를 표시하기 위해 시도한 방법을 공부한다면 그것의 크기를 충분히 짐작할 수 있을 것이다.

수학에서 그레이엄 수를 어떻게 나타낼까? 지수의 지수의 지수 즉, 3^{3^3}처럼 표시하는 방법은 가능할까? 이 방법은 굉장히 빠른 속도로 숫자의 크기를 증가시킬 수 있다. 쉬운 표기를 궁리한 어떤 사람이 한 가지 방법을 발명했는데 '크누스 윗 화살표 표기법$^{\text{Knuth's Up-Arrow Notation}}$' 이다. 이 방법은 위를 향하는 화살표로 지수의 층수를 표시한다.

예를 들어 $3 \uparrow 3 = 3^3$

$$3 \uparrow\uparrow 3 = 3^{3^3}$$

중간에 위를 향하는 화살표가 많을수록 지수의 층수도 많아진다.

$$a \uparrow\uparrow b = \overbrace{a \uparrow a \uparrow \cdots \uparrow a}^{b} = \underbrace{a^{a^{\cdots^a}}}_{b} = {}^b a$$

$$3 \uparrow\uparrow\uparrow 3 = 3 \uparrow\uparrow 3 \uparrow\uparrow 3 = {}^3 3 = {}^{7625597484987}3 = \underbrace{3^{3^{\cdots^3}}}_{7625597484987}$$

이 방법을 이용하면 큰 수를 나타내는 것이 상당히 용이하다. 그런데 크누스 윗 화살표 표기법으로 그레이엄 수를 표현한다면 총 몇 개의 화살표가 필요할까? 미안한 말이지만 화살표의 수가 매우 많이 필요하다. 기수법으로 표시하기는 힘들어 보인다. 심지어 크누스 윗 화살표 표기법에서 화살표의 수량 또한 충분하지 않다. 그렇다면 우

108

리는 계속 화살의 층수를 늘려가는 것을 생각할 수 있을까. 2개 중복 화살의 수로부터 3개 중복 화살이 표시된 것의 표기에 이용하고 3중 화살은 4중 화살에 이용하고 이런 식으로 말이다. 이런 유추로 64중 에 이르면 우리는 4중 화살 표기로 64중 화살수량을 표시할 수 있다 는 것을 알게 된다.

다음에서 최종적으로 표시된 그레이엄 수를 볼 수 있다. 만약 당신 이 이것을 이해한다면 당신은 이 수가 얼마 정도의 크기인지 말로 설 명할 수 있을 것이다.

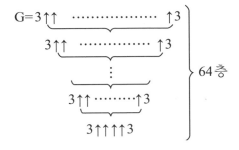

그레이엄 문제의 최댓값이 이런 거대한 그레이엄 수라는 것을 알 았다. 그러면 최솟값은 얼마일까? 매우 큰 수를 기대할 수도 있는데 그 수는 13이다. 또한 12차원 이하에서 조건에 부합하는 채색을 할 수 있다는 것이 증명되었다. 그 이상은 아직도 잘 모른다. 여러분 중 에 왜 컴퓨터를 활용하지 않느냐고 물을 수도 있다. 잠시 생각해보 자. 12차원 입체도형의 꼭짓점 개수는 2^{12}개다. 각 점은 선분으로 연 결되고, 각 선분은 다시 2가지 종류 색으로 표시된다. 검색범위는 차

원이 구성하는 지수 상승에 따른다. 그래서 컴퓨터를 활용하는 것은
애당초 효과를 보지 못했다.

그레이엄 문제는 1970년대부터 시작하여 지금까지 최댓값이 조금
줄어들었을 뿐이다. 아직까지 크누스 윗 화살표 표기법에 의한 표기
를 필요로 한다. 그래서 그레이엄 문제의 답은 13에서 이렇게 큰 수
의 망망 '수해數海' 내에 있다. 그레이엄은 이 문제의 최솟값을 13이라
고 했지만 실제 증명은 매우 곤란하다. 그레이엄 문제는 램지이론 문
제의 일종으로 정답의 최댓값과 최솟값을 알지만 정확한 값인지 확
인할 방법이 없다. 인류는 이런 수학 문제 앞에서 이토록 무력해진다.

마지막으로 나는 그레이엄 수가 십진법 수로 나타내기에 어마어마
하게 큰 수이기는 하지만 재미있는 수라고 생각한다. 비록 우리는 근
본적으로 그 수가 총 몇 자리 수인지는 잘 몰라도 마지막 500자리 수
는 다음과 같이 알려져 있다.

02425 95069 50647 38395 65747 91365 19351 79833
45353 62521 43003 54012 60267 71622 67216 04198
10652 26316 93551 88780 38814 48314 06525 26168
78509 55526 46051 07117 20009 97092 91249 54437
88874 96062 88291 17250 63001 30362 29349 16080
25459 46149 45788 71427 83235 08292 42102 09182
58967 53560 43086 99380 16892 49889 26809 95101
69055 91995 11950 27887 17830 83701 83402 36474

54888 22221 61573 22801 01329 74509 27344 59450

43433 00901 09692 80253 52751 83328 98844 61508

94042 48265 01819 38515 62535 79639 96189 93967

90549 66380 03222 34872 39670 18485 18643 90591

04575 62726 24641 95387

Let's play with MATH together

1. $3 \uparrow \uparrow \uparrow \uparrow 3$이 얼마나 큰 값인지 계산해보자.

나무를 그리며 큰 수를 그리다 _ TREE(3) ———

앞에서 우리는 믿을 수 없을 정도로 큰 수, 그레이엄 수를 다루었다. 긴 시간 동안, 그레이엄 수는 수학논문에 출현하는 가장 큰 수라는 의미를 가졌었다. 그러나 지금 이 자리를 TREE(3)에 비켜주려고 한다. 여기서 말하는 TREE는 영어로 '나무'를 뜻한다. 그래서 이 수는 '나무'와 깊은 관련이 있다. TREE(3)은 하나의 함수로 'TREE'라고 부르고 변량 3을 취했다.

만약 TREE(3)과 그레이엄 수를 비교한다면 그레이엄 수는 무시해도 되는 정도다. 더 놀라운 것은 TREE(3)의 정의는 그레이엄 수보다 간단하다. 간단하게 말해서 그것은 나무를 그리는 게임과 같다. 여기서 트리의 개념은 컴퓨터 전공자 입자에서 매우 친숙한 개념이다. 이진트리, 탐색트리 같은 용어는 시험 전에 꼭 자신의 것으로 만들어야 하는 개념이었을 것이다. 만약 당신이 컴퓨터와 무관한 전공이라도 긴장할 필요는 없다. 분명히 조직구조도 혹은 어느 집안의 족보 등과 같은 자료를 본 적이 있을 것이다. 그것 또한 한 그루 나무와 같은 구

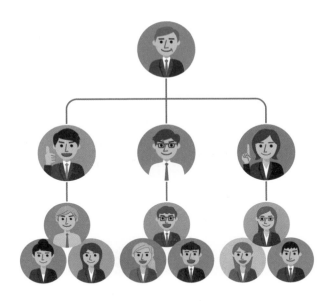

[그림] 조직구조도는 트리 구조의 전형적인 예이다.

[그림] 족보는 트리 구조의 또 다른 예이다.

113

조로 모두 유사한 것들이다.

결론적으로, 여기서 트리는 점(잎)과 점 사이를 이은 선분(나뭇가지)으로 구성된 그림이다. 두 점을 잇는 선분은 오직 하나다. 위의 조건에 맞는 그림은 하나의 트리 구조가 된다. 각 점은 하나의 층에 속한다. 층은 나무에서 레벨을 나타낸다. 또한 층수는 가장 낮은 뿌리 지점(노드)부터 시작된다. TREE(3)의 값은 트리를 그리는 게임에서 얻어진다. 트리를 그릴 때, 각 잎의 마디(노드)에 색을 칠하고 나뭇가지에는 색을 칠하지 않는다. TREE(n)은 n개의 색을 이용해서 트리를 그리는 것이다.

모든 게임은 반드시 규칙과 목표가 있다. 나무그리기 게임도 마찬가지다. 이 게임의 목표는 주어진 개수의 색을 이용하여 가능한 많은 그림을 그리는 것이다. n개 색을 이용하여 그릴 수 있는 나무의 수가 곧, TREE(n)의 함숫값인 것이다.

[나무그리기 규칙]

첫 번째 규칙 : 첫 번째 나무는 1개의 노드만 가질 수 있다. 두 번째 나무는 2개 노드를 초과할 수 없다. 세 번째 나무는 3개 노드를 초과할 수 없다. 이런 식으로 유추해볼 때, n번째 나무는 n개 노드를 초과할 수 없다. 뒤로 갈수록 나무의 노드 수는 많아지지만 나무의 순서를 초과하는 노드를 그릴 수는 없다.

두 번째 규칙 : 뒤에 그린 나무는 이전에 그린 나무를 포함할 수

114

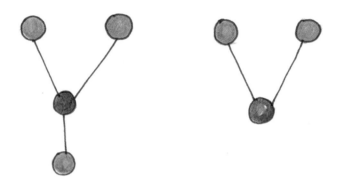

[그림] 자식나무의 예 : 왼쪽에서 맨 아래 초록 점을 제거하면 오른쪽 나무와 같다. 따라서 오른쪽이 왼쪽의 자식나무가 된다.

없다. 여기서 포함의 개념은 예를 들어 뒤에 그린 나무의 잎(노드)을 몇 개 제거하여 이전 나무가 되면 '자식나무 subtree'로 규칙에 위반된다.

우리의 목표는 정해진 수의 색으로 나무그리기 게임을 해보는 것이다. 가능한 많이 그려야 한다. TREE(n)의 값은 즉 n개의 색을 이용하여 그릴 수 있는 최대 개수이다.

TREE(1) 게임부터 시작해보자. 한 가지 색을 이용하는 경우, 첫 번째 나무는 명백하게 뿌리(노드)를 하나 가지는 나무이다. 바로 두 번째 나무는 그릴 수 없다는 것을 발견할 것이다. 왜냐하면 두 번째 나무의 뿌리(노드)는 같은 색만 가능한데, 첫 번째 나무가 반드시 두 번째의 자식나무가 되기 때문이다. 그래서 게임은 끝난다. 하나의 나무만 그릴 수 있으므로 TREE(1)=1이다.

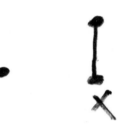

[그림] TREE(1)을 그리는 과정에서 두 번째 나무를 어떻게 그리든 첫 번째 나무를 포함한다. 그래서 TREE(1)=1이다.

　이어서 TREE(2) 게임을 해보자. 2가지 색, 빨간색과 초록색을 이용하자. 첫 번째 나무는 초록색 뿌리(노드)를 사용한다고 하자. 두 번째 나무는 빨간색을 뿌리(노드)로 한다. 그러면 세 번째 나무를 그릴 방법이 없는데 어떻게 그리든 상관없이 뿌리로만 그릴 수 있는데 첫 번째 또는 두 번째에 포함된다.

　하지만 뒤의 나무는 앞의 나무를 포함할 수 없다는 규칙은 있지만 앞의 나무가 뒤의 나무를 포함할 수 없다는 규칙은 없다. 그래서 우리는 좋은 방법을 하나 생각하자. 그것은 바로 나무의 빨간색 뿌리와 연결된 빨간색 잎으로 그렸던 두 번째 나무이다. 세 번째 나무는 빨간색 뿌리만 갖는 나무로 그릴 수 있다. 두 번째 나무가 세 번째 나무를 포함하지만, 세 번째 나무가 앞의 나무를 포함하지 않기 때문에 이는 허용된다. 이후 네 번째 나무를 그릴 수 있는 방법이 없다. 따라서 TREE(2)=3이다.

　TREE(1), TREE(2)의 게임을 모두 해보았다. 이제 드디어 기적의 순간으로 이끌 차례다.

[그림] TREE(2)를 그리는 과정에서 세 번째 나무를 그린 후에 네 번째 나무를 그릴 방법이 없으므로 TREE(2)=3이다.

TREE(3)을 해보자. 우리는 검정색을 추가해서 생각할 것이다. 이 번 게임은 마치 당신에게 실력 발휘를 할 기회를 주는 것 같다. 당신은 마음껏 가능한 한 많은 나무를 그릴 수 있다. 하지만 끝까지 계속 하기를 권하고 싶지는 않다. 언제 끝이 날지 알 수 없기 때문이다. 이 TREE(3)의 값은 귀신이 놀라서 도망갈 정도로 크다. 확실한 것은 그

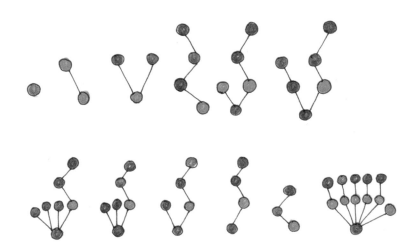

[그림] TREE(3)을 시작하는 단계. TREE(3) 게임은 끝나지 않을 거 같은 느낌이 든다.

레이엄 수보다 훨씬 더 크다는 것이다.

TREE(3)이 무한한 것이 아니라 한계가 있는 값인지 어떻게 증명할 수 있을까?

계속 무작정 끊임없이 게임을 해야만 할까? 여기서 '크루스칼의 트리 정리 Kruskal's tree theorem'를 이용하려고 한다. 크루스칼이라는 이름은 컴퓨터 전공자라면 익히 들어봤을 것이다. 이 정리는 복잡하고 어려워 보이는데 간단히 말하자면 만약 무한히 많은 그루의 나무가 있다면 그중에는 필연적으로 어떤 나무에 다른 어떤 나무의 최솟값을 끼워 넣을 수 있다는 것이다. 그러면 이 정리로 TREE(3)은 유한한 수임을 알 수 있다.

유한한 수 TREE(3)은 도대체 어느 정도의 값을 가질까? 당신이 믿든 안 믿든 상관없이 이것은 TREE(3)을 소개하는 데 있어 가장 힘든 점이다. 앞 절에서 그레이엄 수는 크누스 윗 화살표 표기법을 이용했다. 그레이엄 수보다 훨씬 큰 수로 TREE(3)은 크누스 윗 화살표 표기법을 쓰는 것이 큰 의미가 없다. 참고만 하자. 그레이엄 수는 64층 화살표 표기법으로 나타냈지만 TREE(3)도 그렇게 표기하려 한다면 필요한 층수는 어마어마하게 클 것이다.

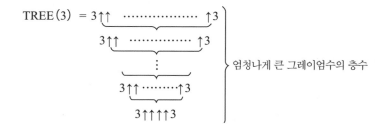

이것이 내가 할 수 있는 최선이다. 사실 어떻게 표현해야 할지 잘 모르겠다. 어떤 표현, 어떤 표기법을 가져다 쓴들 모두 헛수고일 뿐이다. 당신은 TREE(3)과 관련된 표기법을 인터넷 검색을 해볼 수도 있는데 TREE(3)이 '크다'는 것을 표시하기 위해 각종 전문적인 연산을 시도하지만 일반인의 입장에서는 그런 표기법이 별로 와 닿지 않는다.

TREE(3)에 대해 더 재미있는 것은 크루스칼 트리 정리에 근거한 TREE(4), TREE(5), TREE(100) 값이 모두 유한이라는 것이다. 그러면 TREE(TREE(3))은 어떨까?

TREE(3)가지의 색을 이용해 나무그리기 게임을 하면, 그것 또한 유한이다. 만약 TREE(TREE(3))을 중복한다면, TREE(3)을 중복한 것에 이를 수 있을까? 이 수에 대해서 더 생각했다가는 나의 두뇌시스템이 붕괴될 수도 있다.

TREE(3)과 관련된 이야기는 여기까지다. 나는 TREE(3) 이 수를 굉장히 좋아한다. 왜냐하면 그것의 정의가 이렇게 간단하고 TREE(1), TREE(2)는 단순한데 비해 TREE(3)은 우주대폭발처럼 돌변한 값을 보여주니 사람을 완전히 놀라게 하는 수이기 때문이다. 앞으로 러브레터에 "TREE(3)만큼 너를 사랑해!" 등으로 쓸 것을 추천하고 싶다.

신비로운 0.577 _ 오일러 마스케로니 상수 ─────

수학에서 유명한 상수는 무엇일까? 자연상수(e), 파이(π) 말고 번뜩 떠오르는 것이 있을까? e나 π만큼 유명하지는 않지만 흥미로운 수, 오일러 마스케로니 상수에 대해서 알아보려고 한다. 신비롭기까지 한 이 수에 대해 언급하기에 앞서 응용문제를 먼저 다루어보자.

문제 : 한 마리 개미가 있다. 고무 고리 위의 어느 지점에 머물고 있는데 고무 고리의 초기 둘레는 1m이다. 개미가 1초에 1cm의 속도로 이동하기 시작하면 고무 고리는 1초 후에 1m씩 일정하게 둘레가 늘어난다. 다시 말하면 1초 후에 고무 고리의 둘레는 2m, 또 1초 후에는 3m로 변한다.

질문 : 이 개미가 고무 고리를 한 바퀴 도는 것이 가능할까?
   (이 개미는 처음 위치로 돌아올 수 있을까?)

120

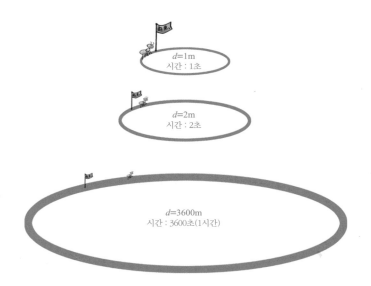

[그림] 계속 늘어나는 고무 고리 위에 개미가 기어가고 있다. 이 개미는 처음 위치로 돌아
올 수 있을까?

어떻게 생각하는가? 과연 완전히 한 바퀴를 도는 것이 가능할까?
정답은 가능하다. 만약 믿지 못하겠다면 다음의 계산을 보자.

처음 1초에는 고무 고리 둘레는 1m이고 개미는 1cm 이동한다. 그
러면 개미는 총 둘레의 1/100을 이동한 셈이다. 2초가 되면 고무 고
리 둘레는 2m이고 개미는 1cm이동한다. 고리가 일정하게 늘어나는
이유로 개미는 총 둘레의 1/200을 이동하게 된다.

그러면 3초일 때는 총 둘레의 1/300을 이동한다. 이런 식으로 유추
하면, n초 후, 개미의 총 이동거리는 $\dfrac{1}{100}+\dfrac{1}{200}+\dfrac{1}{300}+\cdots+\dfrac{1}{n\cdot100}$
이다.

n의 값을 계속 증가시킬 때, 위 수열의 합은 얼마가 될까? 수열에

서, 분모의 공통인수 1/100로 묶어내면 $\frac{1}{100} \times \left(1 + \frac{1}{2} + \frac{1}{3} + \frac{1}{4} + \cdots + \frac{1}{n}\right)$ 임을 알 수 있다.

이때 괄호 안의 급수는 자연수의 역수 합으로 수학에서 '조화급수'라고 부른다. 항의 수가 충분히 많을 때, 조화급수가 발산한다는 결론을 이미 알고 있는 이도 있을 것이다. 하지만 이 급수의 n개항의 합은 임의의 큰 값으로 개미이동문제에서 괄호 안의 조화급수 값이 100이 되면 개미는 고무 고리를 완전히 한 바퀴 도는 것이 가능하고 원래 지점으로 돌아올 수 있다.

이 문제의 결론을 처음 접했을 때, 나는 상당히 놀랐다. 이것은 직관과 맞지 않기 때문이다. 문제는 매번 고무 고리가 늘어날 때마다 개미가 이동한 거리도 늘어나야 한다. 전체적으로는 이동거리가 점점 증가하고 있지만 실제로는 굉장히 느리게 갈 뿐이다.

만약 '모든 자연수의 역수 합이 발산한다'에 의심이 든다면 다음과 같은 아름다운 증명과정을 한번 감상하길 바란다.

$$
\begin{aligned}
1 + \frac{1}{2} + \frac{1}{3} + \frac{1}{4} + \cdots &= 1 + \left(\frac{1}{2}\right) + \left(\frac{1}{3} + \frac{1}{4}\right) + \left(\frac{1}{5} + \frac{1}{6} + \frac{1}{7} + \frac{1}{8}\right) + \left(\frac{1}{9} + \cdots + \frac{1}{16}\right) + \cdots \\
&> 1 + \left(\frac{1}{2}\right) + \left(\frac{1}{4} + \frac{1}{4}\right) + \left(\frac{1}{8} + \frac{1}{8} + \frac{1}{8} + \frac{1}{8}\right) + \left(\frac{1}{16} + \cdots + \frac{1}{16}\right) + \cdots \\
&= 1 + \frac{1}{2} + \frac{1}{2} + \frac{1}{2} + \cdots
\end{aligned}
$$

이 증명은 '비교판정법'이라고 불리는 방법을 이용했다. 조화급수의 항을 더 작은 어떤 항으로 바꾸어서 다른 수열을 만들고 그 결과들의 급수를 확인하면 여전히 발산한다. 이것은 조화급수가 발산한다는 것을 매우 확실히 보여준다. 설령, 좀 더 줄여도 여전히 발산한다.

그러면 조화급수의 n항 합은 도대체 얼마인지 궁금할 것이다. 빨리 계산할 수는 없을까?

답은 조화급수의 n항 합은 대략 $\ln n$ (n:자연수)이다. 미적분을 공부한 독자라면 $\ln n$의 도함수가 $1/n$이기 때문에 쉽게 이해할 수 있을 것이다. 조화급수의 합은 함수 $y=1/x$이 곡선과 x축 사이($x=1$부터 $x=n$까지)의 면적과 같다. 이 면적은 $\ln n - \ln 1 = \ln n$이다. 이로써 개미가 고무고리를 완전히 한 바퀴 도는 데 필요한 시간은 조화급수의 부분합이 100보다 크게 될 때이므로

$$\ln n \geq 100$$
$$n \geq e^{100}$$

따라서 약 e^{100}초로 대략 10^{36}년이 걸린다.

이 시간은 이미 우주상에 존재하는 시간(일반적으로 우주역사는 10^{11}에 해당하는 수량이다)을 훨씬 초과한다. 그래서 개미가 한 바퀴 도는 것이 불가능하다는 당신의 직관은 충분히 이해가 된다. 인류가 이해하기 힘든 정도로 많은 시간이 걸리기 때문이다.

조화급수의 전반부 n개 항의 합이 $\ln n$에 가까워진다면 결국 $\ln n$과 같아질 수 있을까? 아니면 '임의의 작은'과 '충분히 큰' 이 두 개의 표현을 빌려, n이 충분히 클 때, 조화급수의 전반부 n개항의 합과 $\ln n$ 사이의 차이는 임의의 작은 값일까? 정답은 '아니다'. 그러나 그 값들

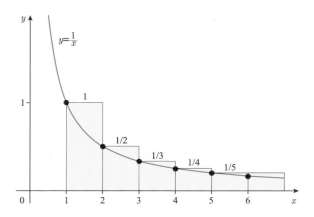

[그림] y=1/x 곡선과 자연수 '히스토그램'으로 둘러싸인 부분의 넓이가 '오일러 마스케로니 상수'이다.

사이는 유한의 차잇값이 존재하는데, 이 차잇값이 바로 본 절의 주제인 '오일러 마스케로니 상수'이다. 만약 이 차잇값을 이미 아는 상수, 예로 e나 π를 써서 표현했다면 그렇게 신비스럽진 않았을 것이다. 하지만 이 수는 확실히 독립적인 새로운 수이다. 게다가 정의도 이렇게 간단하다. 만약 그래프에서 설명한다면 그것은 $y = 1/x$ 곡선과 자연수 '히스토그램'으로 둘러싸인 부분의 넓이와 같다.

이것은 일찍이 오일러가 발견한 것으로 그는 소숫점 아래 16자리까지 계산했다. 1790년에 이탈리아의 마스케로니가 소수점 아래 32자리까지 계산했으나, 아쉽게도 이후에 세 자릿값이 잘못 계산된 것이 확인되었다. '오일러 마스케로니 상수'는 이렇게 생겼다.

124

$$\gamma = 0.5772156649015328606065120900824024310421\cdots$$

지금은 컴퓨터를 이용하여 이 값을 소수점 아래 100억 자리 이상까지 계산했다. 하지만 지금까지 순환하는 흔적을 찾지 못했다. 아마도 무리수일 가능성이 큰 거 같다. 수학자들도 보편적으로 무리수일 거라고 예상했지만 지금까지 증명한 사람은 아무도 없었다. 이런 점이 이 수를 더 신비하게 만든다.

이 상수를 더 잘 이해하기 위하여 앞의 개미이동문제를 다시 생각해보겠다. 고무 고리가 매 1초 후의 결과로 둘레의 길이가 1m 늘어나는 것이 아니라, 매초 1m의 속도로 일정하게 둘레의 길이가 늘어난다면 개미이동시간은 아주 조금 줄어들 수 있다. 이유는 매초 일정하게 고무 고리가 늘어날 때 개미의 이동거리는 1초 후에 고무 고리가 늘어날 때 값보다 더 크기 때문이다. 그러면 개미가 충분히 긴 시간 이후에 이동한 거리는 원래 이야기에서 값보다 약 0.577% 더 크다. 비록 비율은 매우 적으나 절대적인 시간차는 엄청날 수 있다.

마지막으로 조화급수의 확장에 대해서 이야기해보자. 앞에서 언급한 조화급수가 발산한다는 것은 분명하다. 급수에서 많은 항을 빼더라도 여전히 그 급수는 발산한다. 사람들을 놀라게 하는 것은, 오일러가 모든 소수의 역수 합이 발산한다는 것도 증명했다는 것이다. 다음과 공식이 있다.

$$\frac{1}{2} + \frac{1}{3} + \frac{1}{5} + \frac{1}{7} + \frac{1}{11} + \cdots + \frac{1}{p} \approx \ln\ln(p)$$

125

이 책의 후반부에서 언급할 것인데 자연수에서 소수의 개수는 매우 적은데 거의 모든 자연수는 합성수이다. 그런데 조화급수에서 절대적으로 많은 수를 차지하는 합성수의 역수 합을 제거한 후에도 발산했지 않은가. 그렇다면 개미이동문제를 이용한 설명에서 고무 고리가 매초 1m씩 늘어나는 것이 아니라, 매초가 지난 후에 길이가 2m, 3m, 5m, 7m, 11m… 이런 식으로 소수값만큼 늘어난다고 할 때에도 개미는 원래 위치로 돌아오는 것이 가능하다. 개미가 돌아오는 데 걸리는 시간이 대략 $e^{e^{100}}$이긴 하지만 말이다. 이 가여운 개미를 놔주는 게 좋을 거 같다.

유사한 것으로 소수 역수의 합과 $\ln\ln N$ 사이의 차이를 또 다른 상수로 이끌어낼 수 있는데 '메셀-메르텐스 상수 Meissel-Mertens constant'이다.

여기까지의 내용에서 자연수 제곱의 역수합과 세제곱의 역수합이 모두 수렴한다고 믿고 싶을 것이다. 예를 들어 자연수 제곱의 역수합은 유명한 '바젤문제 Basel problem'이다.

$$\sum_{n=1}^{\infty} \frac{1}{n^2} = \frac{1}{1^2} + \frac{1}{2^2} + \frac{1}{3^2} + \frac{1}{4^2} + \cdots = \frac{\pi^2}{6} \approx 1.644934$$

자연수 제곱의 역수합은 수렴하고 소수의 역수합은 발산하는 것으로부터 소수는 제곱수보다 '훨씬' 많다는 것을 알 수 있다. 그래서 어떤 사람은 제곱수 사이에 적어도 하나의 소수가 존재할 것으로 추측한다. 하지만 이런 추측도 여전히 증명되지 않았다.

오일러 마스케로니 상수를 가지고 노는 것은 이쯤에서 마무리하겠다. 수학에서 이처럼 아름다운 상수—개념은 간단하고 이토록 심오한 뜻을 품고 있는—를 당신도 좋아하기를 바라는 마음이다.

Let's play with MATH together

1. '교대조화급수'라고 부르는 문제

$$\sum_{n=1}^{\infty} \frac{(-1)^{n+1}}{n} = 1 - \frac{1}{2} + \frac{1}{3} - \frac{1}{4} + \frac{1}{5} + \cdots$$ 은 수렴할까?

만약 수렴한다면 그 값은 얼마일까?

2. 소수의 역수합은 발산이다. 소수의 역수합에서 몇 개의 소수를 들어내면 수렴할 수 있을까? 모든 홀수항을 제거하면 수렴할까? 일의 자릿수가 1인 소수만 남기면 어떻게 될까?

PART 3

LEVEL 3

수학의 마음으로
세상을 분석하라

'임의의 큰'과 '충분히 큰' 중 무엇이 더 클까? ──

수학명제에서 우리가 자주 듣는 표현—'임의의 큰'과 '충분히 큰' —이 있다. 그런데 이 두 단어의 뜻을 이해하고 있는가? 먼저 '임의의 큰'을 포함하는 명제 '임의의 큰 소수가 있다'를 보자.

여기서의 의미는 아무리 큰 정수라도 항상 그것보다 더 큰 소수가 있다는 것이다. 왜냐하면 소수는 무한히 많기 때문이다. 비슷한 개념으로 '임의의 작은'도 있다. 예를 들어 양수가 임의의 작은 것이라면 어떤 양수이든 상관없이 항상 그것보다 작은 양수가 있다. 예를 들어 이 양수를 2로 나누면 원래 값보다 더 작은 값을 항상 취할 수 있다.

그러나 '충분히 큰'과 '임의의 큰'은 결코 같지 않다. '충분히 큰 정수는 모두 소수이다'는 틀린 표현이다. '충분히 큰'의 표현은 무한수열 또는 함수와 관련하여 종종 쓴다. 이런 종류의 명제에서는 '최종'이라는 두 글자도 자주 보게 된다. 예를 들어 'x가 충분히 크면, 함수 $f(x)$의 값은 최종적으로 0보다 크다' 등이다.

'임의의 큰'과 '충분히 큰'의 개념은 간단하게 들리지만, 그 역할을 얕보면 안 된다. 이런 표현은 수학에서 매우 중요한데 극한개념의 기초이기 때문이다. 그리고 극한의 개념은 미적분의 모든 영역에서 기초가 된다. 관련 있는 명제를 더 보겠다. 그중 제일 유명한 것이 '골드바흐의 추측'이다.

[골드바흐의 추측]

2보다 큰 모든 짝수는 두 소수의 합으로 나타낼 수 있다.

수학자들은 '골드바흐 추측'의 매 단계에 바짝 접근하고 있는데, 해결과정에서 'n이 충분히 크면, 어떤 짝수는 모두 × × × 형식으로 표현가능하다'라는 표현이 출현한다.

나는 학창시절에 '충분히 큰 짝수는 하나의 소수와 두 개의 소수 곱의 합으로 표현가능하다'는 명제를 접했는데 당시에는 '왜 충분히 큰이라고 말할까?'라는 의문을 가졌던 기억이 난다. 스스로 확인을 해보았는데 '12는 3+3×3이니까 12보다 크거나 같은 짝수일 때 다 되는구나, 정확히 어느 정도의 짝수인지 말할 수 없어서 그냥 충분히 큰이라고 했나 보다.' 라고 생각했다. 이것을 통해 골드바흐의 추측을 증명하는 것이 매우 어렵다는 것을 짐작할 수 있다. 그럼 먼저 '약한 골드바흐의 추측' 증명을 다시 보자.

[약한 골드바흐의 추측]

7보다 큰 모든 홀수는 세 개의 소수인 홀수의 합으로 나타낼 수 있다.

예를 들어 9 =3+3+3이다. 이것은 '골드바흐 추측'의 추론이다. 하지만 이것만으로는 원래 '골드바흐 추측'을 추론할 수 없다. 그래서 우리는 이것을 '약한 골드바흐 추측'이라고 부른다.

'약한 골드바흐 추측'은 1937년에 처음으로 증명되었다. 구소련 수학자인 이반 비노그라도프 Ivan Matveyevich Vinogradov는 충분히 큰 '약한 골드바흐 추측'의 홀수는 세 개의 소수인 홀수합으로 표현이 가능하다는 것을 증명해 보였다. 여기서 '충분히 큰'이 언급되는 게 보이는가? 그러나 '충분히 큰'에 대한 하한下限은 정하지 않았다. 하지만 이것은 무한에서 유한으로의 새로운 도전장을 내미는 것과 같으므로 일차원적인 몸부림이라고 생각된다.

2년 후, 그의 학생이 하한을 정했는데 $3^{14348907}$이었다. 비록 우리를 놀라게 할 만큼 큰 수이긴 하지만 하한을 모르던 상황에서 엄청 큰 값을 알게 된 것이니 이도 대단한 성과라고 할 수 있겠다. 이후 1997년에 4명의 수학자는 재미있는 증명을 했다. 그들은 넓은 의미에서 리만가설이 성립한다는 조건 아래, '충분히 큰' 홀수에 대해 약한 골드바흐 추측이 성립하는 '충분히 큰'에 해당하는 하한은 10^{20}임을 보였다. 이후 그들은 컴퓨터를 통해 10^{20} 이하의 모든 홀수는 모두 약한 골드바흐의 추측을 만족한다는 것을 검증했다. 그래서 '넓은 의미에서 리만가설이 성립한다는 조건에서 약한 골드바흐의 추측은 성립한다'는 것을 증명했다. 그러나 증명은 모두 넓은 의미의 리만가설이라는 가정에서다. 그래서 리만가설의 증명은 여전히 저 멀리 기약이 없다.

2002년 홍콩대학의 두 명의 수학자는 하한을 $e^{3100} \approx 2 \times 10^{1346}$ 까지 축소했다. 이 하한은 다른 명제에 의존한 것이 아니지만 애석하게도 여전히 매우 큰 값이다. 이 하한보다 작은 값들도 여전히 컴퓨터를 사용할 수밖에 없다. 2013년에 이르러 프랑스국가과학연구원의 연구원은 논문 두 편을 발표했는데 이 문제를 명쾌하게 해결했다. 이 논문은 우선 몇 가지 전통적인 방법을 사용했다. '충분히 큰'의 하한을 약 10^{30}으로 축소하고, 다시 10^{30} 이하의 홀수를 컴퓨터를 이용하여 모두 검증하여 결국 '약한 골드바흐 추측'을 완전히 증명했다.

이 증명과정을 다 보고 나서 내가 받은 느낌은 이 문제의 난이도가 매우 높다는 것이었다. 그리고 해결방법이 좀 게으르다고 생각했다. 왜냐하면 그들은 모두 '충분히 큰'을 '충분히 작다'로 떨어뜨렸기 때문이다. 즉, '충분히 작다'는 인류의 입장에서 보면 여전히 매우 크기 때문이다. 그러나 컴퓨터의 도움이 있었기 때문에 사람들은 폭발적인 방법으로 해결할 수 있었다. 나는 이런 증명 방법이 앞으로 더 많아질 것이라고 믿는다. 비록 좀 게으르긴 하지만, 문제를 해결하는 것 또한 매우 중요한 문제이기 때문이다. 그렇지 않은가?

이밖에 사람들을 허탈하게 한 것은 '약한 골드바흐 추측'은 해결되었지만 골드바흐 추측과 리만가설은 여전히 미동도 없다는 것이다. 그것들은 모두 '약한 골드바흐 추측'으로 도출되었지만 반대 방향으로는 유도되지 못했다.

앞에서 '충분히 큰'일 때 성립하는 명제의 예를 들었다. 수학에는 사람들이 '충분히 큰'일 때 성립하는 명제라고 여기는 추측이 더 있는데 놀라운 것은 이런 예가 소수와 관련되었다는 것이다. 다음에서 살펴보자.

n개의 자연수 중에 대략 $\dfrac{n}{\ln n}$개의 소수가 있다. 이 값은 정확한 함수 모양으로 적분꼴로 표현된다.

$$\text{Li}(x) = \int_2^n \frac{dt}{\ln t}$$

이 적분의 구체적인 함의는 중요하지 않다. 관건은 어떤 좋은 사람이 이 예상을 함수와 실제 소수의 개수를 비교하여 진행했고 직접 발견했다는 것이다. 실제 소수의 개수는 날이 갈수록 예상값에 가까워지고 있다. 하지만 예상보다 항상 작다. 그래서 모든 자연수 n에 대해서 실제 소수의 개수는 항상 이 예상 함수보다 작을 거라고 예상하는 사람도 있다.

n	$\pi(x)$: n 보다 작은 자연수에서 소수 개수	$\text{Li}(x) - \pi(x)$
10	4	2.2
10^2	25	5.1
10^3	168	10
10^4	1,229	17
10^5	9,592	38
...	...	...
10^{24}	18,435,599,767,349,200,867,866	17,146,907,278
10^{25}	176,846,309,399,143,769,411,680	55,160,980,939

그러나 1914년에 '케임브리지의 리틀우드'라고 불리는 하디[Hardy]

가 정말 멋지게 '매우 큰 어떤 n에 대해서, n 이내의 소수의 개수는 예상한 함수값보다 클 수 있다'는 것을 증명했다. 1933년 리틀우드의 학생인 34살 스고스는 'n의 값은 $10^{10^{10^{34}}}$ 보다 작다'는 것을 증명했고 이후 22년 동안 분투하여 1955년에 'n은 $10^{10^{10^{964}}}$ 보다 작을 때 나타난다'는 것을 다시 증명했다. 이것은 리만가설을 전제로 하지 않은 것으로 n은 앞의 값보다 더 큰 값이다.

그레이엄 수가 출현하기 전에 이 수가 수학논문에 출현한 가장 큰 수였다. 이 숫자를 사람들은 '스고스 수'라고 부른다. 현재 새로운 성과는 스고스 수의 범위를 약 e^{278}로 줄인 것이다. 당연히 컴퓨터는 이 수를 계산할 수 없다. 그래서 우리는 여전히 예상함수의 정확한 n의 값보다 큰 소수의 개수를 모른다.

당신은 충분히 큰 n이 존재가능한지 생각할 수 있다. n보다 큰 자연수에 대해서 이전에 포함된 소수는 모두 예상함수보다 크거나 작은 값인가?

이런 사고과정은 매우 훌륭하다. 결론은 놀랍다. 리틀우드가 증명한 것으로 "n 이전의 소수의 개수와 예상함수 간의 대소관계는 무리수 차수로 전환하여 발생할 수 있다." 이 명제도 '충분히 큰'에서 '임의의 큰'으로 변화되었다. 이제 임의의 큰 n으로 바꿀 수 있다. 'n 이내의 소수는 예상함수의 예측보다 작다'와 '임의의 큰 n이 있을 때, n 이내의 소수 개수는 예상함수의 예측보다 크다.' 이 두 개는 모순이 아니다. 하지만 부등호 방향이 바뀌는 위치를 우리는 정확히 모른다.

현재 알려진 것은 e^{728} 부근에서 크기가 변화할 수 있다는 것이다.

하지만 10^{19} 이전에는 전환변화가 없다. 이런 거대한 숫자는 우리를 일깨워주는 것 같다. 수학을 신이 인간에게 준 화원이라고 하면 소수는 화원 속에 숨어있는 악마이다.

1. '충분히 작은' 또는 '임의의 작은'을 포함하는 수학명제를 생각해 보자.

은근히 평균이 아니다 _
벤포드법칙부터 두 개의 편지봉투 역설까지 ———

우리는 생활에서 각양각색의 숫자들, 예를 들면 오늘의 기온, 주식
주가지수, 물가변동지표 등을 만난다. 그런데 그런 숫자들에 어떤 규
칙이 있는지 생각해본 적이 있는가? 당신은 그런 숫자들이 임의로
구성되었다거나, 서로 상관이 없다는 것을 생각하며 어떻게 규칙이
있을 수 있냐고 반문할지도 모른다. 그러나 1938년 미국의 전기공정
사 벤포드는 생활 속에서 만나는 이런 숫자들에 분포규칙이 있다는
것을 발견한다. 이를 '벤포드법칙'이라고 부른다.

처음 벤포드가 발표한 내용에는 어떤 예들이 있는지 함께 살펴보자.

335개 줄기를 가지는 하류의 길이 또는 구역의 면적, 이 구역은 한
나라일 수도 있고 작은 학교일 수도 있다. 3259개의 인구데이터(나는
상세하게 나온 원래 데이터가 없다.) 3000종이 넘는 국가, 도시, 시골 등
서로 같지 않은 인구 데이터, 104개 물리 수학에서의 양, 100부 신문
에 출현하는 숫자 등이다.

TABLE I

PERCENTAGE OF TIMES THE NATURAL NUMBERS 1 TO 9 ARE USED AS FIRST
DIGITS IN NUMBERS, AS DETERMINED BY 20,229 OBSERVATIONS

Group	Title	First Digit									Count
		1	2	3	4	5	6	7	8	9	
A	Rivers, Area	31.0	16.4	10.7	11.3	7.2	8.6	5.5	4.2	5.1	335
B	Population	33.9	20.4	14.2	8.1	7.2	6.2	4.1	3.7	2.2	3259
C	Constants	41.3	14.4	4.8	8.6	10.6	5.8	1.0	2.9	10.6	104
D	Newspapers	30.0	18.0	12.0	10.0	8.0	6.0	6.0	5.0	5.0	100
E	Spec. Heat	24.0	18.4	16.2	14.6	10.6	4.1	3.2	4.8	4.1	1389
F	Pressure	29.6	18.3	12.8	9.8	8.3	6.4	5.7	4.4	4.7	703
G	H.P. Lost	30.0	18.4	11.9	10.8	8.1	7.0	5.1	5.1	3.6	690
H	Mol. Wgt.	26.7	25.2	15.4	10.8	6.7	5.1	4.1	2.8	3.2	1800
I	Drainage	27.1	23.9	13.8	12.6	8.2	5.0	5.0	2.5	1.9	159
J	Atomic Wgt.	47.2	18.7	5.5	4.4	6.6	4.4	3.3	4.4	5.5	91
K	n^{-1}, $\sqrt{n}$, $\cdots$	25.7	20.3	9.7	6.8	6.6	6.8	7.2	8.0	8.9	5000
L	Design	26.8	14.8	14.3	7.5	8.3	8.4	7.0	7.3	5.6	560
M	Digest	33.4	18.5	12.4	7.5	7.1	6.5	5.5	4.9	4.2	308
N	Cost Data	32.4	18.8	10.1	10.1	9.8	5.5	4.7	5.5	3.1	741
O	X-Ray Volts	27.9	17.5	14.4	9.0	8.1	7.4	5.1	5.8	4.8	707
P	Am. League	32.7	17.6	12.6	9.8	7.4	6.4	4.9	5.6	3.0	1458
Q	Black Body	31.0	17.3	14.1	8.7	6.6	7.0	5.2	4.7	5.4	1165
R	Addresses	28.9	19.2	12.6	8.8	8.5	6.4	5.6	5.0	5.0	342
S	$n^1, n^2 \cdots n!$	25.3	16.0	12.0	10.0	8.5	8.8	6.8	7.1	5.5	900
T	Death Rate	27.0	18.6	15.7	9.4	6.7	6.5	7.2	4.8	4.1	418
	Average.......	30.6	18.5	12.4	9.4	8.0	6.4	5.1	4.9	4.7	1011
	Probable Error	±0.8	±0.4	±0.4	±0.3	±0.2	±0.2	±0.2	±0.2	±0.3	—

[그림] 1938년 벤포드가 발표한 논문 'The Law of Anomalous Numbers'에 실려 있는 예.

이제 질문을 한번 해보겠다. 이상의 서로 다른 유형의 숫자들에서
단위가 서로 다른 것은 무시한다. 만약 숫자만 본다면 1로 시작하는
숫자는 얼마나 될까? 9로 시작하는 것은 또 얼마나 될까? 당신은 분명
히 이 두 개의 수가 같을 거라고 예상해서 그 확률이 1/9, 11% 정도 될
거라고 말할 것이다. 그러나 벤포드는 이런 숫자에서 1로 시작하는 수
가 30%에 이를 정도로 제일 많고, 이후 숫자들은 점점 감소하는데 9로
시작하는 비율은 4.5%에 불과하다는 것을 발견한다. 좀 뜻밖이지 않
은가? 이 숫자의 분포규칙은 이후에 '벤포드법칙'이라고 부른다.

나는 많은 해석을 보았는데 결국 주된 것은 2가지로 정리되었다. 하나는 확률분포의 범위와 관련된다. 우리는 확률사건을 평가할 때, 확률분포의 범위를 구하는 것을 자주 빠뜨리는데 범위는 확률분포의 결과에 영향을 줄 수 있다. 예를 들어 숫자 하나를 추첨하는 경우를 살펴보자. 만약 추첨번호의 범위가 1~199라면, 1로 시작하는 추첨권이 더 많다. 1~99에서 추첨하는 경우라면 1~9로 시작하는 숫자의 확률분포는 균등분포를 따른다.

또 다른 하나의 요소는 사람들이 임의의 변량에 대해서 균등분포를 따른다고 생각하는 경향이 있다는 것이다. 예를 들면 임의로 취한 통계숫자—하류의 길이라든지, 구역인구 등—가 매우 그럴 듯하게 들리겠지만 좀 더 생각해보면 균등분포라기보다는 정규분포이다. 하지만 사람의 직관은 항상 이런 변량들이 균등분포라고 먼저 생각된다는 것이다.

또 다른 전형적인 예를 살펴보자. 인간의 직감은 균등분포로 빠지기 매우 쉽다는 것을 보여주는 것으로 '두 개의 편지봉투 역설'이 있다.

[두 개의 편지봉투 역설]

당신에게 주어진 두 개의 편지봉투. 봉투 안에는 실이 들어있는데 하나는 다른 하나에 들어있는 실 길이의 2배이다. 당신은 먼저 마음에 드는 봉투 하나를 선택한다. 그리고 그 안에 들어있는 실을 가져가면 된다. 그러나 봉투를 열기 전에 단 한 번! 봉투를 바꿀 수 있는 기회가 있다. 당신은 항상 더 긴 실을 가지길 원한다. 바꾸는 게 좋을까?

[그림] 두 개의 편지봉투 안에는 실이 들어있는데 하나는 다른 하나에 들어있는 실 길이의 2배이다. 더 긴 실을 가지려면 봉투를 바꾸는 게 좋을까?

얼핏 듣기에 이 내용은 '기대치(평균)를 계산하는 문제 아닌가?'라고 생각할 수 있다. 함께 계산해보자. 먼저 당신이 선택한 봉투 안의 실의 길이가 x라고 하자. 그러면 남은 봉투 안의 실의 길이는 $x/2$이거나 $2x$가 된다. 보기에는 확률이 동일하다. 그러면 남은 봉투에 들어있는 실의 길이에 대한 기대치는 다음처럼 계산되는 듯하다.

$$50\% \times \frac{x}{2} + 50\% \times 2x = \frac{x}{4} + x = 1.25x$$

이 결과만 본다면 내가 가진 실의 길이가 x이므로 무조건 봉투를 바꾸는 게 낫지 않을까?

당신은 벌써 '아니다'라고 대답했는가? 만약 봉투를 바꾼다 해도 같은 계산방법으로 무조건 바꾸는 게 낫다. 그렇다면 군이 봉투를 바뀌야 할까? 아무튼 어떤 봉투를 선택했든지 간에 마치 남은 봉투로 바꾸는 게 기대치를 더 높일 수 있는 것으로 들린다.

도대체 어디에 문제가 있는 것일까? 많은 해석이 있지만 이런 해석들은 너무 복잡하다. 사실 결론은 당신이 기댓값을 계산할 때 임의변량에 대해 범위를 구하는 것과 균등분포라고 가정하는, 자각하지 못하는 오류가 있다는 것이다.

먼저 범위를 구하는 것을 살펴보자. 우선 봉투 안의 실의 길이는 무한은 아니지만 최댓값이 있다. 당신은 상황에 따라 다를 수 있다며 이런 예를 들 수도 있다. "만약 내가 빌게이츠와 함께 게임을 한다고 할 때, 그의 돈은 내 입장에서 보면 무한이나 다름없다." 그러면 내가 다시 설명하겠다. 이 최댓값이 얼마나 큰지와 관계없이 값이 있기만 하면 그것은 결과에 영향을 줄 수 있다. 예를 들어 내가 당신에게 게임에서 다른 조건은 변함없고 두 편지 봉투에 들어있는 돈이 최대 100원이라고 말한다. 당신은 어떻게 계산할 것인가? 당신은 분명히 이렇게 생각할 것이다.

"만약 내가 가져간 돈이 50~100원이라면 또 다른 하나의 봉투에는 절반의 금액이 들어있을 수 있다. 즉 다른 하나의 봉투의 기댓값은 $x/2$이다. 만약 내 손에 쥐어진 봉투에 있는 돈이 1~50원이라면 앞의 계산법으로 다른 하나의 들어있는 기댓값은 곧, $1.25x$가 된다. 두 상황에서 확률이 서로 같다면, 결론적으로 기댓값은 다음과 같다.

$$50\% \times \frac{x}{2} + 50\% \times 1.25x = 0.875x$$

그렇다면 안 바꾸는 게 낫다는 결론인가? 계산 결과에 분명히 문제가 있다고 여길 것이다. 이론상 다른 하나의 봉투의 기댓값을 x라고 두었기 때문이다. 이것은 기댓값을 계산할 때 금액의 최댓값이 중대한 영향을 미친다는 것을 설명한다.

왜 앞의 계산도 틀린 것인지 다시 들여다보자. 오류는 0~50 사이의 금액이 균등분포라고 가정한 것이다. 문제에서 금액이 이 구간에서 균등분포인지는 알 수가 없다. 이해를 돕기 위해, 금액은 모두 정수라고 가정하고 봉투에 있을 금액에 대해 모든 가능한 경우를 나열해보면 $(1, 2), (2, 4), (3, 6) \cdots (50, 100)$임을 알 수 있다.

만약 홀수(1~49)를 가져간다면 당신은 반드시 다른 봉투로 바꿔야 한다. 당신이 가져간 금액이 1~50 사이의 짝수라면 바꿔서 2배의 금액을 가져갈 확률은 절반인 1/2이고 1/2배의 금액을 가져갈 확률도 절반 1/2이다. 그래서 위의 내용을 종합적으로 살펴볼 때, 대체적으로 3가지 상황으로 정리해볼 수 있다.

- 50원보다 큰 짝수는 바꾸지 않는다.
- 50원보다 작은 홀수이면 반드시 바꾼다.
- 50원보다 작은 짝수는 바꾸든 바꾸지 않든 똑같다.

이상의 역설에서 본질적인 오류는 사람들이 자연스럽게 어떤 확률 사건이 균등분포라고 여길 수 있다는 것이다.

벤포드의 법칙은 균등분포는 아니다. 그렇다면 그것은 어떤 분포를 가질까? 또한 이런 상황은 왜 생기는 걸까? 왜 정규분포가 되지 않는 걸까? 이런 문제에 대해서, 거꾸로 추측해볼 뿐이다. 먼저 수학자들은 '벤포드법칙'에 아주 어울리는 공식 하나를 찾았다.

d가 $1 \leqslant d \leqslant 9$인 정수일 때,

$$P(d) = \log_{10}(d+1) - \log_{10}(d) = \log_{10}\left(\frac{d+1}{d}\right) = \log_{10}\left(1 + \frac{1}{d}\right)$$

사람들은 공식으로 나온 값으로 벤포드법칙이 생긴 원인을 찾으려고 한다. 비율에 따라 증가하는 변량은 벤포드법칙을 발생시킨다. 몇 가지 예를 들어보자. 만약 어떤 지역의 인구가 1만 명이라고 하고 1만 명에서 2만 명으로 증가했다고 하자. 이런 일이 생기기는 매우 어렵다. 왜냐하면 100% 증가해야 하기 때문이다. 2만 명에서 3만 명으로 증가했다면 50% 증가해야 하지만 1만 명에서 2만 명이 되는 것보다는 훨씬 간단하다.

만약 9만 명의 인구가 10만 명으로 증가했다면, 이것은 앞의 상황보다 훨씬 쉽다. 왜냐하면 11% 정도만 증가하면 되기 때문이다. 이런 양상일 때, 도시의 인구를 나타내는 숫자가 왜 1에 오래 머물러 있는지 이해하기 쉬울 것이다. 9일 때가 가장 짧다.

이런 증가법칙에 부합하는 많은 예들이 있다. 예를 들어 GDP(국내총생산)를 보자. 우리는 일반적으로 비율을 말하지 증가한 절대치를 말하지 않는다. 증가하는 비율만이 비교성을 가지기 때문이다. 그래서 나는 GDP의 숫자 순위를 벤포드법칙에 맞게 예상해보았다.

다음 내용은 내가 직접 통계낸 것으로 국제통화기금 IMF이 공표한 2017년 193개 국내총생산 GDP 데이터(기준:달러)이다.

첫 번재 숫자	출현 횟수	출현 확률 (%)	공식 예언 (%)
1	56	29.0	30.1
2	36	18.7	17.6
3	28	14.5	12.5
4	25	13.0	9.7
5	12	6.2	7.9
6	10	5.2	6.7
7	9	4.7	5.8
8	10	5.2	5.1
9	7	3.6	4.6

위의 데이터에서 공식이 예언하는 수치는 매우 적중한다. 벤포드 법칙은 '척도불변성'이라고 부르기도 하는데, 즉 같은 지표도 다른 진법으로 나타낼 수 있다. 예로, 3진법, 6진법 또는 높은 두 자리 수를 취하거나, 세 자리를 취하거나, 이런 분포도 여전히 가능하다. 반면 소위 '고정량 변화에 따른' 숫자는 벤포드법칙이 적용되지 않는다. 예를 들면 매일의 심장박동수를 들 수 있다.

한편, 벤포드법칙에 부합하는 숫자가 그렇게 잘 이해되는 것은 아니다. 신문잡지상에 등장하는 숫자는 왜 벤포드법칙에 부합할까? 1995년 오스트리아 심리학자이자 통계학자인 안톤 포먼Anton Foreman 은 설득력 있는 해석을 내놓았다. 그는 지능지수, 사람의 키 등의 정규분포 데이터는 벤포드의 법칙에 부합하지 않지만 두 개의 정규분포 데이터를 혼합하면 벤포드의 법칙이 확인된다는 것이다. 사람들이 임의로 선택한 하나의 임의분포에서 다시 임의로 선택한 임의분포의 숫자를 하나 뽑으면 벤포드법칙이 나타난다는 것이다. 하지만 신문잡지상의 숫자는 수많은 서로 다른 임의분포 중에서도 임의로 선택된 숫자이다.

그렇다면 교과서 뒤에 나오는 답안의 숫자도 벤포드법칙에 부합할까? 이 문제는 매우 흥미롭다. 어떤 사람이 하나의 해석을 내놓는다면 이 문제에 대한 해석에 좀 의심이 가기는 할 것 같다. 왜냐하면 이런 해석이 만약 성립하더라도 이것은 심리문제에 가깝지 수학문제는 아닌 것 같기 때문이다. 이런 해석은 대략적으로 60+50=110과 같은 덧셈 문제가 60+35=95와 같은 덧셈보다 더 쉽다고 말하는 것과 같다.

첫 번째 숫자 k	미터법			영국식 단위 (English system)		
	출현횟수	빈도율(%)	출현횟수	빈도율(%)	log(k+1)/k
1	8	40	7	35	0.30
2	2	10	2	10	0.18
3	1	5	3	15	0.12
4	0	0	1	5	0.10
5	2	10	1	5	0.08
6	3	15	3	15	0.07
7	0	0	0	0	0.06
8	2	10	1	5	0.05
9	2	10	2	10	0.05

나도 누군가가 각종 교과서 뒤에 실려 있는 답지를 열심히 분석해서 벤포드의 법칙이 성립하는지 아닌지 보여주기만을 간절히 바란다.

제일 어려운 해석은 수학물리와 관련된 상수이다. 나는 벤포드가 통계 낸 104개에 대한 분석을 보았는데 벤포드법칙에 절대 어울리지 않았다.

마지막으로 벤포드의 법칙이 사건을 해결하는 데 사용되기도 했다는 것을 기억했으면 좋겠다. 어떤 사람이 가짜 장부를 만들었다면 벤포드법칙을 이용해서 가짜 장부라는 증거를 확인할 수 있다. 그래서 당신은 벤포드법칙을 꼭 알아야 한다. 벤포드법칙은 거짓을 뒷받침하기 위한 것이 아니라 가짜를 가려내기 위해 꼭 필요하다.

Let's play with MATH together

1. 주변의 숫자 중에 벤포드의 법칙에 부합하는 예를 찾아보자.

2. 만약 1에서 100까지 정수에서 임의로 하나의 수를 생각한다면 균등분포를 따른다. 간단한 방법으로 이런 수를 생각할 수 있을까? 두 개의 편지봉투 역설은 '자연수 혹은 실수 집합에서 균등분포를 따르지 않는' 경우다. 왜 그런지 생각해보자.

3. 두 개의 편지봉투 역설에서 편지봉투와 금액을 바꾸어 '물이 들어 있는 두 개의 물통'으로 바꾼다면, 한 개의 물통에 들어있는 물은 다른 한 통에 들어있는 물의 양의 2배이다. 두 개의 물통 중에서 물의 양이 좀 더 많은 물통을 선택해야 할 때, '두 개의 물통 역설'이 성립되는가?

공평해 보이는 가위바위보 게임 ————

모두 가위바위보 게임을 잘 안다고 생각한다. 그런데 여기서는 좀 다른 가위바위보 게임을 해보려고 한다. 가위바위보 게임을 하는 두 사람을 소홀과 소짝이라고 부르자. 게임을 할 때, 두 사람은 두 개의 손가락만 낼 수 있는데 엄지손가락을 내면 1로, 네 번째 손가락을 내면 4로 표시한다. 그런 후에 두 사람이 낸 손가락 숫자를 더하여 홀수이면 소홀이 이기고, 짝수이면 소짝이 이긴다. 예를 들어 한 사람이 1, 다른 한 사람이 4이면 합이 5이므로 소홀이 5점으로 이긴다. 만약 두 사람 모두 1을 낸다면 합이 2, 짝수이므로 2점으로 소짝이 이긴다.

이 게임은 공평할까? 쌍방이 제일 좋은 전략을 선택할 때, 결과적으로 얻은 점수의 기댓값은 같을까?

만약 소짝이가 이런 생각을 한다면? '쌍방이 모두 1 또는 4를 낼 확률이 반반이라면, 4가지 경우에서 합이 2나 8이면 나는 두 번을 이길 수 있으니 합은 10점이다. 쌍방의 합이 5라면 상대방이 두 번 이긴

소홀   소짝

[그림] 소홀과 소짝의 가위바위보 게임. 소홀이 4를 내고 소짝이 1을 내면 서로 더한 값은
5이므로 소홀이 이긴다.

다. 그때 점수가 10점이다. 그래서 이 게임은 완전히 공평한 것처럼
보인다.'

그런데 소홀이가 이런 생각을 한다면? '이 게임은 매우 공평한 것
처럼 보인다. 하지만 나는 여기에 뭔가 속임수가 있는 것처럼 느껴진
다. 그래서 나는 몰래 기발한 수를 준비하고 있다. 첫 번째(엄지) 손가
락을 낼 확률이 3/5, 네 번째 손가락을 낼 확률은 2/5라면, 쌍방의 점
수의 기댓값은 어떻게 될까?'

나는 이 문제를 접했을 때, 소짝이처럼 생각했다. 이 게임은 서로
에게 균등하게 기회가 주어진다고 여겼다. 그러나 계산을 통해 소홀
이의 말처럼 공평하지 않은 상황을 발견했는데, 소홀이는 20번의 게
임에서 평균은 6점이라는 결론을 얻었다. 너무 의외의 결과 아닌가?

다음은 소홀이의 가위바위보 게임 점수계산표이다.(소짝이는 소홀
이의 표에서 −1을 곱하면 된다.)

	소홀 대 소짝	
소홀의 점수	1 vs 1: $-2 \cdot 0.6 \cdot 0.5 = -0.6$ 4 vs 1: $5 \cdot 0.4 \cdot 0.5 = 1$	1 vs 4: $5 \cdot 0.6 \cdot 0.5 = 1.5$ 4 vs 4: $-8 \cdot 0.4 \cdot 0.5 = -1.6$

위의 표로부터 소홀이의 게임에 대한 기대점수는 $-0.6+1.5+1-1.6=0.3$인 것을 알 수 있다. 만약 우리가 소홀이의 이런 게임전략을 알았을 때, 소짝이는 더 좋은 전략을 생각할 수 있을까? 분명히 있다. 예를 들어 소짝이는 계속 네 번째 손가락만 낼 수 있다. 그러면 매 게임에서 0.2점을 얻을 수 있다. 그렇다면 소홀이도 바로 대응할 수 있다. 소홀이가 봤을 때 소짝이가 계속 네 번째 손가락만 낸다면 소홀이의 대응은 뻔하다. 그렇다면 결과적으로는 쌍방 모두 수를 변화시킬 수 없다는 것인가? 이런 전략이 존재할 수 있을까? 게임이론에 익숙한 이라면 벌써 짐작했을 것이다. 이런 전략은 반드시 존재하고 이 전략을 '내시균형점Nash equilibrium'이라고 한다.

영화 '뷰티풀 마인드' 덕분에 존 내시라는 이름은 많은 이들에게 친숙할 거라고 생각된다. 내시는 게임이론 분야의 공헌으로 1994년 노벨경제학상에 이어 2015년에는 수학계에서 명성 높은 아벨상을 수상하여 그의 성과가 얼마나 대단한 것인지 충분히 짐작할 수 있다.

내시균형점은 '쌍방(혹은 여러 사람)의 게임에서 어떤 한 사람이 전략을 바꾸어도 스스로의 수익을 올릴 수 없는 상황이 있다'는 것이다.

'뷰티풀 마인드'에서는 내시가 프린스턴대학교에서 공부할 때 바둑 두기를 즐기는 장면이 나오는데, 그는 바둑에서 '내시균형점'의 영감을 받았다고 한다. 바둑에는 포석단계에서 쌍방이 순차적으로 변화를 주는 '정석'이라는 것이 있다.

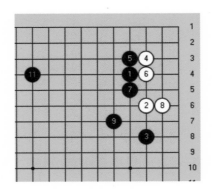

[그림] 바둑에서 정석. 쌍방은 암묵적으로 약속된 숫자 순서에 따라 이 국지적인 변화를
완성한다.

그런데 바둑은 '제로섬 게임'이다. 상대가 어떻게 가는지 아는데,
왜 계속해서 그렇게 가야 하는 걸까? 제로섬 게임은 왜 서로 협력하
는 방식을 따라가는 걸까? 쌍방은 정석과정을 협력하는 것처럼 가면
서 완성한다. 바둑에 정통한 독자 입장에서는 "이건 너무 쉽다. 정석
은 앞 사람이 둘 때, 최종적으로 쌍방이 변화를 수용하기 때문이다.
만약 내가 한 방면으로만 수를 바꾼다면, 나는 분명히 손해를 입을
것이다. 여기서 관건은 단편적으로 수를 바꾸고자 하면 내가 손해를
입는데 이것이 바로 '내시균형점'이 필요한 이유이다."라고 말할 것
이다.

그러면 함께 보자. 앞의 가위바위보 게임에서 내시균형점은 어디
에 있을까? 소홀이가 첫 번째 손가락을 낼 확률을 p, 소짝이가 첫 번

째 손가락을 낼 확률을 q라고 하자. 즉, 소홀이가 매 경우 얻는 점수의 기댓값은 다음과 같다.

$$-2pq+5(1-p)q+5p(1-q)-8(1-p)(1-q)=13p+13q-20pq-8$$

이 계산의 목표는 q값과 상관없이 가장 매력적인 p값을 정하는 것이다. 식의 결과가 가장 큰 값이 되면 된다. 즉, q에 대한 항등식으로 보면 $q(13-20p)-(8-13p)$처럼 변형할 수 있다. $13-20p=0$이면 q값에 영향을 받지 않는다.

즉, $p=13/20$일 때, 식의 값은 0.45이다. 바로 균형점일 때, 소홀이가 한 게임에서 얻는 점수의 기댓값이다. 사실 의미는 소홀이가 첫 번째 손가락을 낼 확률이 13/20, 네 번째 손가락을 낼 확률이 7/20이라는 것이다. 소짝이의 전략과는 상관없이 소홀이가 한 게임에서 얻는 점수는 모두 0.45이다.

드디어 이 문제는 해결되었다. 감상 포인트는 공평해 보이는 게임이 의외로 불공평한 결과가 나왔다는 것이고, 이 전략의 균형점이 13/20이라는 숫자로 나와서 사람들을 더 의아하게 만든다는 것이다.

또 하나의 내시균형점의 전형적인 예, '죄수의 딜레마'에 대한 이야기를 더 해보자.

	을 침묵 (합작)	을 자수 (배반)
갑 침묵(합작)	두 사람이 동일하게 6개월 복역	갑 10년형, 을 즉시 석방
갑 자수(배반)	갑 즉시 석방, 을 10년형	두 사람 동일하게 5년형

위의 표는 갑, 을 두 사람이 동시에 자수하면 어떤 한 사람이 혼자 전략을 바꾸어 이익을 취할 수 없다는 것을 나타내는 것으로 내시균형점이다. 이외에도 내시는 비합작 게임에서도 반드시 내시균형점이 존재한다는 것을 증명한다. 두 사람이든, 임의의 많은 사람의 도박이든 모두 적용된다. 그러나 안타깝게도 내시균형점은 매우 어렵게 얻어진다.

위의 가위바위보 게임의 상황도 좀 복잡해 보인다. 만약 하루 종일 친구와 함께 가위바위보 게임을 한다고 하더라도 이 내시균형점을 찾아내기는 힘들 것이다. 세 사람이라면 상황은 훨씬 더 복잡해진다.

생활의 여러 상황에서 내시균형점을 찾기를 바란다. 내시균형점을 찾는다면 사람들의 행동방식은 비교적 편안해질 것이고 다른 사람의 행동에 대해 긍정적인 예상도 할 수 있다. 사람들 간에 도박(시험)은 줄어들 것이고 사회화합과 안정에 도움이 될 것이다. 그러나 내시는 내시균형점의 존재성 증명에서 존재성만 증명했지 이런 균형점을 어떤 구조로 찾았는지에 대한 방법은 언급하지 않았다.

1950년 제1판 논문에서 내시의 증명방법은 '카쿠타니 부동점 원리 Kakutani fixed point theorem'를 사용했다. 이 원리는 간단한 예로 설명할 수 있다.

핸드폰으로 풍경사진을 찍는다. 그런 다음 핸드폰의 사진 미리보기를 하려고 핸드폰을 든다. 당신이 찍은 실제 풍경 앞에 핸드폰을 들고 당신이 찍은 풍경을 핸드폰의 배경이라고 여긴다. 그러면 당신 핸드폰 안 사진 속의 한 점은 실제 풍경의 단 한 점에서 겹친다. 당신이 어떻게 회전시키든 핸드폰을 다른 곳으로 이동하든 관계없이 말

[그림] 핸드폰으로 풍경사진을 찍는다. 그러면 핸드폰 안 사진 속의 한 점은 실제 풍경의
단 한 점에서 겹친다.

이다. 이 점을 '부동점'이라고 부른다.

1951년 그의 개정판 논문에서는 토폴로지 ^{Topology}(위상수학)에서
또 다른 유명한 브라우어 $^{Luitzen\ Egbertus\ Jan\ Brouwer}$ 부동점 정리를 사용
했다. 이 정리의 가장 간단한 예는 단위원 위의 점을 자기 자신에게
반사한다. 즉 적어도 한 점은 자신에게 반사할 수 있다. 비슷한 설명
으로 지구상에는 풍속이 0인 지점이 항상 있다.

내시균형점에 대해서 어떤 이는 몇 가지 게임에서 전 세계 모든 컴
퓨터의 힘을 모은다고 하더라도 온 우주의 나이라는 시간에서 내시
균형점은 계산할 수 없다고 한다. 이것은 사람들을 실망시키지만 예
상한 바이다.

마지막으로 나는 상업적인 영역에서 몇몇 현상은 내시균형점으로

[그림] 지구상에는 풍속이 0인 지점이 항상 있다.

해석할 수 있다고 생각한다. 오직 두 개의 기업이 독과점하는 상황이다. 예로, 코카콜라와 펩시콜라 같은 경우이다. 각 분야의 입장에서 코카콜라 시장의 매출이 펩시콜라보다 많다.

하지만 왜 몇십 년 동안 코카콜라는 펩시콜라를 영입하지 않았을까? 혹은 펩시는 전력을 다하여 코카콜라를 따라가지 않는 것일까? 이것은 두 기업이 완전히 다른 레시피를 쓰지 않는다고 이해해도 될까? 만약 어떤 한 기업이 레시피를 완전히 바꾼다면—가격 또는 영업전략 등—스스로 막대한 손해를 입을 것이다. 그래서 두 기업은 일종의 내시균형점의 상태에 있는 것이다. 비교적 안정적이다. 제3자가 이 두 기업을 더 강하게 위협한다면, 두 기업은 부득이하게 전략을 바꿀 수밖에 없을 것이다.

1. 친구들과 함께 주사위 던지기 게임을 하는데 점수가 같으면 비긴다. 당신에게는 유리한 조건이 하나 있다. 주사위 점수방향 위치를 자유롭게 배치할 수 있다는 것이다. 즉 21개의 검은 점을 6면에 임의로 할당할 수 있는데 단, 마이너스 또는 분수의 점수는 가질 수 없다.
   질문: 당신의 주사위를 상대방보다 유리하게 만들 수 있는 방법이 있을까? 상대방도 자유롭게 점수를 배치할 수 있다면 결과는 어떻게 될까?

2. 우리는 '적성교육'을 장려하고, 아이들에게 선행학습을 하지 말라고 하지만 너무 많은 학원에 보내며 선행학습을 시킨다. 반에서 한 아이가 학원에 다니면 다른 학부모도 덩달아 학원에 보내는 경우가 많다. 이 상황을 '내시균형점'과 '죄수의 딜레마'의 원리로 설명해보자.

물리법칙으로 해결된 수학문제 _
최단강하곡선(사이클로이드)문제 ————

물리문제를 해결하는 데에 수학지식이 자주 사용된다. 당신도 물리법칙이 수학문제를 해결할 때에 도움이 된다는 생각을 한 적이 있는가? 역사적으로 매우 유명한 수학문제를 함께 살펴보자.

작은 구가 하나 있다. 중력 작용만을 고려할 때, 구 위의 점 A의 위치에서 시작하여 최단시간에 지점 B에 닿으려면 어떤 경로를 따라 내려가야 할까? 이 문제는 최단강하곡선문제 problem of brachistochrone 이다. 그리스어로 braochistos최단과 chronos시간 이 두 글자를 합성하여 따온 것으로 가장 빠른 하강 곡선이라는 의미이다. 최단강하곡선은 흔히 사이클로이드 곡선이라고도 부른다.

이 문제를 처음 접했을 때 문제가 참으로 정교하고 아름답다고 생각했다. 문제의 의미는 이렇게 간단한데, 답은 그렇게 단순하지 않기 때문이다. 당신은 직선이 가장 빠르고, 이 방법이 길이가 가장 짧다고

[그림] 최단강하곡선문제–많은 하강 경로에서 어느 길이 가장 빠를까?

생각할 수도 있다. 그러나 작은 구에서 먼저 떨어지도록 해보면 뒷부분에서 속도가 더 빨라진다는 것을 알 수 있다. 이것은 길이는 더 길어도 속도는 더 빠를 수도 있다는 것을 의미하지 않을까? 마음의 느낌만으로 결코 해결할 수는 없을 것 같다.

먼저 답이 결코 직선이 아니라는 것을 알려주고 싶다. 갈릴레이가 이 문제를 가장 먼저 연구했는데 그는 원호가 가장 빠르다고 여겼다 (나는 그가 엄청나게 많은 실험을 했을 거라고 예상한다). 아쉽게도 그 당시는 미적분이 없었기 때문에 그의 답은 맞지 않다. 어쩌면 당신은 이 문제가 명백히 수학을 이용한 물리문제라고 생각할 수도 있다. 서두르지 말고 내 얘기를 끝까지 잘 들어주길 바란다. 이 문제를 설명하기 위해서 당신에게 사고력문제를 하나 내려고 한다.

효진이는 강 속에 빠뜨린 물건을 다시 꺼내고 싶다. 효진이는 하류 왼쪽 가장 높은 둑의 A지점에 서 있다. 떨어진 물건은 강 속의 B점에 위치한다. 육지에서 효진이의 움직이는 속도는 v_1, 물속에서 헤엄치는 속도는 v_2이다.

질문 : 어떻게 가는 것이 B점에 최단시간 도달 가능한 방법일까? 즉, 강변의 어느 위치에서 수영해야 B점에 가장 빨리 도달할 수 있는가?

[그림] 강변의 어느 위치에서 수영해야 총 시간을 단축할 수 있을까?

이 문제를 어디선가 많이 본 것 같지 않은가? 많은 사람이 이미 이런 문제를 풀어봤을 것이다. 이제 내가 직접 답을 알려주겠다. 한 줄기 빛을 비춘다고 생각하고 빛의 굴절 법칙을 이용하면 된다. 중학교 과학시간에 배운 빛의 굴절을 다시 떠올려보자―빛은 매체에서 또 다른 매체로 진입할 때 속도에 변화가 생겨 경로가 변한다―. 사실 각도 변화는 입사각의 사인값을 반사각의 사인값으로 나누면 처음 속도를 나중 속도로 나눈 값과 같다.

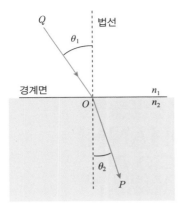

[그림] 빛의 굴절법칙

$$\frac{\sin\theta_1}{\sin\theta_2} = \frac{v_1}{v_2}$$

이것은 빛이 항상 시간을 쓰면서 최단 경로로 나아간다는 것을 의미한다. 그러면 이 문제는 최단강하곡선과 무슨 관계가 있는 걸까? 나는 당신이 이 2가지 간의 미묘한 관계를 이미 눈치챘을 거라고 믿는다. 내가 다시 뜸을 좀 들이려고 하니 서두르진 말기 바란다. 먼저 이 문제의 역사에 대한 이야기를 하고 싶다. 이것은 역사상 가장 위대한 거물급 인물들이 등장하는 '수학 경쟁'이다.

앞에서 언급했던 갈릴레이는 이미 이 문제를 연구한 적이 있다. 그러나 답을 찾지는 못했다. 이후 60년이 지난 1696년 6월 스위스의 수학자인 요한 베르누이는 당시 수학간행물인《학술기사》에 이 문제를 실었고 전 유럽 수학자들에게 공개적으로 도전장을 내밀었다. 요한 베르누이는 이렇게 말했다.

[그림] 수학간행물 《학술기사》 표지

"나, 요한 베르누이는 전 세계를 향해서 가장 훌륭한 수학문제를 꺼내겠다. 이것에 비할 문제는 없고, 매우 도전적인 성격의 난제로 사람을 강하게 끌어당긴다. 또한 이 문제를 해결한다면 역사에 그 이름을 길이 남겨 파스칼, 페르마 등과 어깨를 나란히 하게 될 것이다. 나는 이 도전적인 문제를 통해 온 수학 공동체가 감격의 순간을 얻을 수 있기를 희망하며 오늘날의 훌륭한 수학자들의 수준과 지혜가 충분히 테스트될 수 있다고 생각한다. 만약 이 문제의 해답을 낼 수 있다면 나에게 알려주길 바란다. 나는 그를 감히 존경받아 마땅하다고 여길 것이다. 문제는 바로 이것이다."

평면상의 점 *A*, *B*가 있다. 만약 중력의 작용만 받는다고 할 때, *A* 로부터 *B*까지 최단시간 이동하려면 어떤 경로로 움직여야 할까?

요한 베르누이의 집안 내력은 예사롭지 않다. 그의 형 또한 유명한 야콥 베르누이다. 그러나 두 형제의 관계는 그다지 좋지 않았다. 요한 베르누이는 안팎에서 그의 형과 경쟁했다. 항상 자신의 수학실력이 형 야콥 베르누이보다 뛰어나길 바랐다. 그의 형이 세상을 떠난 후에 는 수학 천재로 불렸던 자신의 아들인 다니엘 베르누이를 의식했다. 부자관계인 두 사람이 동시대에 유체역학을 발견하는 성과를 냈을 때, 요한 베르누이는 자신의 성과를 2년 일찍 발표하여 자신이 먼저 발견한 것으로 발표했다. 베르누이 집안의 천재 수학가족은 내적 소 모가 상당히 심했을 것으로 추측된다.

위의 문제에 대해 과연 누가 도전을 받았는지 함께 살펴보자. 첫 번째 인물은 요한 베르누이의 스승이었던 독일의 라이프니츠이다. 당시 50세였던 그는 미적분의 창시자로 의심의 여지가 없는 위대한 업적을 남긴 인물이다. 그는 반 년 내의 시간을 두고 도전에 응했다. 하지만 부족한 감이 있었는지 도전 목표에 다다르지는 못했다. 그래 서 도전 기한을 반 년 정도 더 연장했고 1697년 부활절에 이르러서는 많은 사람들이 참여하게 되었다.

반면 뉴턴은 이 문제에 대한 답을 하지 않았다. 다 알고 있듯이 당 시 뉴턴과 라이프니츠는 미적분 발명에서 분쟁이 있었다. 요한 베르 누이는 라이프니츠의 제자였고 그의 형인 야콥 베르누이는 뉴턴을

지지했다. 그러므로 요한 베르누이는 당연히 뉴턴을 적수로 생각했을 것이다. 그는 도전장에 이런 도발적인 글을 남겼다.

"…극소수의 사람만이 이런 훌륭한 문제를 해결할 수 있을 것이다. 설령 수학자 중에도 매우 소수만이 할 수 있을 터, 그들은 새로운 방법을 이용하여…, 중요정리의 경계선에서 미묘하게 확장된 것이라고 과장해서 말하는데 실제상 이런 내용은 일찍이 다른 사람에 의해 발표된 것이다."

이 문제는 그야말로 누가 당시 최고의 수학자인지를 확인하는 기회였다. 1697년 부활절에 요한 베르누이는 모두 4편의 정확한 답을 받았다. 자신의 것 1편을 포함하면 5편을 얻은 것이다. 첫 번째 요한 베르누이, 두 번째 그의 스승 라이프니츠, 세 번째는 야곱 베르누이의 것이었다. 그의 형 야곱 베르누이는 이 도전에 전혀 뒤지지 않았다. 그는 심지어 요한 베르누이가 이 문제의 증명으로 낸 내용의 오류를 지적했고 교정까지 했다. 요한 베르누이는 이 교정을 몰래 자기가 한 것으로 만들었다. 당연히 이 사건으로 두 형제의 관계는 더 멀어지게 된다. 네 번째 답은 요한 베르누이의 학생 로피탈의 것이었다. 극한에서 언급되는 '로피탈 정리'의 그 로피탈이다. 덧붙이면, 사실 '로피탈 법칙'은 요한 베르누이가 먼저 발견한 것으로, 로피탈이 그가 공부한 미적분 관련 교재를 출판할 때 쓰도록 권한을 부여해 준 것이었다. 결과적으로 모든 사람이 로피탈이 발견한 것으로 알게 되었고 '로피탈 정리'로 불리게 된 것이다.

그러면 마지막 답은 누가 한 것일까? 이 답안은 《학술기사》에 익명으로 발표된 것이었다. 그러나 많은 사람이 이 답을 뉴턴이 한 것으로 여겼다. 여기에는 일화가 있는데 그때 뉴턴의 나이는 54세였다. 이미 수학계에 이름이 났고 당시 영국 주조공장 책임자의 직위에 있었다. 그러나 여전히 수학계의 도전장에 관심이 많던 사람으로 뉴턴은 이런 말을 남겼다. "나는 외국인이 수학과 관련된 것으로 조롱하는 것을 좋아하지 않는다…."

하지만 뉴턴의 전기를 쓴 작가에 의하면, 그는 이 문제를 해결하기 위해 밤을 새가며 매달렸다고 한다. 그런 후에 뉴턴은 서명 없이 익명으로 발표하기를 부탁했다. 그 결과 1697년 《학술기사》에 최단강하곡선의 증명으로 4편이 실리게 되었다. 로피탈은 사정으로 인해 등재되지 않았다.

세 편은 요한 베르누이, 야곱 베르누이, 라이프니츠의 서명이 된 것이고 한 편은 익명(뉴턴의 것으로 추정되는)의 것이었다. 이 간행물에 대해 한번 상상해 보길 바란다. 만약 당시에 이 간행물을 손에 넣었다면 매우 감격했을 것이다. 이것은 역사상 가장 거물급들이 참가한 수학경쟁이었다. 비록 뉴턴의 이야기도 어쩌면 좀 과장된 것이겠지만 요한 베르누이는 익명의 증명을 보고 이런 말을 남겼다.

"나는 발톱에서 수컷 사자를 보았다". 즉, 그 역시 이 증명이 절대적 고수가 한 것이라고 여긴 것이다.

좋다. 이 문제의 역사 이야기는 여기까지 하자. 자, 이제 정말 본론으로 돌아가 보자. 사실 위 네 명의 사고과정은 모두 다르다. 요한 베르누이가 빛의 굴절 원리를 정식으로 사용했는데 페르마 원리를 이용하여 이 문제를 해결했다고 하기도 한다.

페르마 원리는 당신이 잘 알고 있는 그 페르마 대정리가 아니고 물리정리로써 페르마가 1662년에 제기한 것이다. 페르마 원리는 빛의 전파경로는 빛이 과정에서 얻는 극값의 경로라는 것이다. 이 극값은 최댓값, 최솟값이 될 수 있고 심지어 함수의 변곡점일 수 있다.

최단강하곡선문제에서 점 A에서 점 B로 가는 과정에서 곡선경로가 어떠하든 상관없이 어떤 수평면상에서 질점의 속도는 항상 같다. 우리는 마찰력 등 방해하는 요소를 고려하지 않기 때문이다. 뿐만 아니라 고도를 조금 변화시키기만 하면 속도는 모두 조금 증가한다.

이 상황은 마치 한 줄기 빛이 균일하게 변하는 매질을 뚫고 지나가는 것과 같다. 이런 매질의 매 수평층 재질은 모두 같다. 수직방향은 모두 균일하게 변화한다. 빛은 중력의 영향을 받으면 속도가 동일하게 증가할 수 있다.

이상적인 실험을 한번 생각해보자. 만약 우리가 균일하게 변화하

[그림] 만약 우리가 균일하게 변화하는 매질을 구성할 수 있다면, 매질에서 각도방향을 미세하게 바꾸어 반사하는 이런 광선이 최단강하곡선이다.

는 매질을 구성할 수 있다면, 매질에서 각도방향을 미세하게 바꾸어 반사하는 이런 광선을 얻고 이 광선이 매질에서 나오는 최단강하곡 선임을 확인할 수 있을 것이다.

이것은 요한 베르누이의 문제해결 과정으로 구체적인 계산 방법은 여전히 매우 어려운 난이도로 왜 이 문제가 고등물리 또는 대학 비수 학전공 수학교재에 나올 수 없는지의 이유이다. 확실한 것은 물리원 리를 이용하여 해답을 구한, 매우 어려운 수학문제로 이 사고과정은 매우 참신하고 흥미롭다.

나는 당시 요한 베르누이가 이 해법을 스스로 생각해낸 것에 매우 만족하여 전 유럽 수학자들에게 도전장을 내밀었다고 생각한다. 더 불어 '페르마와 함께 어깨를 나란히……'를 얻게 되었으니 우리 함께 요한 베르누이의 방법을 간단하게나마 공부해보자.

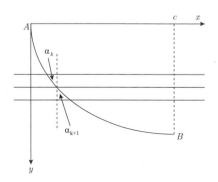

[그림] 최단강하곡선문제를 나타내는 그림

위의 그림에서 AB를 지나가는 수평선을 그어보자. 각 수평선에서 질점의 속도는 서로 같다. 굴절법칙에 의해

$$\frac{\sin \alpha_k}{V_k} = \frac{\sin \alpha_{k+1}}{V_{k+1}}$$ 을 얻는다.

이 결론은 k의 값에 관계없이

$$\frac{\sin \alpha_k}{V_k} = C \qquad (1)$$

여기서 C는 상수, α는 곡선상의 임의의 점에서 접선과 수선의 끼인각이다.

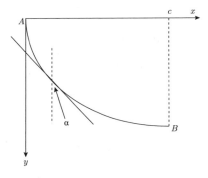

[그림] α는 곡선상의 임의의 점에서 접선과 수선의 끼인각이다.

질점의 질량을 m, 중력가속도를 g라고 하면 에너지 보존 법칙에 의해 $P(x, y)$에 있는 질점의 속도는 하강하는 속도를 결정한다.

$$\frac{1}{2}mv^2 = mgy \implies v = \sqrt{2gy} \qquad (2)$$

(1), (2)를 연립하면, 다음과 같은 결론을 얻는다.

166

$$\sqrt{y}= \frac{sin\,\alpha}{C\sqrt{2g}} \Longrightarrow y=k^2 sin^2\alpha \quad (k\text{는 상수})$$

$P(x,\,y)$에서 곡선의 접선의 기울기는 $y'=-\cot\alpha$이고

$$sin^2\alpha= \frac{1}{\csc^2\alpha} = \frac{1}{1+\cot^2\alpha} = \frac{1}{1+(y'^2)} \qquad (3)$$

(2), (3)으로 $y(1+y'^2)=k^2$의 결과를 얻는다.

문제는 위의 미분방정식의 해를 구하는 것으로 바뀐다. 해법은 좀 복잡하니 모두 생략하고 다음과 같은 매개변수 방정식의 해를 구할 수 있다.

$$\begin{cases} x= \dfrac{1}{k^2} \ (\theta-sin\theta) \\ y= \dfrac{1}{k^2} \ (1-cos\theta) \end{cases}$$

이것이 바로 최단강하곡선(사이클로이드)의 표준방정식이다.

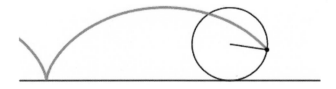

[그림] 최단강하곡선은 움직이는 원 위의 점이 그리는 경로이다.

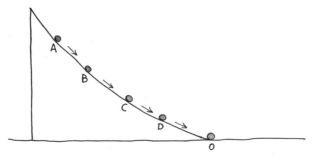

[그림] 최단강하곡선 위의 서로 다른 위치에 있는 작은 공은 모두 초기 속도 0에서 자유 낙하한다. 그들이 0인 지점에 도착하는 데까지 걸리는 시간은 모두 같다.

최단강하곡선의 재미있는 점은 많은 다양한 해법이 있다는 것이다. 예를 들어 야곱 베르누이의 해법은 비교적 전통적인 것으로, 시간에 대한 2계 미분으로 곡선의 변화상황을 얻는다. 최단강하곡선이 가지는 흥미로운 성질은 최단강하곡선 위의 어떤 점에서 물체를 떨어뜨리더라도 점 B에 도달하는 시간은 모두 같다는 것이다.

최단강하곡선(사이클로이드)에 대한 이야기는 여기까지이다. 여기에서 수학경쟁이 참으로 놀랍지 않은가.

Let's play with MATH together

1. 빛의 전파 경로가 페르마 원리에 묘사된 '극값'경로를 따라가는지 생각해보자. 그렇지 않다면 어떤 상황이 벌어질까?

2. 주변에서 특수한 곡선과 모양이 있다면 변분법을 이용하여 해를 구할 수 있을까?

앞서거니 뒤서거니 하는 달팽이 _
대수나선(로그스파이럴)문제 ———

이런 문제를 풀어 본 적이 있는가?

문제 : 정사각형의 각 꼭짓점에 달팽이가 한 마리씩 있다. 각 달팽이는 반시계방향으로 다른 달팽이를 보고 있다. 어떤 시각에 알람이 울리면 모든 달팽이는 서로 같은 속도로 자기가 보고 있는 다른 달팽이를 따라 기어가기 시작한다. 그리고 기어가는 동안 임의로 방향을 조정할 수 있는데 항상 목표물(자기가 보고 있는 달팽이)을 향한 방향을 유지한 채로 가야 한다(우리는 정사각형의 변의 길이와 달팽이의 이동속도를 이미 알고 있다).

질문 : 최종적으로 달팽이는 얼마의 시간 후에 서로 만나게 될까? 서로 만날 때, 이동한 거리는 얼마나 될까?

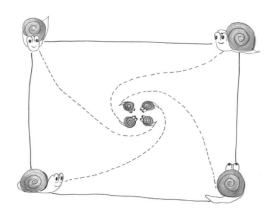

[그림] 정사각형의 각 꼭짓점에 달팽이가 한 마리씩 있다. 각 달팽이는 반시계방향으로 다른 달팽이를 따라 기어가고 있다. 최종적으로 네 꼭짓점에 있던 달팽이는 정사각형의 중앙에서 서로 만난다.

이 문제는 미적분 방법을 이용하여 계산할 수 있지만 무척 번거롭다. 하지만 운동 상대성 원리를 이용하면 간단히 해결된다. 스스로 달팽이 한 마리가 되어보자. 매우 느린 속도로 목표물을 뚫어져라 쳐다보며 가야 한다. 심지어는 목표물 또한 움직이고 있다는 것을 의식하지 못할 정도로 천천히 간다. 당신은 목표물이 거의 정지된 것처럼 느껴질 수 있다. 그리고 스스로 직선운동을 한다고 여길 정도인데 목표물인 다른 달팽이의 머리와 당신이 가고 있는 방향이 매순간 $90°$ 를 이루며 쫓아가고 있다. 이때 매순간 목표물 달팽이는 정사각형의 꼭짓점에서 움직임 없이 기다리고 있는 것처럼 보일 것이다. 당신은 마치 정사각형의 한 변을 따라 가다 보면 그 달팽이와 만날 것만 같다.

만약 정사각형이 아니고 세 마리 달팽이가 정삼각형의 세 꼭짓점에 있거나 다섯 마리가 정오각형의 다섯 개의 꼭짓점에서 기다리는 상황이라면 어떻게 될까? 예를 들어 정삼각형인 경우, 뚫어지게 보고 있는 상대 달팽이를 향해 기어갈 때 목표물인 달팽이의 머리는 측면과 $90°$를 이루고 있지 않고 당신을 향해 $60°$만큼 치우쳐 있을 것이다. 그래서 이런 상황에서는 목표물이 정지해 있는 것처럼 보이지는 않을 것이다. 이유는 상대 달팽이가 기어가는 동안 당신을 향한 전진방향에 투영되어 속도가 느껴질 것이다. 이 속도는 $v \cdot \cos 60°$로 $v/2$이고 당신을 향해 있다. 그래서 결론적으로 당신과 상대방은 $v+v/2=1.5v$의 속도로 가까워진다. 그러면 당신이 상대 달팽이를 쫓아가는 시간은 바로 (정삼각형의 한변의 길이)/$1.5v$가 된다. 정오각형의 상황도 마찬가지다. 다만 이때는 상대 달팽이가 당신의 진로에서 멀리 떨어진 투영속도를 가지므로 상대 달팽이에 가까워지는 속도는 v보다 작다. 정n각형은 모두 이런 식으로 생각할 수 있다.

달팽이가 쫓아가고 있는 경로는 도대체 어떤 모양일까? 일찍이 수학자들에 의해 연구되었는데 바로 '대수나선logarithmic spiral'이다.

대수나선은 1683년 데카르트Rene Descartes에 의해 처음 발견되었다. 그러나 깊이 있는 연구는 베르누이 일가의 만형인 야곱 베르누이에 의해 진행되었다. 야곱 베르누이는 수많은 대수나선의 성질을 발견했다. 그중에서도 특별한 것은 나선을 확대하면 자기 자신과 완전히 포개어지는데 이 또한 야곱에 의해 확인되었다.

야곱은 "비록 나는 변했지만 결과는 원래와 같다." 이 말을 묘비에 새기고 싶다고 말하며 이 문장 위에 대수나선 모양을 새겨달라고 했다. 하지만 후대 사람들이 어찌 알겠는가. 묘비를 새기는 사람이 수학

[그림] 야곱 베르누이의 묘비. 묘비를 새기는
사람이 등속나선으로 잘못 새겨 넣었다.

을 잘 몰랐는지 등속나선 하나가 그려졌다. 사실 등속나선과 대수나
선의 외관은 분명히 구분된다. 야곱이 저승에서 이 사실을 알았다면
화가 머리끝까지 나지 않았을까.

대수나선은 등속나선과 어떻게 구분될까? 등속나선은 그 이름으
로도 뜻을 생각해낼 수 있는데 나선이 밖으로 확장되는 속도가 일정
하다. 그래서 나선이 시작되는 지점부터 밖을 향해 뻗어나가는 한 가
닥의 사선이 나선을 여러 번 통과할 때, 사선이 나선에 의해 분할되
는 부분의 길이가 같은 것을 확인할 수 있다. 대수나선은 같은 상황
에서 분할되는 부분이 점차적으로 증가하는 꼴로 나타나는데, 점점
바깥쪽으로 갈수록 바깥을 향해 도는 속도가 빨라진다. 두 나선은 극
좌표 방정식에서 명확히 구분되는 것을 확인할 수 있다.

등속나선의 극좌표방정식은 다음과 같다.

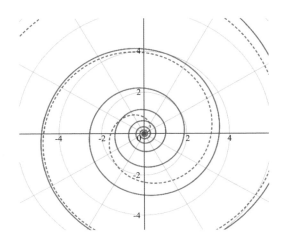

[그림] 점선은 등속나선, 실선은 대수나선이다. 겉보기에도 대수나선은 밖으로 갈수록 속
도가 빨라지고 등속나선은 속도가 일정하다.

$$r=a+b\theta$$

여기서 각 좌표 매개변수 θ는 일차항으로 존재한다.
대수나선의 극좌표방정식은 다음과 같다.

$$r=ae^{b\theta}$$

여기서 각 좌표 매개변수 θ는 지수 꼴로 존재한다. 그리고 밑은 자
연대수 e이고 이것이 대수나선이라고 부르는 이유이다.

대수나선이 가지는 중요한 성질이 하나 더 있다. 나선의 시작점으

로부터 바깥을 향해 뻗어가는 사선이 나선을 통과할 때 나선과 이 사선이 이루는 각은 모두 같다. 이것은 앞서 달팽이를 쫓아가는 문제에서도 볼 수 있었다. 예를 들어 정사각형의 대각선 하나를 생각하자. 달팽이가 쫓아가는 과정에서도 분명히 이 대각선을 여러 번 통과할 것이다. 대각선을 지나갈 때 네 마리의 달팽이는 동시에 대각선 위에 있을 것이고 그 모양도 정사각형을 유지한다. 그래서 달팽이의 전진 방향과 대각선이 이루는 각은 항상 45°가 된다. 이것이 대수나선을 '등각곡선'이라고 부르는 이유다. 그리고 이 45°는 등각곡선의 정각이라고 부른다. 정각이 취하는 범위는 0° ~ 90°이고 정각이 90°이면 이 나선은 퇴화하여 하나의 원이 된다.

대수나선의 재미있는 성질을 하나 더 말하자면 나선은 원점 부근을 무수히 많이 휘감는다. 네 마리 달팽이가 원점(최종적으로 만나는 지점)에서 만나기 전에 실제로는 무수히 많은 회전을 해야 한다. 비록 각 달팽이가 전진하는 경로의 길이는 유한하지만 말이다. 달팽이가

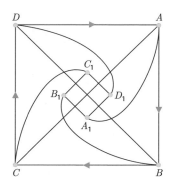

[그림] 달팽이의 속도와 상관없이 정사각형의 대각선을 통과할 때의 각은 모두 45°이다.

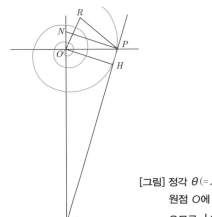

[그림] 정각 $\theta(=\angle OPT)$인 등각나선 위의 점 P에서 원점 O에 이르는 등각나선의 길이는 PT와 같으므로 $|OP| \cdot \sec\theta$이다.

원점에 가까워질수록 한 번 이동하는 거리는 더 짧아지고 전진 각도는 더 커진다.

이상의 성질은 이탈리아의 토리첼리^{Torricelli}에 의해 발견되었다. 흥미로운 것은 그는 기압계 등을 발명한 물리학자이지만 대수나선의 길이 공식도 발견했다. 즉 나선상의 어떤 점에서 출발점까지의 길이를 구한 것이다. 해당지점에서 나선의 출발점에 이르는 거리는 나선 정각의 시컨트^{sec} 값이다.

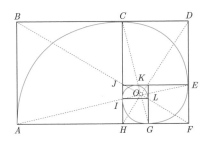

[그림] 자기닮음 직사각형으로 구성된 등각나선

대수나선은 자기닮음 성질이 있기 때문에 닮은 도형의 성질을 이용하여 특수한 나선을 하나 그릴 수 있다.

직사각형의 꼭짓점은 순서대로 하나의 등각곡선 위에 둘 수 있다. 만약 점 A의 극좌표를 (a, π)라고 하면 등각나선의 방정식은 다음과 같다.

$$r = \frac{a}{\phi^2} \, (\phi^{2/\pi})^\phi$$

여기서 $\phi = \frac{1+\sqrt{5}}{2}$이다. 이것은 바로 그 유명한 황금분할 값이다. 이런 이유로 등각나선은 황금나선으로도 부른다. 자기닮음 직사각형으로 황금나선을 만들 수 있다. 그렇다면 삼각형으로도 가능할까? 당연히 된다. 다음 그림은 이등변삼각형에 내포된 등각곡선이다.

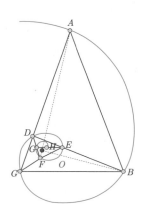

[그림] 자기닮음 삼각형으로 구성된 등각나선

만약 점A의 극좌표가 $(a, 3\pi/5)$라고 하면 나선의 방정식은 다음과 같다.

$$r=\frac{a}{\phi^2}\,(\phi^{5/3\pi})^{\phi}$$

여기서 $\phi=\frac{1+\sqrt{5}}{2}$ 이다. 이것도 황금분할 값이니 당연히 황금나선으로 부를 수 있다. 사실 이 나선은 축소하면 바로 위의 나선과 합동이 된다. 마지막으로 대수나선의 가장 신기한 특징은 자연계에서 자주 볼 수 있다는 것이다. 작게는 달팽이 껍데기의 주름, 앵무조개 껍질의 무늬, 크게는 나선성운계의 나선팔모양 등 모두 대수나선과 매우 닮았다.

[그림] 달팽이 껍데기의 주름은 대수나선의 형태이다.

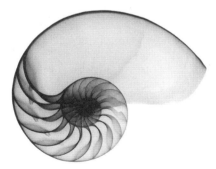

[그림] 앵무조개 껍질의 무늬도 대수나선의 형태이다.

177

[그림] 성운계의 나선팔모양. 대수나선과 같은 형태를 띠고 있다.

[그림] 자기 닮음이 보이는 회전계단.

이밖에도 어떤 이는 독수리가 사냥감에 접근할 때 빙빙 도는 경로, 곤충이 빛에 접근하는 경로 등도 모두 대수나선 꼴이 됨을 발견했다. 이것은 생물학적으로 설명이 가능한데 에너지를 최대한 절약하거나 영양분을 골고루 흡수하기 위함이라고 한다. 그러나 나는 가장 근본적인 이유를 대수나선의 수학성질이 자연계의 행동양식을 묵묵히 따른 결과라고 생각한다. 또한 자기 닮음은 황금분할로 도출되었는데 이것은 나선이 가지는 아름다움의 원천이다. 오늘날 많은 디자이너, 건축가들이 이 아름다움을 건축물 등에 응용했는데 회전계단 등이 그 예가 될 수 있다.

Let's play with MATH together

1. 위에서 직사각형 또는 이등변삼각형을 이용하여 황금나선을 만들었다. 만약 도형의 길이를 서로 다르게 하여도 황금나선을 만들 수 있을까?

2. 생활 중 대수나선이 발견되는 사례가 더 있을까? 무엇이 '자기 닮음'이 되는지 주변에서 찾아보자.

삼체문제 잡담 ———

'삼체three-body problem'라는 단어를 들어본 적이 있는가? 당신이 만약 류츠신의 소설《삼부삼체》를 읽었더라도 삼체문제에 대한 이해는 부족할 거라고 생각된다. 삼체는 만유인력의 작용으로 서로 끌어당기는 세 개의 행성을 묘사한 것이라고 설명하고 싶은데 매우 혼란스러운 운동방식으로 만들어진다.

이 절의 목적은 삼체문제가 무엇인지에 대해 일반적인 설명을 하려는 것이다. 본론에 들어가기 전에 먼저 우스운 이야기를 하나 해보자. 이 이야기를 '구형 젖소'라고 부르겠다.

젖소를 기르는 농장주 한 명이 있었다. 어느 날, 그는 젖소의 우유 생산량을 늘리고 싶어 공정사, 심리학자, 그리고 물리학자를 한 명씩 불러 도움을 요청했다. 일주일 후,

공정사 : 우유생산량을 늘리고 싶다면 유축기의 압력을 증가시키고 유축기의 관을 굵게 하면 됩니다.

[그림] 공정사, 심리학자, 물리학자 각자가 우유생산량을 늘리기 위한 방안을 내놓았다.

심리학자 : 젖소의 우유 생산을 높이려면 반드시 젖소를 기분 좋게 해줘야 합니다. 행복한 젖소가 우유를 많이 생산합니다.
물리학자 : 먼저 젖소를 하나의 소행성이라고 가정하세요….

사실 이 이야기에서 하고 싶은 말은 하나다. 물리학자는 어떤 문제를 논할 때 자주 이렇게 말한다. "먼저 물체가 하나의 소행성이라고 가정합시다." 또는 "먼저 문제를 단순화하세요."

'단순화'는 삼체문제에서 매우 중요한 것으로 우리는 문제에서 필요한 토론의 주제를 하나의 소행성으로 단순화할 것이다. '소행성으로 단순화한다'는 것은 그것의 모양, 재질, 운동 시 형태 변화, 공기와의 마찰력 등을 고려하지 않고 단지 대상의 질량만을 고려하겠다는 의미다. 고등학교 물리 선생처럼 비교적 과학적인 단어를 사용해서 말한다면 이것을 '질점'이라고 부른다. 좀 편하게 읽히도록 하기 위해서 나는 '소행성'이라는 단어를 써서 표현할 것이다.

삼체문제에 대한 토론에 앞서 우리는 먼저 '이체문제'를 다뤄야 한다. 이 문제는 위 문제의 이름에서 짐작되듯이 삼체문제를 단순화한 것이다. 여기서는 다양한 상황에서 '단순화'의 사고방식이 적용되는 것을 보게 될 것이다. 이것도 수학과 물리학에서 복잡한 문제를 논할 때 자주 이용되는 방법이다. 복잡한 문제를 마주했을 때 요소들을 단순화하여 가장 기본이 되는 것만 고려하자는 것으로 문제해결의 돌파구가 된다.

[그림] 만약 지구와 달 사이의 만유인력만 고려하면 지구와 달의 운동궤도문제는 바로 이체문제이다.

이체문제는 두 개의 소행성 혹은 질점을 가리킨다. 이미 초기 위치와 초기 속도를 알고 있고 그들 간의 만유인력의 작용을 고려해 운동궤도 또는 정해진 시간이 지난 후에 소행성이 어느 지점에 위치하는

지를 구하는 문제이다. 이 문제는 물리지식을 아주 조금만 이용해도 바로 해결된다. 물리를 공부해본 사람이라면 뉴턴의 3대 운동법칙을 알 것이다. 어떤 물체가 외부에서 힘을 받으면 물체의 가속도를 구할 수 있다. 이체문제에서 만유인력 법칙과 뉴턴의 3대 운동법칙만 알면 된다. 그러나 조금 더 깊게 생각해보면 소행성의 순간 가속도는 소행성이 받는 만유인력을 이 소행성의 질점으로 나눈 것이라는 것을 알 수 있다.

그렇다면 운동궤도는 어떻게 계산할 수 있을까? 문제에서 곤란한 점은 가속도가 일단 생기면 소행성이 어느 시각에 정지 상태라 할지라도 정지 상태를 유지할 방법이 없다는 것이다. 소행성이 움직이면 그것의 위치는 당연히 변한다. 위치가 변하면 두 개의 소행성 간의 거리도 변한다. 거리가 변하면 두 개의 소행성에 작용하는 만유인력의 크기도 변한다. 만유인력의 크기가 변하면 가속도가 변한다. 이런 식으로 변화는 순환하여 나타난다.

가속도 → 속도 → 위치 → 만유인력 → 가속도 → 속도 → ……

이체문제를 해결하기 위해서는 중·고등학교 때 배운 수학지식으로는 충분하지 않다. 그러나 만약 미적분을 공부한 적이 있다면 여기서 다루는 내용을 이해하는 데 많은 도움이 될 것이다. 아주 짧은 시간 내에 두 소행성 간의 거리에 변화가 없다고 가정하자.

그들이 받는 만유인력의 크기와 주어진 시간 동안 가속도도 일정하다. 그러면 이 짧은 시간 동안 소행성은 등가속도 운동 상태이다.

운동 궤도는 운동 상태에 대한 적분값으로 구할 수 있다.

거꾸로 생각해볼 수도 있다. 소행성의 운동궤도를 이미 안다고 가정하자. 예를 들어 함수 $s(t)$를 위치함수라고 하면 속도함수는 $v=s'(t)$로 구할 수 있다. 다시 미분하면 가속도 함수 $a=s''(t)$를 얻는다. 그런데 가속도 함수는 뉴턴의 제2 운동법칙으로 이렇게도 나타낼 수 있다.

$$a= \frac{F}{m_1} = G\frac{m_1 m_2}{r^2 m_1} = G\frac{m_2}{r^2}$$

여기서 G는 만유인력 상수, m_1은 소행성의 질량, m_2는 또 다른 소행성의 질량이다.

따라서 $s''(t) = G\frac{m_2}{r^2}$ 를 얻는다.

위의 방정식에서 r은 임의의 시간 t에 대한 변화량이다. 두 소행성은 초기 시각에 정지 상태이고 거리는 d, 질량도 m으로 서로 같다. 이런 두 개의 소행성은 만유인력의 작용 아래 필히 정지 상태에서 시작한다. 직선을 따라 가속하여 접근하다가 서로 만나게 된다.

만약 하나의 소행성이 t시간 동안 이동거리가 $s(t)$라면, 두 소행성의 t 시각일 때 거리는 $r(t)=d-2s(t)$이다.

따라서 앞의 방정식에 대입하면 $s''(t) = G\frac{m}{[d-2s(t)]^2}$ 을 얻는다.

만약 당신이 이 식을 구했다면 축하한다! 당신은 이제 미분방정식을 얻었다. 미분방정식은 미지수를 하나의 함수로 본다. 그런데 위에서 미분방정식은 얻었지만, 이미 원래 문제를 단순화한 것이기 때문에 다시 단순화할 수 없는 상황이다.

184

이 미분방정식을 풀려면 $s(t)$를 구해야 하는데 이미 자유낙하운동 공식과 흡사한 $s=\frac{1}{2}gt^2$으로 알고 있다.

그런데 일찍이 우리를 도와 이 문제를 푼 수학자가 있으니 얼마나 다행인가! 가장 먼저 이체문제의 완전한 해답을 구한 사람은 앞에서 최단강하곡선 문제에 도전했던 요한 베르누이다. 그 또한 문제를 초기상태로 단순화했다. 두 소행성의 공통 질량중심은 정지 상태이고 즉, 두 물체의 총운동량은 0인 상황이다. 소위 운동량이라고 하면 물체질량에 속도를 곱한 것이다. 총운동량 0은 만약 두 소행성의 질량에 속도를 곱하여 합하면 0이라는 것이다. 여기서는 벡터개념도 필요하다. 속도는 물리학에서 하나의 벡터이다. 속도는 방향이 있으므로 운동량도 벡터이다. 이런 이유로 두 물체의 질량에 속도를 곱하여 더한 결과는 0이 된다.

당신은 여기서 '운동량보존법칙'이라는 물리법칙 하나가 떠올랐을 것이다. 즉, 물체 또는 물리계가 받는 외력의 총합이 0이라면, 그것의 운동량은 항상 일정하다(외부에서 힘이 작용하지 않을 때, 물체의 전체 운동량의 합은 보존된다). 이체문제에서 외력의 총합이 0이므로 그들의 총운동량도 보존된다. 여기에서는 두 소행성 간의 운동법칙에만 관심이 있으므로 총운동량이 0인 경우만 고려하는 것이 매우 합리적이다. 그렇지 않으면 두 소행성의 모든 운동 상황을 고려해야 한다.

요한 베르누이는 물리계의 총운동량이 0이라는 전제하에 이체문제의 답을 내었다. 각 물체는 원추곡선을 따라 운동한다. 원추곡선이라 함은 타원, 포물선, 쌍곡선이다. 그래서 이체문제에서 두 소행성의 운동궤도는 타원이거나 포물선이거나 쌍곡선이 된다. 학교에서 배울

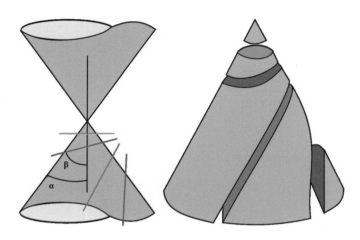

[그림] 원추를 평면과 이루는 각이 서로 다른 평면으로 자르면 타원, 포물선 그리고 쌍곡선을 얻을 수 있다. 그래서 이를 '원추곡선'이라고 부른다.

때 행성의 궤도는 타원이라고 말했던 것을 기억하고 있을까? 태양계를 스쳐지나가는 몇몇 천체의 궤도는 포물선 또는 쌍곡선이기도 하다. 태양과 하나의 천체가 운동법칙만을 고려할 때, 이 천체의 운동궤도는 이체문제로 변한다. 이상, 요한 베르누이의 완전한 이체문제 해답이다. 상당히 간결하고 아름답다.

  이어서 다시 삼체문제로 돌아가 생각해보자. 삼체문제는 이체문제에 하나의 소행성을 더 추가하여 생각한다. 삼체문제에서는 미분방정식을 이용한 방법을 쓸 수 없다. 왜 그럴까? 일반적인 상황의 이체문제는 이미 상당히 복잡했다. 하나의 소행성의 위치에서 최소 3개의 좌표, 즉 3개의 변량을 표시해야 하는데 그러면 이체문제는 모두 6개의 변량을 해결해야 한다. 또한 삼체문제는 변량이 9개는 있어야 소행성들의 위치를 나타낼 수 있다.

다음으로, 추가된 소행성은 다른 2개의 소행성에 대해 모두 만유인력을 작용시킬 수 있다. 소행성 하나의 가속도를 알려면 부득이하게 그것이 받는 외력의 합을 먼저 구해야 할 것이다. 그리고 이 외력의 합은 다른 두 소행성의 운동궤도와 관련되는 변량이다. 따라서 당신은 이 공식이 복잡하게 될 거라는 것을 짐작할 수 있을 것이다.

미적분의 창시자라 불리는 뉴턴도 자신의 책에서 삼체문제를 언급한 적이 있다. 하지만 슈퍼지능이라 여겨지는 뉴턴마저도 삼체문제에 대해 뾰족한 해답을 내놓지는 못했다. 이후 오일러가 60세에 삼체문제에 대한 3개의 특수해를 냈다. 이 3개의 특수해에서 3개의 질점은 모두 각각의 타원궤도를 돌고 있다. 그는 해를 구하는 과정에서 천재성으로 '회전좌표계'의 개념을 가져온다. 우리에게 익숙한 직교좌표계에서 좌표축은 고정된 것임에 비해 회전좌표계에서 x축의 방향은 항상 2개의 질점 위치와 연결돼 삼체문제의 해를 구하는 것을 단순하게 만든다. 그가 발견한 3개의 특수해는 이후에 라그랑주에 의해 재발견된다. 제1, 제2, 제3의 라그랑주 점으로 부르는 이유다(내 생

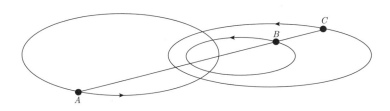

[그림] 회전좌표계에서 좌표축의 방향은 항상 2개의 질점 위치와 연결되어 있다.

각으로는 오일러 점으로 부르는 게 더 당연한 것 같다).

라그랑주Joseph Louis Lagrange는 당신에게 낯설지 않을 거라고 생각한다. 프랑스 수학자로서 20세에 오일러의 추천으로 프랑스 과학원의 통신원이 되었다. 오일러가 3개의 특수해를 발견한 5년 뒤에, 라그랑주는 다른 방법을 이용하여 라그랑주의 특수해 및 2개의 새로운 해를 발견했다. 이 5개점을 모두 '라그랑주 평형점'이라고 부른다. 라그랑주가 새롭게 발견한 2가지 해의 특징은 '특정 초기조건에서 3개의 질점은 항상 정삼각형의 세 꼭짓점 위에 있다'는 것이다.

라그랑주는 자신의 특수해가 매우 특수하다고 여겼기 때문에 사용하지 않았다. 그러나 후대 사람들은 태양, 목성, 목성 궤도상의 소행성군Trojan group of asteroid)(트로야군 소행성), 이 3개가 정삼각형의 꼭짓점에 위치한다는 것을 발견했는데 라그랑주 평형점의 안정성을 기가막히게 확인한 것이다. 이후에 다시 기록을 깬 것은 1887년이다. 스

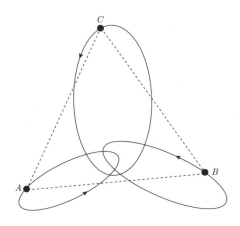

[그림] 라그랑주 특수해에서 3개의 질점은 항상 정삼각형의 세 꼭짓점 위에 있다.

웨덴 왕국의 오스카 2세는 자신의 66세 생일을 기념하기 위하여 어떤 대회를 후원했다. 그는 모든 수학자와 물리학자에게 문제 하나를 냈다. '태양계는 안정적으로 존재하는가?'라는 문제였다. 당연히 그의 관심은 '지구는 과연 안정적으로 존재하는가?'였다.

오스카 2세는 당시의 수학자와 물리학자가 이렇게도 총명하니 모든 행성과 달의 궤도를 계산할 수 있다고 믿었다. 일식, 월식을 예고하는 것은 매우 어렵지만 계산하기를 바랐고 태양계는 도대체 안정적으로 존재하는 것인지도 궁금했던 것이다.

나는 오스카 2세가 삼체소설에 등장하는 삼체천체의 우두머리처럼 느껴졌다. 삼체천체에서는 밤낮이 수시로 바뀌어 매번 밤이 얼마나 지속되는지 알 수가 없다. 스웨덴 국왕도 이 태양계가 얼마나 오래 존재하는지 정확하게 알고 싶었을 거라고 예상한다. 만약 태양계가 곧 파괴된다면 지금을 놓치지 말고 마음껏 즐기는 편이 나을 테니 말이다.

스웨덴 왕국에서 문제를 낸 지 2년이 되던 해에 프랑스의 유명한 수학자 앙리 푸앵카레Jules Henri Poincare는 단순화를 통해 이 문제를 부분적으로 해결했다. 푸앵카레는 '제한적 삼체문제'를 제기했다. 여기서 제한성은 3개의 소행성 중에 두 소행성의 질량은 나머지 하나와 비교하여 매우 크다. 세 번째 소행성의 질량은 이 2개의 큰 소행성운동을 방해할 수 없을 정도이다. 이런 상황에서 삼체문제는 해결되었다. 이것은 2개의 큰 행성이 있는 것이나 다름없는데 그 두 행성은 소위 말하는 쌍성계binary system로 서로 회전한다. 나머지 하나의 행성은 이 쌍성계가 회전하는 주위를 돈다.

푸앵카레는 만약 제한을 두지 않은 일반적인 삼체문제에 대해 말한다면, 많은 변수의 작용으로 일종의 '혼돈chaos상태'를 야기할 수 있다는 것도 발견했다. 이 발견은 이후에 '카오스이론' 창시를 직접적으로 이끌었다.

카오스이론과 관련하여 '나비효과'를 들어봤을 것이다. 남아메리카의 나비 한 마리의 날개짓이 2개월 후 북아메리카 대서양에 허리케인을 야기시킨다는 것이다. 이런 설명은 좀 과장되기는 하지만 확실한 것은 남아메리카 나비의 날갯짓은 2개월 후 대서양에 발생하는 허리케인의 원인 중에 하나라는 것이다.

카오스 이론의 의미를 삼체문제를 통해 말하자면, 만약 세 소행성의 초기 조건을 조금 변화시키면—예를 들어 초기속도 또는 위치의

[그림] 나비효과. 남아메리카 나비 한 마리의 날갯짓이 북아메리카 대서양에 허리케인을 야기시킨다.

변화—삼체시스템 이후 운동 상태의 변화를 천양지차로 불러올 수 있다는 것이다. 더군다나 다양한 상황에서 세 소행성의 운동궤도는 불규칙적인 것으로 보이는데, 세 소행성의 한 시간 혹은 하루가 지난 후의 위치를 예측하는 등과 같은 문제 상황에서는 곤란한 점이 생긴다.

예를 들어 만약 내가 계산한 것이 처음에 0.001의 오차가 생겼다면 한 시간 이후의 상황에서 오차는 100이 될 수도 있다. 그리고 하루가 지난다면 오차는 9만, 9억… 얼마가 될지 모르겠다. 그래서 계산결과는 조금도 의미가 없다. 뿐만 아니라 푸앵카레와 다른 수학자는 이후에 증명을 하나 더 했는데 일반적인 삼체문제로는 해석적인 해가 불가능하다는 것이다. 즉, 임의의 유한히 많은 기본 함수로 삼체문제의 소행성 운동궤도를 나타낼 수 없다는 것이다.

1912년 핀란드 수학자 손더만은 삼체문제의 해에 근접하는 무한급수 하나가 존재한다는 것을 증명했다. 하지만 애석하게도 이 급수의 수렴 속도는 매우 느리다. 어떤 사람이 계산한 적이 있는데, 만약 손더만의 증명 결과를 이용하여 천체의 운동궤도를 예측하려면 천문학적인 수로 관측이 가능해야 하는데 계산의 차수는 적어도 $10^{8000000}$개 정도가 된다. 그래서 손더만의 증명결과는 현실적으로 이용할 수 없다.

이상의 각종 상황으로 인해 후대 수학자들의 목표는 삼체문제에서 일련의 특수해를 찾는 것으로 바뀌었다.

앞에서 언급한 바와 같이 오일러와 라그랑주는 모두 삼체문제의 특수해를 발견했다. 여기서 해는 소행성의 운동궤도를 주기적인 운동 상태를 가지는 순환구조로 나타낸다. 그러나 사람들에 의해 세 종류의 주기해가 발견되는데 2013년 세르비아의 연구자인 밀로반 즈바코프와 벨즈코 드미트라지노비치는 컴퓨터의 힘을 빌려 13개의 새로운 특수해를 발견한다. 그들은 이 그림의 이름을 굉장히 재미있게 불렀는데 모두 질점운동 궤도의 모양에 근거한 것이다. 하나는 '나방'이라고 불렀다. 이유는 소행성 운동궤도선이 나방의 날개에 있는 주름과 닮았기 때문이다. 또 하나는 '나비'다. 나비의 날개와 닮은 것이 그 이유이다. 또 다른 하나는 중국 고대의 '음양'인데 소행성의 운동궤도가 음양팔괘도에서 흑백그림의 선과 매우 비슷하다는 이유에서였다.

2017년 상해교통대학 라오스쿤 교수의 연구팀은 슈퍼컴퓨터와 새로운 모의전략을 이용하여 삼체문제의 600개 새로운 주기해를 발견했다. 이것은 단번에 삼체문제 주기해의 수량을 엄청나게 향상시킨 것이다. 정확한 테스트를 위해 이미 컴퓨터 수량을 최대로 했고 어쩔

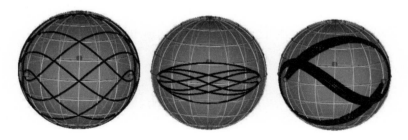

[그림] 세르비아의 연구자가 발견한 13개의 특수해 중의 3가지. 왼쪽부터 '나방, 나비, 음양'.

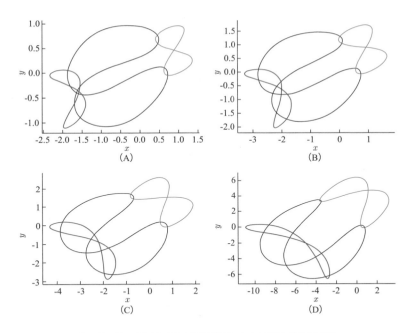

[그림] 라오즈쥔 연구팀이 발견한 몇 가지 삼체문제의 주기해.

수 없이 텐허 2호 슈퍼컴퓨터를 동원했다고 한다. 총 1600만회 돌려 서 계산했다고 하니 이 문제에 대한 인류의 노력과 공헌은 정말 대단 하다고 할 수 있다.

이 절의 내용을 통해 다음에는 소설《삼체》에서 더 많은 것을 느낄 수 있기를 바란다.

"걸음을 내딛으면, 반드시 천리에 이른다" _
에어디쉬 편차문제 ─────

졸업시즌이면 학교마다 이상한 졸업의식을 치른다. 매우 도전적인 임무가 주어지기도 하지만 그 통과의례를 거쳐야 진정으로 졸업을 했다고 여기는 사람도 있다. 다음과 같은 도전미션이 주어졌다고 생각하자.

학교 운동장 어귀에 서 있는 당신에게 운동장을 한 바퀴 도는 미션이 주어진다. 먼저 동창 한 명이 당신에게 순서대로 묶여있는 미션카드 뭉치를 줄 것이다. 각 장에는 +1 또는 −1이 쓰여 있는데 당신은 거기에 적힌 숫자에 따라 시계방향 혹은 반시계방향으로 한 걸음씩 나아간다. 이 미션카드가 어떤 순서로 배열되어 있는지는 카드를 건네준 동창친구만 알 뿐이다. 어쨌든 당신은 이 동창이 준비한 대로 시계방향 또는 반시계방향으로 갈 수 밖에 없다. 방향에 상관없이 운동장 한 바퀴를 돌기만 하면 이 도전은 끝난다.

'동창이 나를 골탕 먹이려고 일부러 나에게 +1, −1, +1, −1,…이렇

[그림] 운동장 한 바퀴 돌기 미션 : 당신은 동창이 준 미션카드에 따라 운동장 한 바퀴를 도는 미션을 완수해야 비로소 '졸업'할 수 있다.

게 교대로 미션카드를 줄 수 있지 않을까?'라고 생각할 수도 있다. 만약에 그런 일이 있다면 영원히 임무를 완수할 수 없다.

당신에게 유리한 조건은 도전 시작 전에, 동창이 당신에게 줄 미션카드를 미리 볼 수 있다는 것이다. 또한 그중에서 등차수열을 하나 뽑아 그 수열대로 미션카드순서를 실행할 수 있다. 예를 들어 만약 공차 1인 등차수열을 선택하면 당신은 제1, 2, 3, 4번… 미션카드를 준비하라고 표시한다. 만약 공차 2를 선택하면 당신은 바로 제2, 4, 6, 8, 10번… 미션카드가 필요하다. 만약 동창친구가 당신에게 +1과 −1을 교대로 해서 순서대로 준다면 당신은 분명히 공차 2인 미션카드를 순서대로 선택할 수 있고 이런 식으로 선택하면 삽시간에 운동장 한 바퀴를 돌 수 있어 미션을 완수할 수 있다. 만약 공차 100인 미션카드를 선택하기 원한다면 바로 제 100, 200, 300, 400번… 미션카드가 실행될 것이다.

당신이 원하기만 한다면, 당신은 동창에게 임의의 크기 순서를 가진 명령카드를 요구할 수 있다. 하지만 불리한 조건은 내게 미션카드를 주는 동창이 나와 원수지간일 수도 있다. 어쩌면 지난 수학 시험에서 내가 답을 보여주지 않았다는 이유로 내게 감정이 있을지도 모르겠다. 그는 정성을 다해 카드 순서를 정할 것이다. 당신이 어떤 순서의 등차수열을 선택하든지 상관없이 운동장을 한 바퀴 도는 미션을 완수하기는 힘들 것이다. 문제는 '이런 힘든 상황에서 원수와 대적해서 이길 수 있을까'라는 것이다. 원수는 당신이 어떤 공차를 선택하든지 상관없이 시계 또는 반시계 방향으로 운동장을 한 바퀴 돌수 없게 순서를 정할 수 있을까?

이상에서 언급한 문제를 '에어디쉬 편차문제'the Erdos Discrepancy Problem'라고 한다. 이 문제의 답은 당신이 무조건 이긴다. 원수가 미션카드를 어떻게 배열하든지 간에 등차수열을 하나 선택하기만 하면 +1과 −1을 충분히 쌓을 수 있고 운동장을 한 바퀴 돌 수 있다. 이론상으로 멀리 가고 싶다면 그만큼 멀리 가는 것이 가능하다. 지구 한 바퀴를 도는 것도 가능하다.

에어디쉬는 '해피엔딩문제'에서 언급되었던 그 에어디쉬다. 이 문제를 인터넷에서는 종종 '에어디쉬 차이 문제'라고 하는데 나는 '편차문제'라고 부르는 것이 더 정확하고 이해하기 쉽다고 생각한다. 문제에서 +1과 −1이 만나서 서로 상쇄되거나 누적되면 시작점의 편차는 도대체 얼마나 큰 값이 될까? 그래서 나는 '에어디쉬 편차문제'

라고 부르고 싶다.

이 순서는 계획된 순서대로 배열되는 것이 아니라 완전히 랜덤으로 정해진다. 결과는 어떨까? 먼저 이런 상황에서 +1과 −1의 개수는 비슷하게 정해진다. 혹시라도 +1이 −1보다 0.1% 정도 많다고 하더라도 선택과 무관하게 순서에 따라 긴 순서를 고려하기만 하면 충분히 멀리 갈 수 있다. 그래서 원수는 분명히 +1와 −1의 개수를 같게 했을 것이다. 만약 동전 던지기 방식으로 도전한다면, 방향과 상관없이 운동장 한 바퀴를 도는 것이 과연 가능할까?

'(1차원)랜덤워크 random walk'이론에 근거하면 동전을 n번 던진 후 출발점으로부터 거리가 약 $\sqrt{n}$ 인 지점에 위치하게 된다. 만약 운동장을 한 바퀴 도는 데에 400보가 필요하다면 400^2=160,000번 동전을 던져야 운동장을 한 바퀴 돌 수 있는 것이다. 그래서 우리는 이런 실험이 달갑지 않다. 현실적으로 우리가 시도할 수 있는 횟수가 아니다.

위의 예는 순수하게 임의 순서의 상황이다. 그러나 나의 원수는 분명히 계획적으로 배치할 것임을 고려해야 한다. 만약 그가 매우 똑똑하다면, 모든 상황에서 생길 수 있는 편차까지 제어할 수 있을까? 언급한 바와 같이 만약 +1과 −1이 교대로 나타나면 어느 부분의 합은 필연적으로 1보다 작거나 같지만 이런 수열은 보자마자 짝수항 혹은 홀수항을 선택한 경우의 부분합이 반드시 발산함을 알 수 있다. 그래서 몇 번째 항부터 시작하든 간에 등차수열을 하나 취하면—예를 들어 a, $a+r$, $a+2r$, $a+3r$ … 등—어느 부분의 합은 어떻게 될지, 편차를 조절하는 것이 가능한지 의문이 생긴다. 1927년 '반 데어 배르덴 Van

197

der Waerden 정리의 결론에 의하면 편차에는 한계가 없다. 즉, 편차를 조절하는 것은 불가능하다.

1964년에 이르러 수열의 발산속도는 $cn^{\frac{1}{4}}$(c : 임의의 정수)보다 크다는 것을 찾아냈다. 이상의 분석을 통해 임의로 선택된 것이든 임의의 위치에서 시작하는 등차수열이든 누적된 편차는 모두 발산한다는 것을 알 수 있다. 1932년 에어디쉬는 규칙을 조금 더 강화했는데 반드시 초항부터 시작하는 수열에서 하나의 등차수열을 선택하는 것으로 수정했다. 예를 들어 공차 2인 수열을 선택한다면 제2항을 초항으로 하여 제2항, 제4항, 제6항, 제8항 등을 누적하여 더한다. 만약 공차 100을 선택했다면 제100항을 초항으로 같은 방법으로 더한다. 결과는 어떻게 될까?

에어디쉬는 추측을 참 잘하는 사람이다. 1932년 당시 그의 나이 19세에 이런 천재적인 추측을 내놓았다니 놀라운 따름이다. 게다가 그의 추측은 정확했다. 이 편차는 임의의 큰 값에 이른다. 에어디쉬는 평생에 걸쳐 무수히 많은 추측을 내놓았다. 지금도 해결하지 못한 많은 추측이 있다. 또한 그는 수학난제에 현상금을 거는 것을 좋아했다. 그는 '에어디쉬 편차문제'에 500달러의 현상금을 건 적이 있다. 안타깝게도 그의 생전에 이 문제를 푼 사람은 없었다.

이후의 토론은 문제를 단순화하는 목적에 대한 것이다. 먼저 용어의 사용에 대해서 언급하려고 한다. 우선 +1과 −1로 구성된 순열을 '부호수열'이라고 부르겠다. 그 이유는 수열이 양의 부호와 음의 부호로 구성되었기 때문이다. 그리고 등차수열을 가끔 '산술수열'이라고 부를 것이다. 이 표현은 수학책에서 접해본 적 있을 것이다. 그리

198

고 등비수열은 '기하수열'로 부르겠다. 제1항이 공차인 등차수열은 '동차산술수열'이라고 부르겠다. 그래서 '에어디쉬 편차문제'는 충분히 긴 부호수열에 대해서 '동차산술부분수열'을 하나 찾는다면 이 '부분수열의 부분합의 절댓값은 얼마나 클까'에 대한 것이다.

다음에서 '수열의 편차' 혹은 '에어디쉬 편차'는 방금 말한 하나의 절댓값을 구하는 것이다.

먼저 편차가 비교적 작은 상황을 생각해보자. 편차가 1이라면 1개의 숫자만 있으면 된다. +1이 있든지 −1이 있든지. 그러면 편차는 바로 1이 된다. 편차 2인 상황을 다시 보자. 여기서 우리가 고려할 것은 어떻게 하면 가장 긴 수열을 찾을 수 있느냐 하는 것이다. 편차는 1에서 제어가능하고 2가 될 수는 없다. 이 문제는 상당한 지력을 요구하는 문제로 꼭 스도쿠SUDOKU 같다.

당신에게 먼저 답은 11이라고 말해주고 싶다. 사고과정은 이렇다. 만약 수열의 초항으로 +1을 가지고 온다면 제2항은 −1이어야 한다. 만약 앞 두 항이 모두 +1이라면 합하면 바로 2가 된다. 그래서 제2항은 −1을 취할 수밖에 없다. 제2항의 숫자를 −1로 취하면 제4항은 +1인 것을 알 수 있다. 제2항과 제4항을 서로 더해 −2가 되면 편차는 곧 2가 된다. 그래서 제4항은 +1이 되고 제3항은 반드시 −1이 된다. 제3항이 −1인 것을 확정한 후 제6항 숫자… 등등을 정할 수 있다. 이런 유추는 마치 스도쿠와 비슷하다. 제11항의 숫자를 채우고 제12항을 채운 후에 더 이상은 이 게임을 할 수 없다는 것을 발견하게 될 것이다. 당신은 1에서 편차를 제어하는 것을 더 이상 지속할 방법이 없다.

편차 1인 경우 가장 긴 수열을 찾는 것이 그렇게 어려워보이지는 않는다. 그런데 편차 2인 경우는 가장 긴 수열을 찾는 것이 일반적이지 않다. 에어디쉬가 이 문제를 제기한 지 80년이 지나도록 사람들은 편차 2인 가장 긴 수열이 유한인지 아닌지 확신할 수 없었다. 2014년에 이르러서야 누군가가 컴퓨터를 이용하여 편차 2인 가장 긴 부호수열을 찾았다. 그 길이는 1160이다. 이 숫자가 그렇게 크지 않다고 생각하지 마라. 컴퓨터 계산에서 생산된 문서의 용량이 13G에 이른다. 당시 '가장 긴' 증명이었다. 이후에 그들은 증명을 '단순화'하여 850M용량의 데이터문서를 확인했다. 여기서 단순화에 따옴표를 치는 것은 무조건 필요하다.

결론적으로 컴퓨터를 이용한 폭발적인 검색으로 편차 2인 문제를 해결했다. 같은 방법으로 이전의 연구자들은 3을 편차로 한 상황을 계산했는데 그들이 찾은 부호수열의 길이는 13900에 이르러서야 편차 3이 되었다. 하지만 이것이 가장 긴 것인지는 알 수 없다. 그들은 바로 포기했는데 이후의 계산은 실제로 끝이 없을 거라고 여겼기 때문이다.

컴퓨터의 도움을 받는 방법은 신통치 않았다. 엄청나게 기발한 방법이 필요했다. 먼저 수학자들은 이런 부호수열의 편차를 고찰하여 발견하려고 했다. 예를 들어 이렇게 정의되는 수열도 생각했다. 소수번째 항은 임의 정의되지만 합성수 항의 값은 반드시 이 합성수를 인수분해하여 얻은 소수항의 지수 곱이다. 예를 들어 12의 인수분해 결과는 $2^2 \times 3$이다. 그러면 수열 $A(n)$의 제12항 $A(12)$은 $A(12) = A(2)^2 \times A(3)$이다.

그리고 아주 멋진 유명한 수열이 있는데 '뤼빌함수'이다. 뤼빌함수는 어떤 자연수의 소인수의 개수가 n이라고 하면 대응하는 함수값은 $(-1)^n$으로 정의된다. 따라서 뤼빌함수의 정의역은 자연수이고, 치역은 +1, -1만 가능하다. 그래서 이것도 부호수열이다. 예를 들어 만약 n이 소수이고 그것의 소인수의 개수가 1이면 함숫값은 $(-1)^1 = -1$이다. 만약 $n=12$라면 $12 = 2 \times 2 \times 3$이므로 소인수의 개수는 3이고 12에 대응하는 함숫값은 $(-1)^3 = -1$이다.

$$\lambda(n) = (-1)^{\Omega(n)}$$

(위의 식은 뤼빌함수의 정의이다. 여기서 $\Omega(n)$은 n의 소인수 개수이고 중복을 포함한다.)

이렇게도 말할 수 있다. 만약 뤼빌함수의 부분합이 발산한다는 것이 증명가능하면 에어디쉬편차가 임의의 큰 값이라는 것을 증명한 것과 같다. 그러나 지금까지 뤼빌함수의 부분합이 발산한다는 것을 증명한 사람이 없다. 거꾸로 이것의 결론은 '리만가설'의 추론이 될 수 있다. 즉 '리만가설은 뤼빌함수의 부분합이 발산이다'라는 것을 추론할 수 있고 그런 다음, 에어디쉬 편차는 임의의 큰 값이라는 것을 연달아 이끌어낼 수 있는 것이다.

만약 단순하게 리만가설의 증명만을 기다리는 사람의 입장에서는 에어디쉬 편차문제도 리만가설에 의지하는 수백수천 가지 그런 명제들 중의 하나처럼 보인다. 그래서인지 이런 것들이 누적되고 응집되어 리만가설을 더 돋보이게 하는 장식 또는 제물처럼 느껴진다. 하지

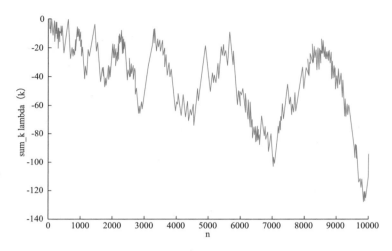

[그림] 뤼빌함수의 앞 n항 (n=10000일 때) 합의 그래프. 1919년에 뤼빌함수의 부분합 ≤ 0 이라고 추측했지만 1980년에 n=906150257일 때 반례를 구했다.

만 수학자들은 결코 포기하지 않았다. 그들은 다른 하나, '디리클레지표 Dirichlet character'라는 것을 발견한다. 이것과 뤼빌함수와의 분명한 차이로 디리클레지표함수는 에어디쉬 편차문제의 반례로 이용된다. 그중에서도 반례로 가장 근접한 것은 2010년 세 명의 연구자가 찾은 하나와 디리클레지표함수와 관계있는 부호수열이다. 여기서도 부분합의 증가속도가 $\ln n$인 것을 찾기는 했지만 완전하지는 않았다.

2010년 전까지 이루어진 에어디쉬 편차문제와 관련된 연구 상황을 살펴보았다. 2010년은 중대한 시기로 Polymath로 전환기를 맞는다. Polymath는 개방적인 수학연구의 장으로서 대표적인 창시자 중의 한 명은 필즈상 수상자인 영국의 수학자 가워스 Gowers이다. 그는

2010년에 에어디쉬 편차문제를 Polymath 프로그램에 포함시켰다. 차후 프로그램의 5번째 과제로서 성과를 내었을 뿐만 아니라 이 문제에 대한 당시의 진전상황과 그의 생각을 소개하는 논문도 발표했다. 이 문제가 Polymath 프로그램에 포함된 이후에 사람들은 이 문제에 대한 관심이 높아졌고 많은 사람이 인터넷상에서 이에 대한 견해를 발표했다. 몇 가지는 매우 희망적인 사고과정이었지만 여전히 갈 길이 멀었다.

2015년에는 이와 관련해 해프닝이 있었다. Polymath의 대표적인 수학자 테렌스 타오가 개인 블로그에 논문 형태의 글을 발표한다. 주제는 뤼빌함수와 뫼비우스함수에 나타나는 기호 패턴에 관한 것이다. 그들은 뤼빌함수에 나타나는 부호패턴이 스도쿠게임과 비슷하다는 것을 발견한다. 이것이 발표되고 오래지 않아, 유명한 'Uwe Stroinski'라는 닉네임을 가진 이가 글을 남기는데 이 사람도 오랫동안 Polymath 프로그램에 관심이 있던 사람이다. "이 사고과정을 에어디쉬 편차문제에 이용할 수 있나요? 이 문제와 뤼빌함수는 매우 관련이 있을 뿐만 아니라 스도쿠 게임을 하는 기분이 든다."라는 그의 메시지에 당시 테렌스타오는 별 생각 없이 바로 "이용할 수 없다."고 답한다. 하지만 얼마 후, 그는 자신이 틀렸다는 것을 알게 된다. 답은 당연히 이용할 수 있다는 것이다. 게다가 이미 최종 답안에 매우 근접해 있었다.

테렌스 타오에 의하면 그는 어느 날 오후, 피아노 수업을 간 아들을 기다리고 있던 중 일련의 증명방법이 떠올랐다. 그는 마술을 부리는 것처럼 이 증명을 설명했다. 마술사처럼 관중에게 2가지 선택의 기회를 준다. 관중은 선택할 수 있는 것처럼 보인다. 하지만 마술사가 이미 벌써 배치를 해놓았고 모든 상황은 마술사의 손 안에 있었다.

구체적으로 설명하자면, 부호수열은 몇 가지 부분으로 나누어진다. 이 부분에 따라 이 수열을 검증한다. 당신이 그중에서 하나의 수열을 선택하면 2가지 상황이 필연적으로 발생한다.

1. 이 부분이 만드는 편차는 충분히 크다는 것이다
2. 당신은 편차가 커지길 원하지 않는다. 수열의 '정보엔트로피'가 작기를 원한다.

테렌스 타오는 이것을 생각해낸 한 달 후 2015년 12월에 이 증명의 모든 과정을 써서 발표했는데 매우 빠르게 진행되었다. 블로그에 어느 대학 수학 강사였던 Uwe Stroinski에게 매우 감사하다는 글을 남겼다. 이렇게 에어디쉬 편차문제는 83년이 지난 후에 원만하게 해결되었다.

테렌스 타오는 에어디쉬와 인연이 깊다. 테렌스 타오 10세 때, 그 당시 72세였던 에어디쉬와 만난 적이 있었다. 그때 이미 테렌스 타오는 신동으로 이름이 자자했기 때문에 에어디쉬는 천재소년과 만남을 가질 수 있었고 진귀한 사진 한 장이 남아 있다. 2015년 에어디쉬는 세상을 떠났지만 나는 에어디쉬가 분명히 매우 기뻐했을 거라고 생각한다. 자신의 추측이 그 당시 자신이 지도했던 천재소년에 의해 해결됐으니 말이다.

204

[그림] 에어디쉬와 테렌스 타오가 함께 찍은 사진(1985년)

결국, 에어디쉬 편차문제는 해결되었다. 하지만 우리는 어떻게 수열의 편차가 증가하는 것이 가장 느린지를 여전히 모른다. 특정 편차에 대해서 분명히 하나의 가장 긴 수열이 있다. 앞서 편차 2에 대해서 길이가 11인 수열이 가장 길다는 것을 아는 것처럼 말이다. 그러나 그 이상의 편차가 주어질 때 가장 긴 수열을 어떻게 찾을 수 있는지 여전히 잘 모른다. 왜냐하면 테렌스 타오의 증명은 존재성을 증명한 것이지, 구조에 대한 증명이 아니기 때문이다.

현재 제어가능한 가장 느린 편차의 증가 속도는 $\ln n$이다. 또한 이렇게도 말할 수 있는데 만약 운동장 한 바퀴를 도는 데 400보가 필요하다면, 길이가 e^{400}인 부호수열을 찾으면 가능하다. 이것은 편차가 400보다 작거나 같다는 결과를 낳는다.

에어디쉬 편차문제는 여러 방면에 활용된 유의미한 문제라고 생각한다. 리만가설, 섀논 정보론Shannon information theory에도 이용되어 문제를 해결하니 매우 놀랍다. 옛날 사람들은 "반 보를 내딛어야 천리에

205

이른다(천릿길도 한 걸음부터)"라고 했다. 이것은 마치 '반 보를 쌓는 것'은 '천리에 이르는' 필요조건이라고 말하는 것 같다. 현재 수학자들은 '반 보를 쌓기'만 하여도 '천리에 이른다'는 것을 증명했다. 그것은 충분조건이다. 당신이 다음에 이 표현을 접할 때는 또 다른 새로운 이해를 할 수 있기를 바란다.

Let's play with MATH together

1. 본 절에서 언급한 부호수열의 조건하에서 편차가 1을 넘지 않는 길이가 11인 부호수열을 나타내어라.

PART 4

LEVEL 4

수학에도
위기가 있었다니!

'무한소'가 일으킨 위기 ———

　이제 우리가 논의할 것은 '제2차 수학 위기'가 어떻게 풀렸느냐에 관한 것이다. 제1차 수학 위기는 무리수의 출현, 제2차는 미적분의 기초 위기, 구체적으로 말하면 무한소와 관련이 있다. 제3차는 러셀의 역설이 불러일으킨 위기이다(3차 수학 위기는 매우 유명함에도 불구하고 정식으로 인증받은 적은 없다). 이 3차에 걸친 위기는 많든 적든 모두 '무한' 개념과 관련 있는데 다음에서 제2차 수학 위기에 대해 살펴보며 무한소 개념에 대해서 생각해보기로 하겠다.

　당신은 미적분을 공부할 때, 이런 의구심이 들었을 것이다. 예를 들어, 도함수 개념을 생각해보자. 도함수도 하나의 함수로서 x의 값을 매우 작게 하면 함숫값의 변화량과 x값의 변화량의 비 값이 곧 도함수가 된다. 그러나 이 두 개의 양은 형식상 0을 0으로 나누는 꼴이 된다. 어떻게 구체적인 값을 계산할 수 있을까? 당시 버클리 교수는 예를 하나 들었는데 당신도 수업시간에 분명히 봤을 내용이다.

$y=x^2$의 도함수를 구하여라.

선생님이 말하기를, x의 증가량 Δx에 대해서 y의 증가량은 $(x+\Delta x)^2-x^2$이다. 다시 y의 증가량을 x의 증가량 Δx으로 나누어 간단히 하면 $2x+\Delta x$를 얻는다. 마지막으로 $\Delta x=0$으로 두면 $y=x^2$의 도함수 $y=2x$을 얻는다.

이 계산과정은 확실히 아름답다. 그러나 계산과정에서 Δx는 나누는 수였기 때문에 Δx은 0이 될 수 없다. 그러나 마지막 단계에서 $\Delta x=0$이라고 두었다. 어떻게 이것이 가능한 걸까? 버클리 교수는 "미적분은 이중오류에 기반하여 정확한 결과를 얻는다. 이 Δx는 0이 될 수 없기도 하고 0이 되기도 한다."라고 말했다. 도대체 어떻게 된 일일까? 이 문제에 대해 수학자는 정확한 해답을 주기 위한 노력을 한다.

미적분을 발명한 뉴턴과 라이프니츠는 어떤 해답을 주었을까? 뉴턴은 이 문제에 대해 좋은 답을 해준 적이 없고 이후의 관점도 수차례 번복되었다. 초기에 뉴턴은 Δx를 하나의 상수로 보았고 이후에는 '0으로 가까이 가는 변량'이라고도 말했다. 더 이후에는 '두 개의 사라지는 양의 최종비'라는 표현을 썼다. 반면 라이프니츠는 이 문제를 좀더 직접적으로 다루었다. 그는 '무한소 양'의 개념을 직접 정의했다.

무한소는 임의의 양수보다 작은 값이다. 그러나 0과 같지 않다.

이 무한소 양은 사칙연산이 가능하다. 그도 이런 무한소 개념으로 미적분의 기초개념을 정의했다. 심지어 라이프니츠는《무한소분석》

이라는 유명한 책을 썼다. 그러나 이 무한소 양의 개념은 실제로는 억지로 만들어진 것으로 매우 부자연스럽다. 그래서 근본적으로 반박하는 사람들을 설득할 수 없다. 왜냐하면 무한소는 0과 매우 닮았지만 또 0은 아니기 때문이다. 버클리 교수는 이를 '이미 죽은 값의 유령'이라고 불렀는데 있는 것도 같고 없는 것도 같은 모호한 상태이다.

뉴턴과 라이프니츠 이 두 사람은 미적분의 조상이지만 이 문제를 해결할 수 없었다. 하지만 후대에 또 훌륭한 수학자들이 있었으니 먼저 18세기 초반, 스코틀랜드 수학자 매클로린은 버클리 교수의 지적에 중요한 회답을 했다. 매클로린은 옛날 방식, 즉 고대그리스인이 기하문제에서 자주 쓰던 '실진법'을 사용했다. 당시 아르키메데스는 실진법을 이용하여 원 넓이 공식을 이끌어냈다. 매클로린은 기하개념을 이용하여 미적분에 있는 개념을 하나씩 유도해갔다. 그러나 이 방법이 지극히 지루하고 무미건조했을 거라고 짐작된다. 또한 기하방법의 한계도 명확하다. 우리가 사는 공간은 3차원이기 때문에 만약 함수가 1차, 2차, 3차라면 가능하다. 하지만 이 범위를 초과하면 기하방법을 이용하여 유도하는 것은 상당히 힘들어진다.

18세기, 많은 수학자는 매클로린의 유도에 별로 관심이 없었다. 이유는 계산기를 쓰는 사람에게 주판 또는 손계산으로 계산하라고 강요하는 것과 같기 때문이다. 설령 당신이 계산기 원리를 모르더라도, 계산기 기초가 완전하지 않다고 하더라도, 실천과정에서 옛날 구닥다리 번거로운 방법을 좋아할 사람은 아무도 없다.

매클로린과 비슷한 시대에 프랑스 수학자 달랑베르D'Alembert도 무한소 양에 대해 명쾌하게 설명하기 위한 시도를 했다. 그는 무한소

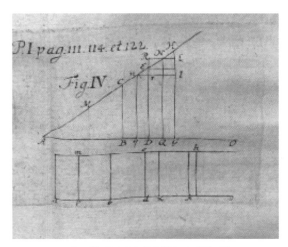

[그림] 매클로린 유수함수의 해석그림

양의 존재를 인정하지 않았다. 그리고 미적분학에서 '최초비'와 '최종비'의 방법을 구하여 이 두 개에 대한 비의 극한을 구하는 방법을 생각했다. 여기서 중요한 단어는 '극한'이다. 안타깝게도 기하방법의 구속에서 탈피하지 못했기 때문에 극한이 무엇인지 분명하지 않았다. 그러나 이런 사고가 정확히 출발점이었다는 것은 틀림없는 사실이다.

몇십 년이 지나 프랑스 수학자 라그랑주는 다시 미적분의 기초문제를 해결하기 위한 시도를 한다. 이때는 무한소 양 개념을 깡그리 없앴다. 또한 극한의 개념도 회피했다. 단지 무한급수로 모든 문제를 해결하려고 했다. 라그랑주는 1797년에 출간한《해석함수론》에서 부제를 이렇게 달았다. "무한히 작거나 사라진 양 또는 극한 또는 유수(흐름)의 어떤 고려도 멀리하고 제한된 양(유한량)의 대수분석으로의 귀결" 이 부제는 그의 주된 생각을 충분히 설명하고 있다. 그러나 극한을 빠뜨렸으니 예리한 도구를 잃어버린 것과 같다.

이렇게 만들어진 결과는 그가 예상한 것에 도달하지 못했다. 예를 들면, 그는 무한급수에서 합을 구하기 전에 그것이 수렴인지 아닌지 고려하지 않는다. 그래서 구한 합은 상당히 임의적이고 이것은 여러 가지 해석이 가능한 결과를 초래했다. 하지만 라그랑주의 시도는 미적분이 기하의 속박으로부터 벗어났다는 점에서 매우 중요하다.

19세기에 이르러 이탈리아 수학자 볼차노의 이야기를 꺼내려고 한다. 그는 연속함수의 정의를 처음으로 제시했다. 또한 그 역시 연속함수의 정의는 극한개념 중에 존재하는 것이라고 짚었다. 당신이 수학책에서 연속함수의 정의를 기억할지 잘 모르겠지만 내가 기억하기로는 이렇다.

어떤 점에서 좌극한과 우극한이 존재하고 그 값이 같다.
또한 그것이 그 점에서 함숫값과 같으면 함수는 이 점에서 연속이다.

이 정의가 상당히 복잡하다고 생각하는가? 자세히 생각할수록 골치가 아프다. 하지만 조금만 더 깊이 생각하면 연속을 정의하는데 다른 좋은 방법을 찾기란 힘들다는 것을 알게 될 것이다. 이것은 곧 극한개념의 중요성을 보여줄 수 있다. 극한 없이 '연속'을 어떻게 설명할 수 있을까?

볼차노 이후 최종적으로 이정표 역할을 한 인물이 있다. 프랑스 수학자 코시Cauchy이다. 수학책에서 코시의 이름은 잠시 생각해봐도 많이 등장한다. 어떤 사람은 미적분은 두 번 발명되는데, 첫 번째는 고전미적분으로 뉴턴과 라이프니츠가 발명한 것이고 두 번째는 극한미적분 혹은 현대미적분으로 주요 창시자가 바로 코시이다. 현재 수학책에 나오는 미적분 정의는 사실 극한미적분으로 그중에서 대다수 정의의 기본형식은 모두 코시가 제시한 것이다. 그러니 코시는 현대미적분의 창시자라 해도 되겠다.

존 폰 노이만John von Neumann은 "(미적분)엄밀성의 지배적 위치는 코시가 새로 수립한 것이다."라고 말했다. 코시의 미적분에 대한 주요 공헌은 극한개념을 명확하게 정의한 것인데 '극한'의 고전적 서술과 관련된 '임의의 작은 …에 대해서, 하나의 …가 존재할 때, …의 결론을 낳다.' 등을 사용했다. 그러나 코시의 해석에도 미세한 결함이 있다. 하나는 저작 중에 표준화된 언어를 쓰지 않았다는 것이고, 다른하나는 '일관된 연속'과 '일관된 수렴'의 개념이 수립되지 않아서 착오를 만들었다. 이 부분의 착오에 대해 독일 수학자 바이어슈트라스의 해결을 이어서 설명하겠다.

해석학에서 바이어슈트라스의 최대공헌은 ϵ-δ법으로 해석학의 엄밀한 기초를 세웠다는 것이다. 해석학에서 산술화의 기본을 완성했다. 뿐만 아니라 그는 전심전력을 다하는 대학수학교수였다. 그는 미적분학의 표준화 연구를 그의 강의교재에 모두 담았는데, 학생입장에서 엄청난 도움이 되었을 것이다. 바이어슈트라스의 학생 중에는 이후에 대학의 정교수로 임명된 사람만 백여 명에 이른다. 당시 독일 대학에 재직하는 것이 쉽지 않았음을 고려할 때 이 수는 엄청난 놀라운 수치이다. 그의 가르침과 제자들의 노력에 의해 관점과 방법은 수차례 수정되었고 그의 강의 원고 내용도 수학 지도의 본보기가 되었다.

약 200년의 시간을 겪으면서 수학자들은 마침내 '사라진 양의 영혼'을 깨끗이 정리했다. 미적분을 엄격한 해석기초 위에 다졌다. 이후 머지않아, 수학은 또 3차 위기를 맞이하지만 이 문제는 요지를 벗어나므로 설명하지 않겠다.

인터넷에 어떤 사람이 또 다른 재미있는 문제를 제기했다. 미적분을 공부한 사람이라면 알 수 있는 문제로 미적분을 이용한 계산으로 나온 결과는 정확한 값이라는 것이다. 그런데 왜 결과가 항상 정확한 값일까? 미적분의 많은 표현상에서 보면, 계산 결과는 마치 정확한 값이 아닐 거 같다. 예를 들어 '한없이 가까워진다', '…가 존재하면 …와 …간의 차이는 임의의 작은 값이라는 결과에 이른다.' 이런 표현이 사람들에게 주는 직관은 미적분의 결과는 어떤 값의 근삿값이라는 느낌을 준다. 미적분을 이용하여 원넓이 공식 πr^2을 유도하는데 이것은 마치 이 공식으로 산출된 값은 원넓이에 '한없이 가까워지는' 값으로 원넓이와 같지 않은 거 같다. 이런 문제는 인터넷 상에서 자주 토론 거리가 되기도 한다.

우리는 당연히 미적분 계산 결과는 '절대로' 근삿값이 아니라는 것을 안다. 여기서 내가 증명을 해보겠다.

두 개의 양 사이의 차이가 임의의 작은 값이면 이 두 개의 양은 곧 서로 같다. 첫 번째 단계는 '하나의 양이 다른 양에 한없이 가까워진다.' 혹은 '하나의 양과 다른 하나의 양의 차이는 임의의 작은 값'의 의미를 명확하게 정의하는 것이다. 명제에서 두 양을 x, y라고 두어도 무방하다. 지금 우리는 x와 y의 차이가 임의의 작은 값이므로 $x=y$임이 증명된다.

먼저 '차이가 임의의 작은 값이 된다'가 무엇인지 명확히 하자. 우리는 당연히 무한소 양을 이용할 수 없다. 아니라면 버클리 교수가 또 트집을 잡을 것이다. 그렇다면 극한용어를 변형해서 묘사해보자. '임의의 작은 ϵ에 대하여, 어떤 상황에서 $|x-y|<\epsilon$가 성립하는 δ가 존재한다.' 여기서 '어떤 상황에서'는 원래 명제의 결함이다. 원래 명제에서 x는 어떤 것도 명확하지 않다. 그러나 이렇게 말하는 의미는 'x와 y 사이의 차이가 임의로 작게 되는'을 의미한다.

귀류법으로 증명과정을 생각해보자.

$x \neq y$라고 가정하자. 그러면 $|x-y| > 0$이다. 이때 $|x-y|=d$라고 하자. 그러면 $d/2(>0)$가 존재해서 임의의 상황에서 $|x-y|<d/2$라고 말할 수 없다. 이것은 x와 y 사이의 차이가 임의의 작다는 것에 모순이다. 그래서 가설은 성립하지 않으므로 $x=y$임이 증명되었다.

이상의 증명이 완전히 엄밀한 증명은 아니지만 나는 '차이가 임의의 작은'에 충분하다고 여긴다. 그래서 이 두 값은 서로 같다.

여전히 만족스럽지 못하다면 예를 더 들겠다. '제논의 역설'을 들어봤을 것이다. 그중 하나의 역설은 당신은 어떤 길에서 목적지에 절대로 갈 수 없다는 것이다. 왜냐하면 당신이 그 길을 가려면 반드시 그것의 1/2을 가야 하고 1/2을 가려면 그것의 1/2을 가야 하고, 이렇게 끝도 없이 순환하여 결국에는 갈 수 없다. 사실 당신은 반을 가고 또 반을 가고 이렇게 가다 보면 당신과 종점의 차이는 임의의 작은 값이 될 수 있다. 그래서 우리는 확실히 그 길을 완전히 다 갈 수 있다. 그러므로 임의의 작은 값의 차이는 서로 같다.

끝으로 이상의 해석에 당신이 만족했기를 바란다. 그리고 충분한 믿음이 있다면 미적분을 이용하여 문제를 해결하러 가자.

Let's play with MATH together

1. 만약 차잇값이 '임의의 작은 값'으로 서로 같다면 $y=1/x$ 곡선은 x축과 y축의 거리가 임의로 작게 될 수 있다. 그렇다면 $y=1/x$ 곡선은 x축 및 y축과 서로 만나는가? 문제는 어디에 있는가?

나는 '거의' 알아차렸다 ─────

수학에서 '거의'에 대한 표현을 이야기하려고 한다. 수학명제에서 '거의almost'를 사용한 것을 본 적이 있는가? '실수는 거의 모두 무리수이다.' 이 명제를 어디선가 들어본 것 같지 않은가? 하지만 좀 이상하게 들리는 건 사실이다. 왠지 수학 같지가 않다. 유리수가 그렇게 많은데 무엇을 근거로 '실수는 거의 모두 무리수'라고 할까? 유리수 입장에서는 뭔가 서운하게 들린다.

그러나 만약 무한집합에서 '기수cardinality' 개념을 안다면, 매우 놀랍지는 않을 것이다. 유리수는 가산집합(셀 수 있는 집합)이므로 유리수 집합의 원소 개수는 자연수와 같다. 그러나 실수는 불가산집합(셀 수 없는 집합)이므로 무리수의 수가 실수집합에 결정적인 작용을 한다.

이것과 관련된 좀 더 직관적인 증명이 있는데 이는 일반적인 생각을 뒤엎기에 충분하다. 수직선 하나를 그리자. 수직선 위의 점은 실수를 나타낸다. 그런 다음, 유리수를 먼저 순서대로 배열하자. 유리수는 셀 수 있는 집합이기 때문에 분명히 줄을 세울 수 있다. 예를 들어 간

217

단한 배열 방법은 모든 유리수를 분수꼴(분모, 분자가 서로소인 형태로 하는 게 좋겠다)로 쓰고 분모와 분자의 합에 따라 작은 것부터 큰 것의 순서대로 배열한다. 분모와 분자의 합은 유리수와 같으므로 분모가 작은 것을 앞에 쓴다. 또한 양수는 음수 앞에 배열한다.

이런 수열은 0, +1, −1, +2, −2, +1/2, −1/2, +3, −3,… 이런 식이 된다.

다음으로 길이가 d인 임의의 구간을 구하자. 이 구간은 위 수열에서 첫 번째 수 0을 포함하기만 하면 된다. 그런 후에 두 번째 수를 포함하는 길이가 $d/2$인 구간을 사용할 것이다. 길이가 $d/4$인 구간은 세 번째 수를 포함한다. 이런 식으로 유추하면 이렇게 모든 유리수를 포함하는 구간을 만들 수 있다. 결론은 총 구간의 길이가 $2d$인 유한인 구간을 기묘하게 발견할 수 있다는 것이다. 더 신기한 것은 길이 d는 임의의 수이다. 그것도 임의로 작게 만들 수 있는데 0.1, 0.000001 등 모두 가능하다. 즉, 임의의 짧은 구간을 이용해도 모든 유리수를 포함할 수 있다는 것을 발견할 수 있다. 혹은 "수직선상의 모든 유리수를 뽑아내어 차례로 줄 세웠을 때 그것의 길이는 얼마나 될까요?"라고 물을 수도 있겠다. 결과는 바로 임의의 작은 값이다. 얼마나 작은 값을 생각했든 더 작은 값이다. 이것이야말로 직관을 완전히 뒤엎는 것 아닌가? 우리는 생활 속에서 유리수를 이미 충분히 사용하고 있다. 하지만 아무리 많이 쓴다 한들 다 쓸 수는 없다. 그런데 알고 보니 그 수들의 수직선상에서 점유 정도가 소홀히 할 수 있는 정도라니! 이제 당신은 '실수는 거의 모두 무리수'라는 문장을 믿을 수 있는가?

분명한 것은 '거의'는 함부로 사용되지 않았다. 수학에서 '거의'는 엄격한 정의가 있다. 즉, '거의'라고 할 때는 예외가 있다. 이 반례(예외)의 부분을 측도 0으로 보는 것이다.

'측도' 또한 수학에서 꽤 재미있는 개념이다. 정확한 정의는 좀 추상적이지만 당신은 글자만 보고도 대강의 뜻을 짐작할 수 있을 것이다. 소위 측도가 0이라고 하면 측량의 크기가 0이라는 것이다. 앞의 것을 예로 들면, 우리는 유리수 집합의 크기를 잴 수 있고 그것을 실수집합과 비교하면 크기는 0이다. '어떤 함수는 거의 모든 점에서 미분가능하다', '이 급수는 거의 모든 x에 대해서 수렴한다.' 등과 같은 명제를 제기하는 사람이 있을 수 있다. 이런 예에서 예외 상황은 모두 측도를 0으로 보는 것이다.

다시 예를 보자. '거의 모든 자연수는 합성수이다.' 이것 또한 소수집합을 자연수 집합에 비교했을 때 측도가 0이라는 것이다. 왜 그럴까? '소수정리 prime number theory'에 의해 1부터 n까지의 n개의 자연수 중에서 소수의 개수는 약 $n/\ln n$개이다. 또한 1부터 n까지의 n개의 자연수 중에서 소수개수를 n과 비교하면 비값은 약 $1/\ln n$이다. 이때 n을 크게 한다면? 이 값은 0에 가까워진다. 그래서 우리는 '거의 모든 자연수는 합성수이다'라고 말할 수 있다. 그러나 소수는 조금도 합성수를 시샘하지 않는다. 소수는 '우리는 비록 개수는 적지만, 매우 중요하거든!'이라고 말할지도 모른다. 흔치 않은 물건이 귀한 것처럼 사람들은 여전히 소수 연구를 좋아한다.

'거의'를 포함한 명제로 다시 돌아가 보자. 예로, 그래프이론에서 두 개의 흥미로운 명제가 있는데 하나는 '거의 모든 유한 그래프는 비대칭이다'이고 또 다른 하나는 '거의 모든 무한 그래프는 대칭이

그래프 G	그래프 H	그래프 G에서 H로의 동형사상 σ
		$\sigma(a) = 1$
		$\sigma(b) = 6$
		$\sigma(c) = 8$
		$\sigma(d) = 3$
		$\sigma(g) = 5$
		$\sigma(h) = 2$
		$\sigma(i) = 4$
		$\sigma(j) = 7$

[그림] 그래프 G와 그래프 H는 동형이다. 제일 오른쪽은 가능한 대응을 나타내었다.

다'라는 것이다. 여기서 그래프는 점과 점 사이를 연결하여 집합을 구성한 것을 가리킨다.

당연히 여기서 '대칭'은 기하에서 말하는 그 대칭이 아니다. 임의로 그린 그래프가 마침 대칭이 될 확률은 0이다. 그래프 이론에서 대칭은 '자기동형사상'을 가리키는데, 즉 그래프의 점이 자신으로 대응되는 구조로 각 점은 모두 자신의 어떤 점으로 대응될 수 있다. 대응의 결과는 원래 그래프에서 두 점 사이를 이어 선으로 연결한 것은 대응 후에도 여전히 선으로 연결된다. 대응 전에 선이 없으면 대응 후에도 선이 없다. 만약 이런 대응을 찾을 수 있다면 우리는 이런 그래프를 '자기동형사상' 또는 '대칭'이라고 부른다. 대응은 '항등사상(변화가 없는 사상)'이 될 수 없다.

만약 하나의 그래프에 유한 개의 많은 점이 있고 점의 수가 계속 많아지면 대칭의 확률은 0으로 가까워진다. 그러나 만약 한 그래프에 무수히 많은 점을 나타낼 수 있다면 그것은 거의 100% 대칭이다. 이

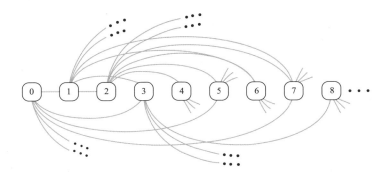

[그림] Rado 그래프. 이 그래프는 가산의 무수히 많은 점을 가진다.

런 종류의 그래프를 통상적으로 Rado 그래프라고 부른다. 특수하게
도 가산집합이면 이런 그래프는 바로 '거의' 자기동형사상(대칭)이다.
흥미 있는 사람은 스스로 한번 연구해보길 바란다.

 스스로 머릿속에 무수히 많은 점을 가지는 그래프를 하나 그려놓
은 다음, 왜 그것이 항상 자기동형사상(대칭)이 되는지 생각해보자.
만약 밤에 잠이 잘 안 올 때 이 문제를 끄집어내면 바로 잠들 수 있을
거라고 장담한다.

 마지막으로 예상을 완전히 뒤엎는 것은 '칸토어집합$^{Cantor\ Sets}$'이
라고 불리는 것이다. 앞에서 말한 '실수는 거의 모두 무리수이다.', 이
명제에서 당신은 유리수의 수가 매우 적기 때문이라고 여길 수 있다.
유리수 집합은 가산집합이고 그것의 측도는 0이 맞다.

 그러면 불가산 집합으로 측도가 0인 예를 함께 보자.

 이 집합은 이렇게 구성될 수 있다. 실수집합에서 폐구간 [0, 1]을

생각하자. 이것을 3등분하여 중간 구간 [1/3, 2/3]을 제거하자. 구간의 끝 점도 제거한다. 그러면 [0, 1/3)과 (2/3, 1]이 남을 것이다. 그리고 난 후, 이 두 구간에 대해서도 같은 방법으로 3등분하고, 중간 구간을 제거해나간다. 이 과정을 n번 반복하면 남은 구간의 길이는 $1/3^n$이 된다. n의 값을 한없이 크게 한다면, 구간의 길이는 거의 0이 될 것이다.

그러나 최종적으로 몇 개의 점은 분명히 남지 않는가? 끝점 0과 1을 제외하고 더 있을까? 답은 있다. 1/4을 예로 생각해보자. 만약 당신이 믿지 못한다면, 위 과정을 반복하면서 확인해보길 바란다. 1/4 외에도 이런 종류의 수는 매우 많다.

만약 하나의 수를 3진법 소수로 나타냈을 때 결과가 1을 포함하지 않으면 그 수는 제거되지 않는다. 1/4은 3진법 소수로 표현하면 0.020202…이므로 제거되지 않는다. 비슷하게, 0.2, 0.02, 0.22 등은 모두 제거되지 않는다. 당신은 제거되지 않는 많은 수를 갑자기 많이 발견할 수 있다. 0과 1 사이의 수를 생각해보자. 임의의 작은 구간은 모두 1을 포함하지 않는 무수히 많은 3진법 소수를 가지고 있다. 칸토어는 대각선 논증법을 이용하여 이런 수는 불가산(셀 수 없는 것)으

[그림] 칸토어집합의 구조를 나타내는 그래프. 흰 부분은 제거한 부분이고 검은 부분은 남은 부분이다. 아래로 갈수록 검은 부분은 줄어들어 최종적으로 '거의' 없게 된다.

로 실수집합과 마찬가지로 그 수가 많다는 것을 증명했다.

또한 믿기 어려운 결과를 확인할 수 있는데 칸토어집합을 기하관점에서 설명하면 길이는 0에 한없이 가까워지고 측도는 0이다. 그러나 집합의 크기로 설명하면 그것은 무리수 혹은 실수와 같은 정도로 수직선 위의 수만큼 많다는 것이다. 이것이 사람들에게 무한히 작다는 느낌을 주지만 동시에 수직선 위의 모든 수를 포함할 만큼 매우 크기도 하니 보통 사람으로서는 생각하기 힘든 사실이다.

이밖에도 칸토어집합의 기수와 실수집합은 같기 때문에 일대일대응 함수를 하나 만들 수 있다. 이 함수를 '칸토어함수'라고 한다. 애초에 칸토어함수는 우리가 직감적으로 자연스럽다고 생각하는 함수의 성질에 관한 가설들을 반박하는 반례를 찾기 위해 구상되었다.

칸토어함수는 전통적인 의미의 연속 함수라는 것이 증명되었고 각

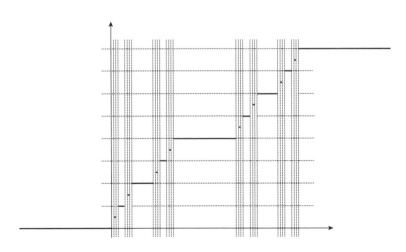

[그림] [0, 1]에서 칸토어함수의 그래프. 무수히 많은 '점프'가 생긴다.

점에서 도함수는 '거의' 0이기 때문에 이 함수의 이미지가 수평선이어야 한다고 생각할 것이다. 그러나 이 함수는 실제로 증가할 수 있다. 실제 그래프는 약간 계단식으로 다음 단계로 점프하는 점은 모두 앞에서 제거되지 않은 점들이다.

이 함수를 위해 사람들은 부득이하게 '절대 연속'의 개념을 만들었다. 칸토어함수는 '균등연속uniform continuity'이지만 '절대 연속absolutely continuity'은 아니다.

'거의'의 의미를 충분히 이해했는가? 수학시험지에 '선생님, 제가 이 문제를 거의 풀었어요'라고 쓴다면 선생님이 "네가 푼 문제의 부분 측도가 0인지 증명해봐!"라고 대답할지도 모른다.

늘 말썽인 두 천재 _ 벨 부등식의 간단한 수학 해석 ───

다음 이야기는 사례로 든 꾸민 이야기임을 먼저 밝힌다.

100여 년 전, 어느 명문대학교 물리학과에 초빙된 두 명의 교수가 있었다. 앨버트 아인슈타인과 닐스 보어가 교수직을 맡고 있어 그 명성이 대단했다. 엄격한 두 교수는 제도를 하나 만들었는데, 모든 학생은 9시 정각에 주어진 강의실에 모여 시험을 치러야 한다. 시험지에는 하나의 논제가 쓰여 있는데 답은 ○ 또는 ×로만 할 수 있다. 시험지를 받은 후 5분 내에 답안을 제출해야 한다.

이 제도가 초기에는 별 문제없이 무난히 진행되었다. 그러나 시간이 좀 지난 후에 두 교수는 이상한 상황을 발견했다. 어떤 두 학생의 답안이 항상 서로 반대였던 것이다. 한 명이 ○이면, 다른 한 명은 × 또는 그 반대로 그들의 답은 항상 같지 않았다. 시간이 흘러 두 교수는 더 이상 참을 수가 없었다. 이후부터, 아침에 시험지를 나눠줄 때, 특히 두 학생을 주의해서 지켜보았다. 자리도 상당히 멀고 더군다나 컨닝 cheating도 전혀 하지 않았다. 유일한 가능성은 두 학생이 사전에 어떤 약속이—오늘 내가 ○, 너는 ×이거나 그 반대—있었을 것이라는 생각이다.

두 교수는 기분이 썩 좋지 않았다. 그들은 두 학생에게 어떤 장점이 없음에도 불구하고 이런 상황이 계속 되는 것을 더 이상 용인할 수 없었다. 그래서 그들은 시험방식을 수정했다. 매일 3가지 종류의 시험지 A, B, C를 준비하는 것이다. 각 학생은 임의로 하나의 시험지를 선택하고 답을 작성한다.

수정된 제도가 시행된 이후 재미있는 상황이 발생한다. 만약 두 학생의 시험지가 다르면, 그들의 답은 어떨 때는 같고 어떨 때는 다르다. 그러나 같은 시험지라면, A, B, C와 상관없이 답은 항상 반대였다.

[그림] 두 학생이 시험을 치르고 있다. 그들의 답안은 항상 반대였다. 어떻게 이런 일이 가능할까?

이런 현상이 몇 주 지속된 이후 아인슈타인은 인내심에 한계가 왔다. 그는 휴게실에서 보어를 찾아 말했다. "보게나, 두 학생이 우리를 놀리고 있는지, 컨닝cheating이 아니라면 우리의 지능에 도전하는 것일세." 이에 보어가 "이런 사소한 일에 화내지 말게. 그냥 그들이 텔

226

레파시가 통하는 거라고 생각하게나."라고 말하자 아인슈타인은 "텔레파시는 무슨! 분명히 사전에 비밀약속이 있었던 거라고!"라며 흥분하였다. 하지만 두 교수는 너무 바빴고 이 문제를 자세히 밝혀낼 만한 에너지가 없어 손을 뗐다.

얼마 후, 이 사건은 물리학과 학생대표 존 스튜어트 벨의 귀에 들어갔다. 이 학생은 아인슈타인을 매우 존경하여 항상 그의 눈에 띄기를 바랐다. 그래서 그는 이 문제를 어떻게 해결할 수 있을지 고민했다. 소란을 피운 증거를 어떻게 잡을 수 있을까?

심사숙고한 며칠이 지나고 반짝이는 아이디어가 떠올랐다. 그는 기가 막힌 방법을 찾아내었고 곧바로 아인슈타인 교수를 찾았다. "교수님, 두 학생 때문에 골치를 앓고 있다는 소식을 며칠 전에 들었습니다. 제가 방법 하나를 생각했는데요. 그들이 소란을 피운 확실한 증거를 잡을 수 있습니다." 아인슈타인은 그의 말을 듣자 너무 기뻐 이렇게 말했다. "좋아, 얼른 말해보게나. 무슨 방법인가?"

벨은 설명하기 시작했다. "교수님, 보십시오. 두 학생은 같은 시험지에 대해서는 항상 다른 답을 냈어요. 매일 시험 전에 A, B, C의 답안을 구별해서 약속했다는 것이 분명합니다. 예를 들어 그중 어느 시험지를 가져 오든, 한 사람의 답은 ○, 다른 한 사람은 ×이죠. 이 방법은 너무 뻔해서 매일 전략에 변화를 준 겁니다. 하지만 어떻게 변화시키든 그들은 8가지 전략에서 선택할 수 있죠.

예를 들면, 만약 첫 번째 학생의 답이 하나의 전략이라고 하면, 음, ○○○전략, ○××전략도 가능하고요. A, B, C 시험지의 답을 ○××, 다른 하나는 ×○○라고 할 수 있어요. 어떤 모양이든지 모두 8가지 전략이 있어요. ○○○부터 ×××까지. 이런 모양에서 그들이 같은 시험지를 확보한다면 답은 항상 달라요. 우리는 그들이 다른 시험지를 가지고 가는 상황에 관심이 있는 거죠."

시험지(갑)	답안(갑)	시험지(을)	답안(을)	갑을 답안의 상황
A	○	B	○	같다
A	○	C	×	반대
B	×	A	×	같다
B	×	C	×	같다
C	○	A	×	반대
C	○	B	○	같다

[위 표는 갑이 ○×○전략(을이 ×○×전략)을 쓰는 경우, 갑을이 서로 다른 시험지인 상황에서 가능한 경우이다. 위 표로부터 이 전략을 쓰면 두 사람의 답이 다를 확률은 1/3이다.]

이 8개의 전략에서, 만약 ○○○ 또는 ××× 전략이라면, 그들은 무슨 시험지를 가져가든 상관없이 답은 항상 다르죠. 그리고 만약 다른 전략을 쓴다면, 예로 ○×○ 전략이라면, 두 명이 각각 A, C 시험지를 가져가고 그들의 답은 서로 다릅니다. 그래서 그들의 답이 서로 다를 확률은 1/3로 이 결과는 ○×○ 전략에 쓰기 알맞을 뿐 아니라, 나머지 6개 전략에도 모두 적용됩니다.

그들은 8개 조합 중에서 2개 조합으로 그들이 100% 다른 결과를 만든 것입니다. 그 외 6개 전략에서 그들이 서로 다른 시험지를 가져 갔을 때 얻을 수 있는 서로 다른 결과가 1/3의 확률로 나타난 것이죠.

전략	갑을 답안이 다를 확률
○ ○ ○	1
○ ○ ×	1/3
○ × ○	1/3
○ × ×	1/3
× ○ ○	1/3
× ○ ×	1/3
× × ○	1/3
× × ×	1

[위 표는 갑을이 어떤 전략을 선택하든 상관없이 두 사람이 서로 다른 시험지를 가져갔을 때, 답안이 서로 다를 확률은 최소 1/3임을 보여준다.]

우리는 매일 그들이 어떤 시험지를 선택할지는 알 수 없으나 이상의 추리로 미루어보아, 그들은 서로 다른 시험지로 시험을 볼 때, 답이 서로 다를 확률은 최소 1/3이라는 것입니다. 이제 그들이 이미 치른 시험지를 확인해 통계를 내서 그들의 답안이 다를 확률이 1/3보다 크다면, 그들은 필경 사전에 내통했다는 확실한 증거가 될 것입니다!

몇 시간 후에 기다리던 통계 결과가 나왔다. 그런데 벨의 얼굴색이 좋지 않다. 아인슈타인이 그에게 물었다. "왜 그래? 결과가 도대체 어떻게 나온 거야?" 벨은 기죽은 목소리로 "제가 통계를 냈는데 결과가 1/4이네요. 어떻게 이런 일이…" 아인슈타인도 매우 놀랐다. 이 결과는 매우 난해했다. 그는 보어를 불러 함께 이 결과를 분석했다. 두 교수는 결과에 대해 매우 심사숙고했으나 해결할 방법이 없었다. 마지막으로 보어는 "나는 이 두 학생이 텔레파시가 통한다고 말할 수밖에 없네."라고 말했다.

결국 학기가 끝나갈 무렵, 아인슈타인은 이 문제를 명쾌하게 해결하고 싶다는 생각이 들었다. 그는 시간을 내어 그 '말썽인' 두 학생을 사무실로 불러 이야기를 나누기로 했다. 아인슈타인이 "자네들은 내가 왜 불렀는지 이유를 아는가?"라고 물었다. 두 학생은 서로 눈을 잠시 맞추며 미소를 지었다. "저희는 잘 알고 있습니다. 매일 아침 치른 시험 답안이 수상하다고 생각하실 거 같습니다." 아인슈타인은 쓸쓸하게 웃으며 되물었다. "그렇다네. 자네들은 도대체 무슨 꿍꿍이가 있는 건가?"

두 학생은 동시에 등 뒤에서 물건 하나를 꺼내며 말했다. "교수님, 우리의 비결은 바로 이겁니다." 아인슈타인은 물건을 받고 한번 훑어보았다. 그것은 같은 양자 자기선회 quantum spin 방향 검출기였다. 검출기에는 세 개의 위치가 표시되어 있다. 각 위치 사이의 편광각은 서로 다르다. 서로 간의 끼인각은 모두 정확히 120°이다. 각 위치는 기준 A, B, C로 구별한다. 아인슈타인이 보고 고개를 약간 갸우뚱하며 물었다. "자네들 다른 하나는 어디에 숨겼나? '양자얽힘 Quantum entangle 발생기' 말일세."

그중 한 명의 학생이 대답했다. "교수님의 짐작은 완전히 맞습니다. 저희는 교실에 다른 하나 '양자 얽힘 발생기' 하나를 숨겨놨습니다. 뿐만 아니라 매일 아침 9시 1분으로 설정해놓았습니다. 그것이 얽힌 양자를 방출하도록 말이죠. 그러고는 저희는 각자 좋은 검출기를 가져왔습니다. 그중 하나가 입자 자기선회 방향을 검출하는 거죠. 하지만 검출 전에 검출기의 표시위치를 가져온 시험지에 일치시켜야 합니다. 예를 들어 A시험지를 가져왔다면, A위치에 맞춥니다. B시험지를 가져왔으면 B에, C는 C에 이렇게요. 그리고 나면 간단해요. 저희는 검출된 자기선회 결과에 근거하여 답을 작성합니다. 왼쪽으로 돌면 ○표시, 오른쪽으로 돌면 ×표시, 그런 후 제출하면 끝이죠."

아인슈타인은 설명을 듣고 깜짝 놀랐다. 박장대소하며 말하길 "자네 두 명의 고약한 연극 때문에 나와 보어는 심한 뇌손상을 입었어. 그러나 자네들의 소란스럽지만 매우 정교한 방법에 나는 기꺼이 A학점을 주겠네!"

아, 이것으로 이야기는 끝났다. 당신이 이 이야기를 잘 이해했는지는 모르겠다. 우선 다시 말해두지만 이야기는 완전 허구다. 나는 단지 당신에게 보어부등식을 잘 이해시키기 위해 이 이야기를 꾸며냈다. 사실 현실적으로 보면 학생이 양자 자기선회 방향검출기를 휴대하기란 근본적으로 불가능하다. 더군다나 양자얽힘 발생기를 교실에 몰래 설치하는 것도 말이 안 된다. 이것들은 나의 상상이다. 그러나 장차 이것들이 발명되어 나올 수도 있고 실용적인 가치가 생길 수도 있다고 생각한다. 당신은 여전히 '보어부등식'에 대해 이해를 못했겠지만 믿고 천천히 따라 오길 바란다.

'보어부등식'을 이해하기 위해서는 먼저 양자의 '원거리에서 일어나는 유령과 같은 작용spooky action at a distance'을 이해해야 한다. 두 개의 양자는 서로 '얽힘' 상태에 있다는 말을 들어봤을 것이다. 예를 들어 자기선회 0인 입자 하나가 쇠하여 서로 반대 방향, 서로 멀리 떨어지는 양자 두 개가 된다. 즉, 이 두 개의 양자는 얽힘 상태에 놓이게 된다. 그 특징은 당신이 특정한 방향으로 가도록 한다. 두 개 입자의 자기 선회를 측량할 때, 결과는 항상 반대—하나가 좌회전이면, 다른 하나는 우회전—이다. 어떻게 최종적으로 자기선회방향이 항상 반대가 되는 걸까?

보어의 해석은 어떤 미지의 '원거리에서의 작용'이라고 한다. 당신이 하나의 입자를 테스트한 후, 다른 하나는 바로 당신의 측량에 감지된다. 그리하여 자신의 자전방향(자기선회방향)을 결정한다. 이후에 이것을 유령 같은 원거리 작용이라고 부른다. 당신이 믿든 안 믿든 간에 이것은 양자물리세계에서 흔한 상황이다.

그러나 아인슈타인은 이런 해석에 만족하지 않았다. 왜냐하면 '원거리에서의 작용'이 그의 '어떤 신호도 광속을 초과하는 속도로 전송될 수 없다'는 원칙과 충돌하기 때문이다. 그는 다른 해석을 하나 내놓았다. 즉, '숨은 변수hidden variable'의 해석이다. 이것은 두 개 입자가 분리될 때, '자기선회방향 측정의 결과가 항상 반대가 되도록 하라'와 같은 어떤 약속을 만들어낸다. 하지만 아인슈타인과 보어, 그 누구도 서로를 설득하지 못한 채 모두 세상을 떠났다. 그러나 벨은 확실히 아인슈타인의 열성팬이었다. 그는 아인슈타인의 '숨은 변수 이론hidden variable theory'이 정확하다는 것을 증명하고 싶었다. 결국, 어느 날 섬광이 스치듯 '벨 부등식'을 생각하게 된다. 그때가 1964년, 이미 아인슈타인이 세상을 떠난 지 9년이 흐른 때였다. 보어 역시 2년 전에 세상을 떠난 시점이었다.

이 부등식의 본질은 앞에서 두 학생이 서로 다른 시험지를 가져갔을 때, 시험결과가 같은 것과 비슷하다. 만약 숨은 변수가 존재한다면, 양자는 서로 다른 측량방향에 얽힌 정도의 변화방식, 필히 통계 규칙에 부합된다. 이런 통계 규칙과 원거리에서의 작용 혹은 양자물리학에서 자주 사용하는 해석은 같지 않다. 구체적으로 말하면 숨은 변수가 존재하는 상황에서 이런 얽힘 정도는 선형적 변화를 띤다. 그리고 보어의 해석에 따르면, 측량 각도에 따른 코사인 변화이다.

이 두 사람의 차이는 위 이야기의 예를 통하여 설명하려고 한다. 이 이야기에서 두 학생은 서로 다른 시험지를 가져가고, 답이 서로 다를 확률은 1/4이다. 이것은 사실 3가지 시험지를 3개의 편광각으로 시뮬레이션하여 서로 $120°$가 된 검출결과이다. 양자역학 이론에 따르면 얽힘 양자가 각각 2개의 끼인각이 $120°$인 검출기를 통과할 때, 서로 다른 자기선회방향의 확률은 '끼인각의 반의 코사인 값의 제곱'이다. $120°$의 반은 $60°$이고, $\cos60°$는 1/2이다. 1/2의 제곱은 1/4이다. 이것이 1/4이 나오는 과정이다. 그리고 이야기에서 벨은 '두 명의 답안이 다를 확률은 반드시 1/3보다 크다'고 분석했는데 이것이 바로 벨 부등식이다.

검출기 편광 방향이 일치하는 상황에서 얽힘 양자는 항상 다른 결과를 측정할 수 있다. 그래서 두 학생이 서로 같은 시험지를 선택했을 때, 항상 서로 다른 답이 나온 것이다. 그리고 편광방향 끼인각이 $120°$인 상황에서 얽힘 양자는 자기선회방향과 상반되게 표현될 수 있는 1/4의 기회가 있다. 다른 하나는 3/4의 자기선회방향과 같게 되는 기회를 가진다. 이것은 왜 두 학생이 서로 다른 시험지를 가져갔을 때, 1/4의 비율로 답안이 같지 않았는지를 설명하기에 충분하다. 3/4도 마찬가지다. 이런 정황은 두 사람의 사전 비밀 협정으로는 도달할 수 없다. 벨의 말처럼, 그들이 서로 다른 시험지를 선택했을 때, 답이 같지 않을 확률은 적어도 1/3보다 크거나 같다. 이것은 벨 부등식이 해결된 것을 의미한다.

그러나 실제 결과는 오히려 1/4이었다. 스스로 한번 생각해보라. 만약 당신이 말썽부리는 두 명의 학생 중에 한 명이라면, 다른 한 명은 당신의 절친이다. 두 사람은 다른 사전협의가 충분히 가능한 어떤 다른 방식—상술한 두 학생의 말썽부리는 상태에 이르는—이 있을까?

이것은 해결할 수 없다는 것을 벌써 눈치 챘는가? 두 사람이 시험지를 가져간 후 서로 교류할 기회가 없으면 그들은 이렇게 할 수 없다. 그러나 시험지를 가져간 후, 서로 교류가 가능하더라도 이건 불가능하다. 그래서 보어는 마지막에 이 두 사람은 텔레파시가 가능하다고 여긴 것이다. 실제 실험결과는 대체 누구의 이론을 지지하는지 물을 수 있겠다. 답은 최근 몇십 년의 실험결과로 보아 기본적으로 숨은 변수의 존재를 배제한다. 실험결과는 완전히 아인슈타인의 숨은 변량해석을 따르지 않고 양자역학에 대한 보어의 해석을 따른다.

2015년 네덜란드의 델프트 기술대학의 어느 교수는 한 편의 논문을 발표했다. 그는 거리가 서로 1.3킬로미터(두 학생이 시험장에서 1.3 킬로미터 떨어진 것과 같다) 떨어진 두 개의 금강석색심을 생산하는 얽힘 양자를 이용하여 벨 실험을 했다. 1회 실험하는 데에 단지 1.48마이크로초microsecond가 필요하다. 두 지역의 광통신시간보다 40나노

초^{nanosecond}(10억분의 1초) 짧다(두 학생이 답을 작성하는 시간차는 두 지역 광통신 시간보다 훨씬 짧다). 실험은 96%의 신뢰도로 양자 이론을 실증했다.

최근 한 차례 센세이션을 일으켰던 뉴스는 바로 2016년 11월 30일에 완성한 '거대 벨실험'이다. 거대 벨실험과 앞의 실험의 유일한 차이는 '난수가 더 랜덤'이라는 점이다. 이전의 벨 실험은 모두 컴퓨터를 이용한 임의 난수생성이었다. 표현이 과격한 사람은 이것은 진정한 난수가 아니라고 여긴다. 양자가 난수배열에서 규정이나 허점을 찾을 가능성을 배제할 수 없다. 따라서 실험결과의 상황에 영향을 주었다. 이리하여 사람들이 수용할 수 있는 '난수'(두 학생이 진정한 난수의 시험지를 가져가는 것)를 얻기 위하여, 어떤 이가 10만 명의 사용자가 0 또는 1을 임의 선택하는 방법을 설계하여, 임의서열을 만들고 벨 실험을 진행했다. 실험결과는 물론 이전 결과를 재차 확인하는 것으로 뜻밖의 결과가 전혀 없었는데 이 실험은 연구효과보다는 뉴스효과가 더 크다고 할 수 있다.

벨실험 결과는 사람들을 매우 곤혹스럽고 난해하다고 느끼게 한다. 그것은 상식에 너무 어긋난다. 벨은 처음에 아인슈타인을 돕고 싶은 마음이었다. 그러나 결과는 오히려 아인슈타인과 관계있는 양자 얽힘을 부정하는 해석이 나왔다. 어쩌면 "이런 양자 얽힘의 신기한 기제는 통신으로 사용될 수 없나요?"라고 물을 수 있다. 매우 유감스럽게도 안 된다.

이유는 양자 얽힘의 자기선회방향은 완전히 제어불가하다. 심지어 그것의 자기선회방향은 실험 직후에야 나타나는 성질이 있다. 그러나 양자는 서로 멀리 떨어진 지역에 있는 두 사람이 서로 반대의 이진코드 하나를 구분해서 얻을 수 있다. 그래서 이것은 매우 뛰어난 미스릴 mithril 배포 메커니즘이다. 현재 우리는 '양자통신'이라는 말을 자주한다. 주요내용은 '양자 암호화 통신'을 가리킨다. 양자얽힘은 구역성(초광속)을 넘어서는 정보 전송이 아니다.

나는 이것을 복권당첨에 이용하면 어떨까 생각해보았다. 원격으로 검증할 수 있다면 원거리의 두 지점에 복권당첨 지점 두 곳을 설치할 수 있다. 그런 다음 각각 하나의 양자 검출 장치를 설치한다. 동시에 라이브로 복권당첨, 수용된 양자 자전 방향을 난수로 여긴다. 그런 후, 두 지점은 추출된 난수가 당첨결과와 완전히 일치(서로 반대)인지 아닌지 여부로 결과가 신뢰할 수 있는 증거로 사용될 수 있다. 이런 방법으로 하면 복권당첨은 결코 조작될 수 없다. 두 개의 당첨지점은 멀수록 안전하다.

여기서 이야기에 비추어보면, 우리는 '양자얽힘'을 악용할 가능성도 있다. 또한 천재가 나타나서 양자의 이런 효과를 국제사회에 가치 있는 응용이 가능하도록 만들 수도 있다. 더불어 이것은 어린이, 청소년 과학소설의 좋은 소재가 될 수 있다. 어찌됐든 양자세계는 매우 신비롭다는 것이다.

SNS 채팅그룹은 '모노이드'인가?
천간, 지지, 오행은 모두 '군'인가? ———

단순군 $^{Simple\ Group}$, 대칭군 $^{Symmetric\ Group}$ 등 수학에는 다양한 군 ^{Group}이 있다. 이런 단어를 들으면 상당히 어려울 것만 같다. 그러나 '군'이라는 개념은 사실 굉장히 간단하다. 그래서 나는 독자들이 '군'을 잘 이해할 수 있도록 속성으로 도우려고 한다.

나의 주안점은 당신이 생활 속에서 자주 쓰는 '군 ^{Group}' 특히 SNS 채팅군처럼 군으로 해석되는 것들에 있다. 채팅군은 수학에서 말하는 '군'과 차이가 있지만 군의 개념에 기초한 것인데 개조하고 확장하면 결국 SNS 채팅군도 수학의 군이 될 수 있는지를 보려고 한다.

수학에서 군의 정의는 몇 가지 성질을 만족해야 한다. 군은 하나의 집합을 이루는데 이 조건은 채팅군에 대해서도 마찬가지로 채팅군을 하나의 집합이라고 여길 수 있다. 또한 군의 성분은 이 집합의 원소이다. 다음으로 군이 가지는 성질을 약한 것부터 시작하여 함께 보겠다.

첫 번째 성질은, 군은 특정 이항연산에 대해 닫혀있어야 한다. 이항연산의 의미는 두 원소를 연산하는 것으로 수학에서 대다수 연산이 이항연산이다. 예로, 덧셈, 뺄셈, 곱셈, 나눗셈 등이 있다. 하지만 단항연산도 있는데, 절댓값, 역수, 카이제곱근 등을 구하는 것이다. 그러면 SNS 채팅군을 하나의 이항연산으로 정의할 수 있는데, 채팅군의 구성원 두 명을 이항 연산한 결과가 채팅군의 구성원이 되면 된다. 좀 이상한 농담으로 들리는가? 그러나 나는 이 요구에 부합하는 연산을 정말로 찾아냈다.

채팅군(채팅방)에서의 이항연산을 보자. 일반적으로 이미 구성원인 사람이 초대하거나 채팅방 연락처카드를 공유하거나 QR코드를 통해 가입한다. 만약 당신이 채팅방의 호스트라면, 당신은 모든 사람이 '누구의 초대로 들어왔는지'와 같은 정보를 볼 수 있다. 또한 모든 사람은 첫 번째 구성원을 제외하고 호스트가 없으면 한 사람 한 사람이 로그인으로 들어온 그룹이거나 소개인이다. 그래서 만약 그룹 내의 모든 사람의 구조가 회사조직 구조도와 같은 모양이 된다면 TREE라고 말할 수 있겠다. 이 TREE의 모양은 좀 이상한 것이 제일 꼭대기에서 뿌리가 자란다.

우리는 최상부의 뿌리를 그룹의 호스트로 정한다. 호스트의 초청으로 구성원이 되면 호스트 아래 화살표로 연결해 그린다. 다시 초대되어 들어온 사람은 그 아래층에 연결해서 그린다. 결국 채팅군 구성원은 족보처럼 그려진다. 나는 이런 연산을 '가장 가까운 공동조상 LCA Lowest Common Ancestors'라고 부른다.

계산방법은 임의의 두 구성원에 대해, 그룹의 '조직구조도'에서 그들의 위치를 찾는다. 그런 다음 그들의 로그인(등록) 방향으로 거꾸로 돌아가, 하나로 모이는 첫 번째 구성원을 찾는다. 즉, 계산결과는 이 구성원이다. 만약 당신이 채팅군의 조직구조도를 한 가족의 족보로 생각한다면, 이런 계산은 두 사람의 가장 가까운 공동조상LCA으로 찾아질 것이다.

우리는 몇 가지 특수한 상황을 더 정의해보려고 한다. 하나는 자기 스스로 자신을 직접 추가한 경우다. 자신을 추천인으로 연산을 하면 결과는 어떻게 될까? 연산의 결과는 바로 당신의 추천인이다. 같은 이유로 만약 당신과 호스트가 이 연산을 하면, 결과는 바로 호스트이다. 이것은 자연스러운 결과로 호스트 위에 아무도 없기 때문이다. 그래서 정의한 대로 계산결과는 바로 호스트가 된다.

마지막으로 자기가 자신을 계산하는 것을 재정의하면 결과는 어떻

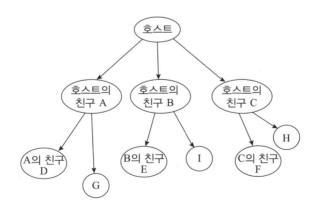

[그림] 채팅군의 구조도

게 나올까? 군에서 자기가 자기를 '가장 가까운 공동 조상' 연산을 진행하면 결과는 항상 자기이다. 같은 이유로 호스트와 호스트에게 이런 연산을 하면 역시 결과는 호스트이다.

좋다. 이상 SNS 채팅군의 이항연산에서 '가장 가까운 공동 조상'이라 불리는 것을 정의해보았다. 단순화를 위해, 이후 우리는 이런 연산을 간단하게 덧셈이라고 부르겠다. 예를 들어 '김3 + 이4 = 박5' 이런 식으로 쓸 것이다. 잠시 내가 여기서 덧셈이라고 부르는 것은 어떤 특별한 뜻을 품은 것은 절대 아니다. 단지 간단하게 표현하기 위해서다. 임의로 어떤 법칙과 부호표현을 쓸 수 있지만 이 연산의 함의는 내가 좀 전에 정의한 '가장 가까운 공동조상'의 연산이다. 그러므로 '덧셈'이라고 부르는 이유가 있다는 것을 발견할 수 있다.

우리는 채팅군의 이항연산을 정의했다. 수학에서 군은 연산에 대해 닫혀있어야 한다. 즉, 연산의 결과는 항상 군에 포함되어야 하고 이런 연산을 할 수 없으면 군의 원소가 될 수 없다. 그렇다면 우리가 정의한 군의 '가장 가까운 공동조상' 연산에서 그것이 완벽하게 '닫혀있다'의 요구에 부합되는지 확인해보자.

당신이 어떤 두 개의 구성원을 취해서 연산을 하는지와 상관없이 계산 결과는 여전히 군의 구성원 중의 하나, 그래서 채팅군은 닫혀있다는 성질을 만족한다. 이항연산에 닫혀있는 하나의 집합에 대해서 'Magma'라는 이름을 붙이는데 이는 원군原群으로 '원래 시작한 군'이라는 의미이다.

군의 또 다른 성질을 살펴보자. 원군의 이항연산은 결합법칙을 만족한다. 결합법칙은 우리에게 매우 익숙하다. 덧셈과 곱셈에 대한 결합법칙은 다음과 같다.

$$(a+b)+c=a+(b+c)$$
$$(a \times b) \times c=a \times (b \times c)$$

우리가 정의한 '덧셈' 연산에서 결합법칙이 성립하는 것을 알 수 있다. 수학에서는 위와 같이 결합법칙이 성립하는 원군을 반군이라고 한다. 의미는 우리가 생각하고 있는 군이 이미 군의 정의에 반 정도 접근했다는 것이다. 그래서 우리는 채팅군이 하나의 반군이 되는 것을 알 수 있다. 반군에는 단위원이 있어야 한다. 단위원은 어떤 원소와의 연산결과가 여전히 어떤 원소로 나오도록 한다. 만약 우리가 단위원을 e라고 하면,

$$a+e=a \text{ 이고 } e+a=a$$

이 단위원은 곱셈에서 1의 역할과 같다. 그래서 우리는 단위원을 항등원이라고도 부른다. 그러면 채팅군에도 단위원이 있을까? 마찬가지로 한 명의 구성원을 찾아야 한다. 어떤 사람과 '가장 가까운 공동조상' 연산을 하더라도 결과는 자기 자신이 되어야 한다.

채팅군에는 이런 사람이 없다. 어떻게 해야 할까? 우리는 조금 바꿔 생각해볼 필요가 있다. 군에 하나의 단위원이 있다고 생각하자. 예를 들어 어느 날, 채팅군 구성원의 동의하에 군을 하나의 작은 프로

그램에 연결시킨다. 이 작은 프로그램은 '톡톡'이라는 이야기하는 기계이다. 당신은 톡톡을 채팅군에 초대시킨다. 우리는 '톡톡'이 모든 사람의 초대로 들어온 것이라고 여긴다. 그래서 사람들은 모두 그의 호스트가 된다. 그래서 '톡톡'은 채팅군의 단위원이 된다.

어떤 사람+톡톡=톡톡+어떤 사람=어떤 사람

동시에 '톡톡+톡톡=톡톡'이라고 정의하자.

이제 이런 채팅군은 3가지 성질을 모두 만족하게 된다. 수학자는 단위원이 있는 반군을 모노이드monoid라고 부른다. 그러나 아직 끝나지 않았다. 군의 정의에 도달하려면 한 가지 성질을 더 만족해야 한다. 각 원소는 모두 '역원'을 가진다는 것이다. 이것의 의미는 간단하다. 방금 앞에서 단위원 '톡톡'을 정의했다. 지금은 채팅군의 각 구성원은 모두 다른 하나의 구성원을 찾을 수 있는데, 두 명을 서로 더하면 결과는 '톡톡'이 되어야 한다. 즉,

어떤 사람+어떤 사람의 역원=어떤 사람의 역원+어떤 사람=톡톡

왜 이것을 역원이라고 부르는지 감이 왔는가? 자신과 '서로 반대' 원소라는 의미이다. 하지만 난처한 것은 채팅군에는 톡톡을 빼고 다른 구성원은 모두 역원을 찾을 수 없다는 것이다. 임의의 두 명의 '가장 가까운 공동 조상'은 톡톡이 아니다. 톡톡은 다른 사람의 호스트가 될 수 없다. 여기서 2가지 가능성을 생각해보았다.

예를 들어 각자가 자신+자신=자신이라고 정하면 각 원소는 모두 자신의 역원이다. 또 다른 가능성은 '각자+호스트=톡톡'이라면, 호스트가 각자의 역원이 된다. 그러나 이 2가지 생각 모두 내가 스스로 부결한다. 당신이 생각할 때 이유가 무엇인지 생각해보자.

그래서 우리가 수정한 SNS채팅군이 수학에서 군이 되는지의 노력은 실패했다. '모든 원소는 역원을 가진다'는 이 성질을 만족시키지 못했다. 하지만 우리는 '모노이드monoid'인 것은 확인했다. 따라서 이제 당신은 자신 있게 SNS 채팅군은 모노이드monoid라고 말할 수 있다.

여기까지 내용에서 당신은 '군'에 관련된 개념을 이해했을 것이다. 만약 진정한 군에 대해서 다루고자 한다면 가장 간단한 예는 정수 집합에 대한 덧셈연산을 시행해보자. 확인해보면 단위원은 0이고 모든 정수의 역원은 그것의 절댓값은 같고 부호가 반대인 수가 된다. 그러나 정수 집합에 대한 곱셈연산은 군이 될 수 없다. 왜 그럴까? 한번 생각해보길 바란다.

SNS채팅군은 '군'을 하나 더 가진다. 채팅군은 교환법칙이 성립한다. 즉, $a+b$는 당연히 $b+a$와 같다. 수학에서 교환법칙이 성립하는 군을 '가환군Abelian group'이라고 한다. 그래서 우리는 채팅군을 '가환모노이드'라고 부를 수 있다.

다음으로 군의 예로 오경에 대해 말하려고 한다. 우리 선조들이 남겨준 몇 가지 생생한 군의 예는 바로 천간, 지지 그리고 오행이다.

천간, 지지를 이용하여 연도를 기록하는 방법(기년법)은 중국 고대의 방법으로 2017년은 정유년, 2018년은 무술년, 2019년은 기해년과 같이 기록한다. 추산하는 법도 매우 간단하다. 10가지 천간(갑을병정무기경신임계)과 12지지(자축인묘진사오미신유술해)에서 하나씩 뽑아 두 개씩 짝지어 하나를 만드는데, 이것이 바로 일년의 연호가 된다. 또한 10과 12의 최소공배수는 60이므로 60년마다 다시 순환된다. 천간,

지지의 첫 번째 조합은 갑자, 60년마다 갑자년을 맞이한다. 그래서 60년의 시간을 '일갑자一甲子'라고도 부른다.

천간, 지지 기년법을 여기까지 복습하고, 지금부터는 '천간, 지지'가 어떻게 군을 이루는지 살펴보고자 한다.

앞에서 언급했듯이 군은 하나의 집합과 어떤 성질을 만족하는 이항연산을 포함한다. 모든 60가지 천간, 지지 조합의 기년칭호로 구성된 하나의 집합을 정의하고 '덧셈' 이항연산을 하나 찾자. 먼저 두 개 칭호를 서로 더한다. 구체적인 방법은 역사상 임의로 하나의 칭호가 대응하는 양력년(공력년)을 찾고 양력년의 연도를 서로 더한다. 더한 결과의 양력년의 연도숫자가 대응하는 간지 기년 칭호가 바로 덧셈의 결과이다.

예를 들어 갑자甲子+무술戊戌을 계산하려면 역사상 갑자인 해를 임의로 찾고, 무술인 해를 하나 찾아 연도를 서로 더하면 된다. 나는 갑자년으로 124년을 찾았고 무술년으로 1058년을 찾았다. 그래서 124+1058=1182로 계산된다. 1182년은 임인壬寅년이다. 따라서 '갑자+무술=임인년'이 된다. 이런 분류로, '갑자甲子+을축乙丑=기사己巳', '정축丁丑+신묘辛卯= 무갑戊甲' 등으로 계산되는 것을 확인할 수 있다.

또한 이 계산법칙의 신기한 결과는 어떤 양력년을 선택했는지는 상관없다. 선택한 해와는 상관없이 결과는 항상 같다. 앞에서 선택한 숫자는 비교적 적은 수로 계산이 쉽기 때문이다. 60가지 칭호에 서로 더할 수 있는 조합은 3,600가지로 덧셈이 정의된다. 이상으로 이항연산은 닫혀있다는 것이 확인되었다. 어떤 연도를 가져오더라도 덧셈 결과는 모두 기년법으로 표시되기 때문이다.

다음 결합법칙이 성립하는지 보자.

$$(갑자+을축)+무술=기사+무술=정미$$
$$갑자+(을축+무술)=갑자+계묘=정미$$

더 많은 경우에 대해서 각자 확인해보도록 하고, 이런 이유로 덧셈에 대한 결합법칙도 성립한다.

이어서 단위원을 찾아보자. 이것은 참 재미있다. 어쩌면, 당신의 첫 인상은 단위원은 당연히 '갑자'였을 것 같다. 그러나 실제 단위원은 '경신庚申'(잠시 후 이유를 알려주겠다)이다. 믿지 못하겠다면 검산을 해보자. 임의의 연호에 경신을 더하면 결과는 원래 연호이다. 그래서 경신이 단위원이다.

마지막으로 역원은 어떨까? 이것도 각 연호에 다른 하나의 연호를 더하면 결과가 경신이 나올까? 분명히 그렇게 된다. 게다가 유일하다. 예를 들어 '갑자'의 역원은 '병진丙辰', '무술'의 역원은 '임오壬午'이다.

우리는 천간, 지지 기년법의 60가지 연호 조합에 대해서 덧셈을 정의했고 완전히 아름다운 군 하나를 확인했다. 그래서 이것을 '간지군干支群'이라고 부를 수 있겠다.

여기까지 읽으면서 어떤 이는 이 덧셈이 사실은 60가지 연호를 0에서 59까지 번호로 원래 덧셈방법으로 해도 된다고 말할 것이다. 다만 더한 후에 만약 60보다 크거나 같은 수라면 60으로 나눈 나머지를 결과로 취하면 된다. 맞다. 이 분석은 본질을 꿰뚫어본 것이다. 사실 이것은 전형적인 '순환군'의 특징이라고 여겨진다. 즉 군의 0에서 $n-1$까지 원소를 덧셈 연산하면 결과는 n으로 나눈 나머지이다

甲子(갑자) 4	乙丑(을축) 5	丙寅(병인) 6	丁卯(정묘) 7	戊辰(무진) 8
己巳(기사) 9	庚吾(경오) 10	辛未(신미) 11	壬申(임신) 12	癸酉(계유) 13
甲戌(갑술) 14	乙亥(을해) 15	丙子(병자) 16	丁丑(정축) 17	戊寅(무인) 18
己卯(기묘) 19	庚辰(경진) 20	辛巳(신사) 21	壬吾(임오) 22	癸未(계미) 23
甲申(갑신) 24	乙酉(을유) 25	丙戌(병술) 26	丁亥(정해) 27	戊子(무자) 28
己丑(기축) 29	庚寅(경인) 30	辛卯(신묘) 31	壬辰(임진) 32	癸巳(계사) 33
甲吾(갑오) 34	乙未(을미) 35	丙申(병신) 36	丁酉(정유) 37	戊戌(무술) 38
己亥(기해) 39	庚子(경자) 40	辛丑(신축) 41	壬寅(임인) 42	癸卯(계묘) 43
甲辰(갑진) 44	乙巳(을사) 45	丙吾(병오) 46	丁未(정미) 47	戊申(무신) 48
己酉(기유) 49	庚戌(경술) 50	辛亥(신해) 51	壬子(임자) 52	癸丑(계축) 53
甲寅(갑인) 54	乙卯(을묘) 55	丙辰(병진) 56	丁巳(정사) 57	戊吾(무오) 58
己未(기미) 59	庚申(경신) 0	辛酉(신유) 1	壬戌(임술) 2	癸亥(계해) 3

[위 표는 '간지군'의 덧셈 정의에서 60가지 간지 기년 칭호에 대응하는 정수번호이다. 두 개의 칭호를 서로 더할 때, 대응 정수를 서로 더하여, 60으로 나눈 나머지를 취하면 곧 결과가 된다.]

실제로 생활에서 가장 자주 접하는 순환군은 계시법(시간을 계산하는 법)이다. 예로 시계에 쓰인 12개의 숫자는 군의 원소이고 12는 0으로 본다. 그러면 2가지 시간은 더할 수 있다. 예를 들면, 1시+2시=3시 이런 식으로 말이다. 그러나 10시+5시=15시이고 15는 12보다 크므로 12로 나눈 나머지 3을 취하고, 결과는 3시가 된다. 일상에서 경험

[그림] 시계에서 계산법 : 4시+10시=2시

할 수 있는 예가 맞지 않은가? 그리고 0시가 바로 단위원이다. 이런 군은 아주 뚜렷한 순환 특징이 있는 이유로 '순환군' 또는 '종군種群'이라고 부른다.

천간지지 기년紀年에서 60년마다 순환하는 것은 자연적으로 형성되는 하나의 순환군이다. 그러면 왜 경신년庚申年이 단위원일까? 사실 여기에서 어떤 것을 단위원으로 해도 다 된다. 그렇지 않나? 당신이 이 연호를 0번으로 하기만 하면 된다. 그런데 앞에서 나는 덧셈을 양력년의 숫자를 빌려와 정의했기 때문에 서기 60년에서 가장 적합한 해는 경신년이 된다. 이 순환군에서 60은 0의 역할을 한다. 그래서 경신년 순서가 될 때 단위원으로 하는 것이 가장 적합하다. 그러나 일반적으로 간지기년은 갑자부터 시작하기 때문에 대다수의 사람들은 여전히 갑자를 0번으로 매긴다. 이렇게 갑자가 단위원이면 가장 마지막 연호 계해癸亥는 59번이 된다.

이제 군의 '동형同形, isomorphic' 개념에 대해 알아보자. 이것은 '만약 두 개의 군의 원소가 일대일대응관계라면 이런 대응관계에서 하나의 군에서 두 개 원소의 연산결과는 또 다른 하나의 군에서 대응하는 원소의 연산결과에 대응한다'로 정의된다. 예로, 간지군과 0에서 59까지 정수집합은 60으로 나눈 것의 연산으로 구성된 군과 어울리고 동형이다. 두 집합에서 원소가 일대일대응이고 또한 연산결과도 대응되기 때문이다.

이왕 여기까지 말한 김에 '부분군^{subgroup}'의 개념도 보자. 사실 부분집합 개념의 연장선이다. 간지군에도 부분군이 있을까? 생각을 좀 해보자. 간지군에는 많은 부분군이 있다는 것을 발견할 수 있을 것이다. 특징은 어떤 부분군이든 상관없이 그것은 모두 원래의 단위원 경신년을 가진다. 뿐만 아니라 부분군을 찾는 과정은 60의 소인수분해 하는 것이다. 순환군의 원소개수가 합성수이기만 하면, 분명히 부분군을 가진다. 군의 원소개수가 소수개이면 부분군을 가질 수 없다.

축하한다. 당신은 또 하나의 정리를 발견했다. '순환군의 원소개수가 소수개일 때, 부분군은 없다.' 우리는 군의 원소개수를 '위수^{order}' 라고 부른다. 그리고 부분군이 없는 군을 단순군$^{simple\ group}$(이것은 조금 거친 정의이고 실제 정의는 정규부분군은 여전히 단순군이다. 그러나 순환군의 관점에서 보면 모든 부분군은 모두 정규부분군이다)이라고 한다. 그래서 하나의 순환군이 단순군일 충분조건은 바로 그것의 위수가 소수가 되는 것이다.

이상으로 천간, 지지 기년법을 이용하여 생각한 간지군이 수학에서 군의 개념과 얼마나 많은 관련이 있는지 소개했다. 그러나 사실 순환군은 유한군에서 일종의 특수한 유형일 뿐이다. 그리고 '치환군$^{Permutation\ group}$'이라 불리는 더 일반적인 유한군의 예가 있다. 지금부터 나는 오행학伍行學으로 치환군을 해석하려고 한다.

먼저 당신과 함께 오행—금金, 목木, 수水, 화火, 토土—을 복습하겠다. 기본적으로 이것은 다 알 것이다. 그러나 옛날 사람들은 그것들에 일련의 관계를 더 부여했다. 하나는 '상생相生'—금생수, 수생목, 목생화, 화생토, 토생금—이다. 상생은 생장을 촉진한다는 의미로 얼핏 보아도 일리가 있다. 물이 있으면 곧 식물이 자라니 물이 목을 생한다. 즉, 수생목水生木이다. 나무가 있으면 불을 피울 수 있으니 목이 화를 생한다. 즉, 목생화木生火이다. 불이 다 타서 잿더미가 남으니, 화가 토를 생한다. 즉, 화생토火生土이다. 그리고 흙 속에서 쇠를 파내니 토생금土生金이다. 그러나 금생수金生水는 나도 이해가 잘 안 된다. 어쨌든 우리는 이걸 연구하려고 하는 건 아니니 그냥 넘어가자.

그밖에도 옛날 사람들은 그것들에 상극의 관계—금극목, 목극토, 토극수, 수극화, 화극금—도 부여했다. 이 상극은 바로 적대적인 것으로 억제의 의미를 가진다. 듣기에도 일리가 있다.

쇠는 나무를 자를 수 있어 금극목金克木,

나무는 흙을 뚫고 나온다, 목극토木克土,

흙은 물을 막거나 흡수한다, 토극수土克水,

물은 불을 끈다, 수극화水克火,

불은 쇠를 녹인다. 화극금火克金.

나는 이 오행 시스템을 구현한 옛날 사람들의 지혜가 대단하다고 생각한다. 왜냐하면 이런 이론은 주변의 자연현상을 통해 해석했기 때문이다.

이제 오행 사이의 관계에 관심을 가져보자. 앞서 말했듯이 오행 사이에는 상생과 상극관계가 있다. 상생상극 관계의 반대방향을 '피생被生'과 '피극被克' 관계라고 부른다. 예를 들어 수생목水生木, 즉 '목은 수에 의해 생해진다', 목극토木克土, 즉 '토는 목에 의해 극해진다.'

지금 네 종류 '상생, 상극, 피생, 피극'의 전환관계를 살펴보았다. 나는 덧셈으로 재정의하려고 한다. 즉, 이 네 종류의 관계에 덧셈연산을 할 것이다. 이런 덧셈연산의 정의는 매우 간단하여 오행원소에 따라 연속적으로 네 종류 전환관계에 진행한 결과로 확인하면 된다.

예로, 상생相生 + 상생相生 = 상극相克

여기서 금생수, 수생목이면 금과 목의 관계는 금극목이다. 만약 수水원소부터 계산을 시작한다면, 즉 수생목, 목생화, 그렇다면 수는 화를 극하게 된다. 그래서 상생에 상생을 더하면 상극이 되는 경우가 항상 있다. 같은 이유로, '상생+상극=피극', '상생+피극=피생' 등의 경우를 확인할 수 있다.

4가지 연산에서 2개를 선택하여 덧셈연산을 하면 결과로 모두 16가지 조합이 있다. 하지만 당신 스스로 유도하는 과정에서, 만약 '상생+피생'이면 결과는 모두 이 원소자신이 되는 것을 발견할 수 있고 네 종류 전환은 모두 해당하지 않는다. 그래서 자연스럽게도 '항등변환'의 개념을 끌어와야 한다. 항등변환은 변환이 없는 것이다. 예로, '금은 금과 같다', '물은 물과 같다' 등이다.

'항등변환'의 개념을 가져오면, 모두 다섯 종류 변환—상생, 피생, 상극, 피극 그리고 항등—이 된다. 그리고 만약 두 종류 변환의 덧셈

[표] 오행 원소 관계 계산표

+	恒等(항등)	相生(상생)	被生(피생)	相克(상극)	被克(피극)
恒等(항등)	恒等(항등)	相生(상생)	被生(피생)	相克(상극)	被克(피극)
被生(피생)	被生(피생)	恒等(항등)	被克(피극)	相生(상생)	相克(상극)
相生(상생)	相生(상생)	相克(상극)	恒等(항등)	被克(피극)	被生(피생)
被克(피극)	被克(피극)	被生(피생)	相克(상극)	恒等(항등)	相生(상생)
相克(상극)	相克(상극)	被克(피극)	相生(상생)	被生(피생)	恒等(항등)

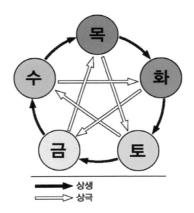

[그림] 오행 상생 상극 그림

을 두 종류 변환의 연속조작이라고 정의하면, 군의 원형은 바로 나타난다.

이런 종류의 연산이 닫혀있는지의 결과는 바로 확인할 수 있다. 두 종류 변환을 조합하는 것과는 관계없이 모두 직접 변환을 찾아 표시할 수 있다. 이것은 그림으로도 표시할 수 있다. 만약 다섯 변과 다섯 꼭짓점에 오행그림을 그린다면, 그 이후에는 상생, 상극, 피생, 피극의 관계를 화살표로 연결할 수 있다. 모든 원소와 다른 원소는 모두 하나는 받고 하나는 나가는 모양의 두 개의 화살표 관계로 나타낼 수 있다. 이것은 닫혀있음을 나타내는 명확한 표현이다.

스스로 결합법칙도 한번 확인해보길 바란다. 분명히 문제가 없을 것이다. 그리고 단위원은 매우 자연스럽게도 항등변환이다. 역원은 어떨까? 조금 생각해보면 상생과 피생이 서로 역원이 되는 것을 발견할 수 있다. 상극과 피극이 서로 역원이다. 그리고 '항등변환'은 곧, 자신의 역원이다.

완벽하게 아름다운 군이 하나 탄생했다! 나는 이것을 '오행군'이라고 명명하고 싶다. 또한 이 군의 원소는 모두 어떤 '치환'이므로 이것은 '치환군'이라고 부를 수 있다. 앞에서 말했는데 치환군은 순환군보다 더 기초화, 일반화된 군이다. 이유는 '케일리 정리 Cayley theorem' 로 설명할 수 있는데 모든 유한 원소의 군은 모두 치환군과 동형이 될 수 있다는 것이다. 예로, 앞에서 제기한 시계면은 12개의 원소의 순환군으로 사실은 12개 원소의 치환군과 동형이다. 그밖에도 우리의 오행군도 하나의 순환군이 되는데 스스로 한번 확인해보길 바란다. 그러나 하나의 치환군은 오히려 순환군과 동형이라고 말하기 힘들다. 결론은 치환군은 모두 유한군의 기초구조이다.

여기서 잠깐, 왜 군이 필요할까? 답은 여전히 '단순화'이다. 군의 역사를 돌아보면, 갈루아가 '5차 이상의 방정식'은 근의 공식이 없다는 것을 풀 때 제기한 개념이다. 후대 사람들이 그것의 작용이 매우 크다는 것을 발견하여 군의 이론도 날을 거듭할수록 풍부해졌다. 이후 '추상대수'라고 부르는 분야로 학과에서 기초개념이 되었고 고급 추상으로 자리 잡았다. 수학의 많은 대상 간에는 어떤 계산이 가능하다면—예를 들어 행렬과 벡터는 덧셈, 뺄셈이 모두 가능하고 기하도형도 다양한 변환이 가능하다— 수학자는 많은 집합에서 계산을 충분히 추상화할 수 있다는 것을 발견하였다. 그래서 우리가 연구한 군의 성질은 곧 군에 버금가는 수학 대상과 그것의 계산을 연구한 것이나 다름없다. 이게 단순화가 아니고 무엇인가.

몇 가지 예를 보자. 수학자는 이미 모노이드의 단위원은 유일하다는 것을 증명했다. 그래서 채팅군은 오직 하나의 단위원(톡톡)을 가진다는 것을 바로 알 수 있다. 당신이 군을 어떻게 수정하더라도 두 번째 단위원은 존재할 수 없다. 생각해보라, 그렇지 않은가?

마지막으로 '치환군'을 이해하기 바란다. 요점은 '대칭', 이 두 글자에 있다. 자기대칭인 대상은 하나의 치환군으로 전환이 가능하기 때문이다. 예로, 종이 위에 정사각형 하나를 그리고 정사각형에서 모든 가능한 대칭성을 찾는다. 하나의 대칭을 하나의 치환으로 보고 이런 치환이 하나의 치환군이 될 수 있는지 검증해보라. 우리의 오행군도 유사한 것인데 당신은 어슴푸레 상생과 상극 관계가 어떤 대칭이 된다는 느낌을 받을 것이다. 추상해보면 군이다. 이후 사람들은 자신과 자신이 만든 동형관계 집합을 '대칭'이라고도 불렀다. 어떤 수학자는 '군'은 곧 '대칭'의 일종의 추상적 귀류라고 여긴다.

군론의 강대함은 이미 거의 모든 수학 분야를 뛰어넘어 물리, 화학, 컴퓨터과학에 이르기까지 그 범위가 방대해졌다. 결론적으로, 군의 역할이 큰 것은 어떻게 말해도 과하지 않다. 당신도 자신 주변에서 '군'을 발견하기를 바란다.

Let's play with MATH together

1. SNS채팅군에서 임의의 구성원의 역원으로 톡톡을 정의할 수 없는 것일까. SNS채팅군으로 하나의 군이 만들어질까?

2. 하나의 집합과 일반적으로 우리가 생각하는 '곱셈'연산에 대한 군을 생각하자. 이 군은 곱셈 연산에 대해 닫혀있는지, 결합법칙이 성립하는지, 단위원은 있는지, 각 원소는 모두 유일한 역원을 가지는지 생각해보자.

이 명제는 증명이 없다 _ 괴델의 불완전성 정리 ———

많은 사람이 '괴델의 불완전성 정리'에 대해 알고 있지만, 그것을 어떻게 증명하는지 이해하기는 어렵다. 그래서 나는 당신들에게 간단하게나마 증명의 사고 과정을 언급하려고 한다. 시작하기 전에 '괴델의 불완전성 정리'가 무엇인지 짚고 갈 필요가 있는데, 이 정리는 정확히 말하면 2가지가 있다.

제1불완전성의 정리는 임의의 충분히 복잡한 공리계에서 만약 그 체계가 '무모순적'이라면 이 공리계에는 참이지만 증명할 수 없는 명제가 적어도 하나 존재한다. 무모순적이라는 뜻은 공리계에서 서로 모순인 결과를 추론할 수 없는 것이다. 만약 공리계가 참과 거짓을 동시에 증명한다면, 이 공리계는 매우 혼란스러워질 것이다. 이것이 괴델의 2가지 불완전성정리 중, 사람들에게 그나마 잘 알려진 하나이다. 여기서 말하는 충분히 복잡한 공리계라 함은, 사실은 그 정도로 어렵지 않다. 간단히 말하면 자연수와 덧셈연산과 곱셈만 있으면 된다. 잠시 후 이유를 같이 보자.

제2 불완전성 정리는 많이 알려지진 않았다. 이 정리는 임의의 충분히 복잡한 공리계는 모두 자기가 무모순적이라는 것을 증명할 수 없다는 것이다. 즉, 자기를 증명할 수 없는 것은 서로 모순인 명제를 추론할 수 없다는 것이다. 이것은 사람을 좀 답답하고 괴롭게 하는 결론 아닌가? 그러나 그것과 비슷한 표현인 '만약 충분히 복잡하고 충분히 강한 공리계가 스스로 무모순인 것을 증명할 수 있다면, 즉 그것은 분명히 모순적이다'는 사람을 더 공포스럽게 한다. 이 표현은 정말 말하기도 어렵게 들리지만, 천천히 이해해보자.

이 2가지 불완전성 정리는 마치 수학은 항상 결함이 있다고 말하는 것 같다. 하지만 이것은 수학에 대해 더 큰 존경심을 가지게 한다. 왜냐하면 그것은 스스로 어디까지 문제를 해결할 수 있는지를 증명하기 때문이다. 이것은 다른 과학 분야에서는 할 수 없는 것이다. 게다가 2가지 정리의 철학적 가치 또한 지극히 숭고하다.

괴델의 제1종 불완전성 정리의 증명은 가장 간단한 해석을 이용하려고 한다. 바로 괴델이 만든 '이 명제는 증명될 수 없다'는 명제이다. 이 문장에서 '이 명제'는 바로 이 문장 자신이다! 어떤가? 러셀의 역설(이발사 역설)과 의미는 다르지만 비슷한 뉘앙스가 있지 않는가?

괴델의 이 명제를 처음 접했을 때 매우 궤변처럼 느껴졌을 것 같다. 수학에서 이런 명제는 말장난 같다고 생각했을 수도 있다. 게다가 명제에는 '무엇을 증명할 수 있다' 또는 '무엇을 명제라고 불러야 하는지'에 대한 정의가 없다. 믿고 싶지 않겠지만 이런 명제는 수학에 존재할 수 있고 의미도 있다. 증명의 기본 생각은 '명제는 모두 수열이다'라는 것이다. 즉 임의의 명제는 모두 하나의 숫자로 코드화할 수 있고 또한 자연수로 표현된다.

어떻게 하면 될까? 가능한 방법은 영어단어 혹은 중국어단어를 하나의 숫자에 대응시킨다. 예를 들어 만약 덧셈 기호(+)를 '100'으로 표시하면 1+1은 11001로 코드화된다. 그러나 이렇게 11001로 표시하는 것은 아무래도 좀 곤란하니 방법을 수정할 필요가 있다. 다음에서 괴델의 방법을 살펴보자.

먼저 우리는 수학기호를 모두 숫자로 코드화할 수 있다. 그리고 제한적으로 필요한 숫자를 코드화한다면 앞에서와 같이 모든 자연수를 사용하는 상황을 피하게 된다.

사실 수학에서는 자연수를 정의할 때, 숫자 0과 후속 연산을 정의하면 된다. 1은 0의 다음 수, 그러면 우리는 후속연산을 하나의 숫자로 재코드화하면 되는 것이다. 이렇게 자연수는 2가지 숫자만 있으면 바로 표현된다.

예로, 코딩시스템에서 0의 코드는 1이다. 0의 코드가 왜 0이 아닐까? 사실 코딩시스템에서 0은 하나의 기호이다. 우리의 목적은 모든 기호를 숫자로 대응시키는 것이다. 그래서 0을 1로 코드화할 수 있다. 등호 '='은 2로 코드화한다. '+'는 3으로 한다. 0=0을 표현하면 우리의 코딩시스템에서는 바로 121이 된다. 0+0=0은 13121이다.

적합하게 코드를 부여하기만 하면 모든 수학명제는 일련의 숫자로 표현될 수 있다. 그러나 다음에 '명제는 모두 수열이다'라고도 부를 수 있다. 왜냐하면 우리는 모든 명제를 하나의 수열로 표현했기 때문이다. 기쁜 것은 명제와 수열이 일대일대응이라는 것이다.

지금까지 문제를 해결하기 위한 첫 한 걸음을 뗐다. '명제는 모두 수열이다'라는 괴델의 전제에서, 모든 수열이 하나의 특정 자연수로 대응된다고 추측된다. 그러나 만약 두 명제가 대응한 수열이 각각 12345와 012345라면 같은 자연수로 대응된다고 할 수 있다.

괴델이 고안한 교묘한 방법을 함께 보자. 어떤 수열에 대해서, 소수수열을 생각해보자. 수열에서 각 수는 소수수열에서 각 수의 지수라고 하자. 그런 후 서로 곱하면, 바로 하나의 특정 자연수를 얻을 수 있다. 예를 들어 앞에서 이미 0=0은 코드 121로 바뀐다. 모두 3개의 수이다. 소수수열에서 앞 3개의 소수는 2, 3, 5라는 것을 알고 있다. 그러면 바로 $2^1 3^2 5^1 = 90$을 얻는다. 이것이 우리가 필요한 수이다. 다시 예를 들면, 앞에서 0+0=0 이 명제가 대응하는 수열은 13121이다. 모두 5가지 수이다. 앞에서 5개 소수는 2, 3, 5, 7, 11이다. 즉, 대응하는 자연수는 $2^1 3^3 5^1 7^2 11^1 = 145530$이다.

수열을 자연수로 전환하는 괴델의 방법에서 가장 큰 특징은 '일대일대응'이다. 수열은 항상 유일한 하나의 자연수로 전환된다. 자연수도 유일한 수열에 대응된다. 자연수의 소인수분해 방법이 유일하기 때문이다. 이 방법은 자연수를 매우 '낭비'하고 많은 자연수가 대응하는 수열은 다시 기호수열의 결과로 재전환되는데 이것이 의미가 없다고 느낄지 모르겠지만 나는 절대 그렇게 생각하지 않는다. 관건은 우리가 수학명제를 자연수로 일대일 대응시켰다는 것이다.

우리는 또 모든 명제의 증명도 일련의 수학기호의 나열이라는 것을 발견한다. 그러면 위와 같은 방법으로 증명과정을 하나의 자연수로 전환할 수 있다. 사실 '명제의 증명과정'과 '명제'는 명확한 경계가 없다. 당신은 '증명'이 명제의 나열일 뿐이라고 여길 수 있다.

종합해서 말하면, 괴델은 모든 명제와 증명과정을 모두 하나의 자연수로 코드화하는 방법을 정의했다. 그리고 이런 숫자는 '괴델 수'라고 부른다. 하나의 명제가 숫자가 되면 처리할 수 있는 것이 많다. 여기까지에서 괴델의 불완전성 정리는 무엇 때문에 충분히 복잡한 공리계를 요구하는지 발견했을 것이다. 그 이유는 우리가 괴델 수를 사용하려면, 최소한 자연수와 덧셈 연산과 곱셈을 정의해야 한다는 것이다.

이어서 머리는 좀 아프지만 더 재미있는 게 있다. 우리는 먼저 증명될 수 없는 명제 하나를 y라고 부르겠다. 이 명제의 완전한 표현은 'y는 어떤 명제의 괴델 수라고 하겠다. 다른 괴델 수 x는 존재하지 않는다. x에 대응하는 명제는 y의 하나의 증명이다.' 이해를 위해 생각할 시간이 필요하다. '증명될 수 없는 y' 자신은 하나의 명제이고 y는 또 다른 하나의 명제가 대응하는 괴델 수이다.

이 명제의 의미는 두 구체적인 숫자의 관계에 있다. 즉, 괴델 수 x와 y의 관계이지 어떤 문자열이 아니다. 이어서 '대각선 보조정리diagonal lemma'라고 부르는 난해한 정리 하나를 사용하려고 하는데 칸토어의 대각선논법diagonal argument과 매우 유사하다.

과정은 일련의 숫자를 세로방향으로 나열한 다음 위에서 아래 방향으로 숫자를 하나씩 택하면 대각선 방향을 따라 하나의 새로운 숫자가 생산된다. 집합론이나 이산수학을 공부할 때 이런 논증이 매우 인상적이었다. 고급수학에서도 이런 방법으로 반례를 구성한다.

이 보조정리를 이용하는 목적은 '명제의 내용이 자신을 향하는' 명제의 존재를 증명하는 것에 있다. 앞의 '증명될 수 없는 y' 명제로 돌아가면, 우리는 이 명제를 몇 가지 구체적인 수치를 대입하여 사용한다. 예를 들어 12345는 어떤 명제의 '괴델 수'이고 또 다른 괴델 수 x는 존재하지 않는다. x로 하여금 대응하는 명제는 괴델 수 12345가 대응하는 명제의 증명이다.

이 명제는 문제가 없는 것처럼 들린다. 그러나 재미있는 부분은 앞에서 자신도 하나의 명제라는 표현에서 그것도 '괴델 수'가 될 수 있다. 만약 그것의 괴델수가 12345로 계산되었다면 어떻게 할 수 있을까? 그러면 원래 명제는 바로 수정될 수 있다. 12345는 원래 명제의 '괴델 수'이고 또 다른 괴델 수 x는 존재하지 않으며 x로 하여금 대응하는 명제는 원래 명제의 증명이다.

자, 그럼 검산을 해보자. 원래 명제의 '괴델 수'는 확실히 12345(대각선 보조정리에서 '명제의 내용이 자신을 향하는' 명제의 존재성이 확보되었다)이다. 와! 당신은 '불완전성정리'가 필요한 명제를 증명했다.

상술한 명제에서 만약 그것이 거짓명제라면, 12345가 대응하는 명제의 증명은 하나의 '괴델 수'가 된다는 것이다. 그러면 그것은 12345와 대응하는 명제 자신의 내용에 모순이 된다. 12345가 대응하는 명제 자신은 증명될 수 없기 때문이다. 그래서 당신은 12345가 대응하는 명제는 증명이 없다는 것을 수용할 수밖에 없다. 게다가 그것은 확실히 참인 명제다. 여기에 보충하자면, 위에서 말한 '증명'은 거짓을 증명하는 것을 포함한다. 반례 명제^{counter proposition}를 증명하는 것도 일종의 증명이기 때문이다.

　여기까지 불완전성 정리 증명이었다. 어찌되었든 한 문장으로 말하고 싶다. 이 명제는 증명이 없다.

수학자는 두 개의 무한을 비교한다 _ 연속체 가설 ———

수학에서 '무한無限'은 자주 출현하는 단어이다. 무한 개념을 처음 다룰 때 사람들은 모든 무한은 같다고 여겼다. 19세기 후반, 독일 수학자 칸토어는 '무한집합'을 열정적으로 연구했을 뿐만 아니라 '무한'이 서로 같지 않다는 것을 확인했다. '무한'끼리도 서로 크기를 비교할 수 있는 것이다. 당신이 한 번쯤 들어봤을 예를 함께 보자.

어떤 호텔이 하나 있다. 그 호텔의 객실은 '무한히 많다'. 하지만 이미 여행객으로 방이 다 찼다. 그런데 이때 한 명의 여행자가 또 왔다. 만약 일반적인 호텔이라면 당연히 방법이 없다. 그러나 무한히 많은 객실을 가진 호텔은 문제될 것이 없다.

> 호텔 사장이 이렇게 방송을 할 것이다 : "모든 손님들께 안내 말씀드립니다. 만약 당신이 n호 방을 쓰고 계시면 $n+1$호 방으로 옮겨주시기 바랍니다."

모든 손님이 다음 방으로 옮겨간 후, 새 손님은 1호 방에 배정받는다. 잠시 후에, 무한히 많은 손님이 다시 왔다. 어떻게 할까?

호텔사장은 당황하지 않고 다시 새로운 명령을 내린다 : "모든 손님들께 안내 말씀드립니다. n호 방을 쓰고 계신 손님은 $2n$호 방으로 옮겨주시기 바랍니다." 순식간에 모든 홀수방이 나왔고 무한히 많은 새 손님들은 자연스럽게 방을 배정받는다.

이 이야기가 우리에게 말하는 것은 일단 무한집합이 주어지기만 하면 그 안의 무한성질—크기가 같지 않은 집합이지만 같은 크기로 느껴지는—은 사람들을 놀라게 하기 충분하다. 무한집합의 크기를 비교하는 것이 가능할까? 칸토어는 두 무한집합의 크기가 서로 같다면 두 집합 사이에 일대일대응 관계가 성립한다는 표준을 확립했다.

이 표준은 여전히 직관에 의한 비교이다. 만약 하나의 집합에서 한 원소를 가져오면, 항상 다른 집합에서 이 원소와 대응하는 원소를 찾을 수 있기 때문이다. 반대로 말해도 마찬가지다. 느낌상으로는 두 집합은 서로 같다는 것이 당연하다.

그러나 무한 집합에서, 당신은 자신의 생각을 완전히 뒤엎는 사고가 필요하다. 앞의 호텔의 예에서 모든 홀수집합과 자연수집합은 크기가 같다. 즉, 부분집합과 원래집합의 크기가 같다. 유한집합에서는 말도 안 되는 이야기지만 무한집합에서는 흔한 일이다.

그렇다면 모든 무한집합의 크기는 같을까? 만약 모두 크기가 같다면 무한집합은 흥미롭지 않을 것이다. 다행히도, 칸토어는 실수집합과 자연수집합이 일대일대응이라는 것과 또한 자연수집합은 실수집합의 부분집합으로, 실수집합의 기수cardinal number는 자연수집합의 기수보다 크다는 것을 확인했다. 여기서 기수는 집합론 용어로 집합의 원소의 개수가 얼마인지를 표현하기 위해 나온 값이다.

칸토어는 자연수집합의 기수는 모든 무한집합의 기수 중 가장 작다는 것을 증명했다. 자연수집합의 기수는 보통 $\aleph_0$로 쓴다(알레프 제로Aleph null라고 읽는다. 알레프Aleph는 그리스문자이다). 자연수 집합은 가산집합countable set이라고도 부르는데 자연수는 일일이 나열가능하여 하나 하나 셀 수 있기 때문이다.

실수집합의 기수는 보통 $2^{\aleph_0}$로 쓴다. 왜 이렇게 쓸까? 이유는 어떤 유한집합의 원소가 n개라면, 그것의 모든 부분집합의 개수는 공집합과 자기자신을 포함하면 2^n이기 때문이다. 이것은 매우 간단한 조합 문제이다. 그러나 칸토어는 어떤 무한집합이든지 그것의 모든 부분집합으로 구성된 집합의 기수는 필연적으로 원래 무한집합의 기수보다 커야 한다는 것을 증명했다. 실수집합의 기수는 자연수집합의 모든 부분집합으로 구성된 집합의 기수와 같다. 그래서 우리는 유한집합의 표기법을 참고로 하여 실수집합의 기수를 $2^{\aleph_0}$로 쓴다.

이 문제를 꺼내기 위하여 앞에서 많은 이야기를 했다. 바로 '무한집합의 기수는 자연수집합과 실수집합 사이에 있을까?' 즉, $\aleph_0$보다 크고, $2^{\aleph_0}$보다는 작을까? 만약 이런 기수가 존재하지 않는다는 것을 증명한다면, $2^{\aleph_0}$을 $\aleph_1$으로 써도 된다. 또한 수학자들은 무한집합이 명확하게 정렬될 수 있다고 기대한다. 즉, $\aleph_0$, $\aleph_1$, $\aleph_2$, $\aleph_3$ …이런 식으로 말이다.

이 문제를 간과하지 말았으면 한다. 이것은 그 명성이 자자한 '연속체가설continuum hypothesis'이다. 이렇게 이름을 붙인 까닭은 실수는 하나의 '연속(완전이라고 부르기도 한다)된 집합'이기 때문이다. 연속체가설은 힐베르트의 20세기 가장 중요한 23가지 수학문제에서도 1번 문제로 선정되었으니 그 중요성을 충분히 알만하다.

이 문제의 답은 매우 뜻밖으로 1940년대에 괴델이 수학자가 제일 많이 사용하는 공리계에서 '연속체가설'을 증명했다. 즉, '체르멜로-프렝켈 집합론Zermelo Fraenkel set theory'(이하 ZFC)에서 연속체가설을 증명할 수 없다는 것이다. 괴델의 증명은 임의의 수학공리계에서 참임을 증명할 수 없는 명제가 존재한다는 것이고 '연속체가설'은 증명할 수 없는 참인 명제로서 그것은 참인 명제라고 여긴다.

그러나 1960년대에 이르러, 폴 코언Paul Joseph Cohen은 놀라운 결과를 증명했다. 연속체가설은 ZFC공리계와 '독립적'이라는 것이다. 독립적인 것의 의미는 연속체가설이 참이든 거짓이든 모두 ZFC 공리계에서 상호모순인 결과를 도출할 수 없다는 것이다. 참으로 당황스럽다. 도대체 참인 명제를 쓰라는 건지, 거짓 명제를 쓰라는 건지 모르겠다. 폴 코언의 결론은 "모두 가능하다. 모두 모순을 도출할 수 없다!"이다.

이것은 '평행선 공리axiom of parallels'의 상황과 닮았다. 공리 혹은 다른 상황에서 그것은 다른 기하를 도출할 수 있다. 그러나 '연속체가설'에 대한 결론은 사람을 상당히 곤혹스럽게 한다, 이 문제를 계속 연구할 방법이 없지 않은가?

절대 그렇지 않다. 사실 1940년대, 수학자는 두 개의 흥미로운 집합을 발견했는데, p와 t를 써서 표시한다. 두 집합의 정확한 정의는 좀 복잡하지만 당신을 위해 설명하려고 한다.

우선 p와 t는 모두 집합이다. 셀 수 있는 많은 원소가 있다(즉, 가산 집합이다). 각 원소는 모두 자연수의 수많은 부분집합의 집합이다. p와 t 집합 모두 '자연수 부분집합의 집합의 집합'이기 때문이다. 가장 간단한 '자연수 부분집합의 집합'의 예는 어떤 자연수의 배수로 구성된 집합이다 : {{2, 4, 6, 8}, {3, 6, 9, 12}, …}, 또는 어떤 자연수보다 큰으로 표현되는 집합으로 구성되는 {{x | x는 10보다 큰 자연수}, {x | x는 11보다 큰 자연수}, {x | x는 12보다 큰 자연수}…} 등이 있다.

우리는 두 집합 간의 부분집합 관계의 정의를 안다.

"…는 거의 …의 부분집합이다." 앞의 것과 관련되는 '거의'라는 표현은 아래 정의에서 익숙할 것이다.

무한집합 A는 거의 무한집합 B의 부분집합이다. 집합 A에서 단지 한정된 몇 개의 원소만이 집합 B에 속하지 않을 때, $A \subseteq * B$라고 표현한다.

{x | x는 1, 2, 3과 1000보다 큰 자연수} ⊆ * {x | x는 100보다 큰 자연수}

$A \subseteq * B$ 또는 $B \subseteq * A$ 인 많은 경우가 있다.

이어서 집합 p에 대해 정의하자.

1. X로부터 유한개의 원소를 취하여 교집합을 구하면(여기서 원소는 모두 집합 꼴이다) 여전히 무한개 원소가 있다.
2. 무한개의 자연수로 구성된 집합—거의 p에서 각 원소의 부분집

합—은 존재하지 않는다.

이상 2가지 조건은 상호 대립적이기도 하다. 예로 집합의 집합 f_1 :
$\{\{n+0 \mid n \in N\}, \{n+1 \mid n \in N\}, \{n+2 \mid n \in N\}, \cdots\}$

이것은 첫 번째 조건을 만족한다. 그러나 두 번째 조건은 만족하지 않는다. 예로, 모든 홀수는 거의 그것의 각 원소의 부분집합이다.

X로 가능한 정의는 다음 집합의 집합과 같다 : $\{m^k : k \in N\}$

이것은 첫 번째 조건을 만족한다. 만약 유한 개 이런 종류의 집합이 있다면 이런 집합에서 모든 지수 k의 최소공배수를 g라고 하자. 즉 모든 m^g꼴의 수는 모두 이런 집합에 속하고 무한 개이다. 두 번째 조건을 만족하는 것도 확인할 수 있다.

집합 t의 정의는 좀 더 간단하다. 집합 t의 원소 Y(어떤 집합족)중의 원소를 $\subseteq *$에 따라 비교한다면 배열할 수 있고 '최소원소'를 항상 찾을 수 있어 이런 집합을 '잘 정렬되었다$^{\text{well-ordered}}$'고 부른다. 집합 t의 원소 Y의 하나의 예는 앞서 말한 f_1이다.

집합 p와 t에 대해서, 이미 알려진 흥미로운 성질이 있다. 우선 우리는 이미 집합 p와 t의 기수($|p|, |t|$로 쓴다)는 자연수집합보다 크다는 것을 안다 :

$|p| > \aleph_0$, $|t| > \aleph_0$

집합 t의 기수는 실수집합보다 작거나 같으므로 $|t| \leq 2^{\aleph_0}$.

집합 p의 기수는 집합 t의 기수보다 작거나 같으므로 $|p| \leq |t|$.

이것을 종합해보면 :

$$\aleph_0 < |p| \leqslant |t| \leqslant 2^{\aleph_0}$$

재미있는 현상이 나타났다. 만약 $|p| \leqslant |t|$에서 '등호(=)'를 없앨 수 있다면, $|p| < |t|$이 된다. 그러면 p의 기수는 자연수와 실수집합 사이에 있는 무한집합의 것이다. 이것은 연속체가설이 거짓임을 보인 것이나 다름없다. 그러나 폴 코언으로부터 '연속체가설'과 관련된 독립적인 ZFC의 결론이 나온 이후에 수학자는 $|p| < |t|$는 증명될 수 없는 것이라는 데에 무게가 쏠리고 있고 ZFC는 독립적인 공리계 이외의 문제라고 여겼다.

2016년 이 문제는 의외로 새로운 진전을 맞는다. 여기서는 1960년대에 만들어진 '모델 이론model theory'에 대한 이야기를 해야 한다. 모델이론에서 '모델'은 하나의 공리계와 규칙이다. 수학에서 어떤 영역(예: 군, 범위, 그래프, 집합 등)을 정의할 수 있다. 모델이론은 동형이 아닌 이론을 분류하고, 그것들에 대한 '복잡도'를 분석한다. 어떤 이는 이런 이론은 해석수학의 '원시부호source code'라고 표현한다.

컴퓨터 프로그래밍을 공부해본 사람은 알 것이다. 코드분석은 '코드 복잡도 분석'을 가리킨다. 그리고 모델이론은 수학이론에 대해서도 분류 및 복잡도 분석을 진행할 수 있다.

1967년 제롬·케슬러Jerome & Kessler는 모든 수학이론의 복잡도는 적어도 2가지로 나누어질 수 있다는 것을 증명했다. 즉, '최소복잡도'와 '최대복잡도', 이런 복잡도 질서는 '케슬러 질서'라고 부른다. '복잡도'는 수학에서 발생한 '사건'의 수량으로 헤아려진다. 발생 가능한 명제의 수가 많을수록, 반대로 그 내부에서 일어날 수 있는 '사건'은 더 적어진다.

'케슬러 질서'를 정의한 후, 약 10년이 될 때쯤, 쉘라라는 수학자가 복잡도는 '최소'와 '최대' 2가지만 가질 수 없다는 것을 증명했다. 종류가 많다는 것이 아니고 그것들 사이에 매우 명확한 한계가 있다는 것이다. 물리에서 '에너지 준위energy level'의 개념과 좀 비슷하다. 즉, 복잡도는 연속적으로 변하는 것이 아니라 점프해서 변한다.

그러나 이후 이 방면의 연구는 30년 동안이나 멈춰 있었다. 2009년 마리에리스라는 수학자가 박사학위논문을 준비하며 쉘라의 논문을 읽게 되었고 그녀와 쉘라는 이 분야에 대해 공동으로 연구하기 시작했다. 그들은 두 개의 수학계통에서 하나는 이미 알려진 최대복잡도를 생산할 수 있다는 것과 다른 하나는 여전히 미지인 것을 발견했다.

하지만 그들이 발견한 2가지 수학계통의 복잡도 문제는 뜻밖에도 앞에서 말한 집합 p와 t의 크기문제와 같다.

2016년에 이르러 그들은 결국 이 2가지 수학계통은 같은 크기의 복잡도를 가지고, 간접적으로 $|p|=|t|$임을 증명했다. 집합 p와 t의 기수 간의 크기 문제가 극적으로 해결되었다.

사람들이 기대한 결과 $|p|<|t|$이 아니고, $|p|=|t|$이다. 그리고 실수집합의 기수 $2^{\aleph_0}$와 모두 같다. 쉘라와 마리에리스는 이 결과를 얻어 하우스도르프 메달Hausdorff medal을 받았다. 이것은 집합론 분야의 가장 영예로운 상이다. $|p|=|t|$은 코헨의 결론에 부합한다는 것을 증명, 그렇지 않으면 연속체가설이 거짓임을 증명한 것이다(비록 그것이 거짓임을 증명하더라도 임의의 다른 모순 결론이 나올 수 없다).

나는 이 예가 매우 훌륭한 해석이라고 생각한다. 수학 분야에서는

'새로운 방법을 찾는', '방법은 달라도 결과는 같은' 현상을 자주 볼 수 있다. 즉, 한 분야에 몰두한 연구는 뜻밖에도 다른 분야의 중요한 문제를 해결하는 실마리가 된다. 이 예에서 모델이론의 연구는 집합론의 문제를 해결하게 해주었다. 그래서 이것은 우리에게 수학을 연구할 때, 작은 부분에 서로 얽힌 어떤 특정 문제를 해결하려는 것은 종종 좋은 방법이 아니라는 것을 알려준다.

그러나 나로 하여금 깊게 생각하게 하는 또 다른 하나의 문제는 '연속체가설'의 결말은 객관적인 결론인가, 여전히 역시 주관적으로 그 진위를 억측할 수 있는 명제인가? 하는 것이다. 만약 객관이 존재한다면, 그것은 어떻게 참인지 확인이 가능할까, 그리고 거짓인 것도 어떤 방법으로 확인할 수 있을까? 만약 외계인이 이 문제를 제기한다면, 그들의 연속체가설에 대한 결론은 무엇일까? 나의 결론은, 무한의 개념은 항상 사람들은 무한 곤란하게 만든다는 것이다.

선택해? 말어? _ 공리선택 다툼 ────

'집합'은 수학의 기초로 여기는 분야이다. 집합론의 역사에서 굉장히 흥미로운 분쟁이 있었는데 수학기초를 세우는 과정에서 발생한 이념의 대충돌, 그 중심에 있는 것이 바로 '선택공리'의 분쟁이다. 선택공리에 대해 이야기하려면 부득이하게도 '수학의 제3차 위기'에 대해 말해야 한다. 즉, 그 유명한 '러셀의 역설'이 불러일으킨 위기이다.

19세기 후반 무렵, 수학자들은 수학이론의 기초가 완전하지 않다는 생각을 하기 시작했다. 유클리드 기하와 같이 그 기초를 완전히 새롭게 수립해야 할 필요성을 느꼈다. 유클리드는 5가지 간단한 공리를 통해 기하정리와 결론을 도출했다. 그래서 수학자들은 대수학에 대해서도 이런 공리체계를 수립하기 원했다. 더 중요한 것은 논리추리의 규칙체계를 만드는 것이었다. 그리고 마침 칸토어가 무한집합에 대해 많은 연구를 하여 집합개념으로 수학기초를 세우는 것이 어쩌면 적합할 수 있다는 것을 발견했다. 집합개념은 확실히 간단하고 평범하다. 뿐만 아니라 모든 수학적 연구대상은 모두 집합의 표현을

271

이용할 수 있다. 그래서 사람들은 집합론으로 일련의 기초를 세우고자 했다.

초기에 수학자들은 자신만만했다. 1900년 힐베르트는 어느 유명한 강연에서 20세기의 중요한 수학문제 23개를 발표했다. 처음 2가지는 모두 집합과 관련된 것이었다. 첫 번째는 바로 '연속체가설'이고 두 번째는 '산술공리'에 대한 증명이다. 두 문제는 모두 수학기초를 세우기 위해 나온 것이라고 할 수 있다. 힐베르트는 첫 번째 문제는 해결되었고 집합론은 어떤 결함도 없다고 여겼다. 두 번째 문제도 해결했고 수학의 기초도 매우 견고했지만 아쉬운 것은 이 2가지 문제의 이후 발전은 모두 수학자의 기대와는 상반된 결과에 이른다.

그중 가장 큰 위기는 1903년 러셀이 제기한 것으로 그 유명한 '러셀의 역설'(이발사의 역설이라고 부르기도 한다)이다. 이 위기 이후에 '제3차 수학 위기'(이전 두 번의 위기는 무리수의 개념과 미적분 개념의 기초와 관계된다)라고 불렀다. 이 위기가 발생한 후에 많은 사람들은 각 방면에서 위기에서 벗어나기 위한 시도를 했다. 칸토어는 집합론의 창시자로서 그가 이 이론을 포기하지 않으려는 것은 어쩌면 당연한 일이었다. 하지만 그가 살아있을 20년대에는 연속체가설 증명을 거의 시도하지 않았다. 물론 이후 코헨에 근거한 결론으로 칸토어의 연구는 어떤 진전도 없이 비극으로 끝이 났는데 그의 집합론과 초한기수$^{transfinite\ cardinal\ number}$이론이 각종 질의를 받은 큰 원인이었다.

1904년 제3회 세계수학자대회에서 부다페스트의 유명한 수학자 코니시^{Cornish}는 한 편의 논문을 발표했다. 이 논문은 칸토어의 연속체의 기수는 어떤 $\aleph$가 아니고 더군다나 $\aleph_1$은 말할 필요도 없다는 것을 알렸다. 이때 체르멜로^{Zermelo}라는 젊은이가 칸토어를 도왔다. 그는 코니시 논문에서 언급한 하나의 문제는 성립하지 않음을 발견했다.

체르멜로는 1871년에 독일 베를린에서 태어났다. 그는 칸토어보다 26살 어린 나이였다. 체르멜로는 1894년에 베를린 대학에서 박사학위를 받았고, 이후 괴팅겐 대학교는 그에게 무급조교직을 제공했다. 1900년을 전후로 그는 집합론에 관심이 많았다. 더불어 집합론에 대한 강의를 시작했다. 그는 칸토어의 이론을 매우 좋아하여 1904년에 칸토어를 도왔다. 그러나 그와 칸토어는 이 문제는 해결할 수 없다는 것을 잘 알고 있었다. 칸토어의 집합론은 훨씬 많은 개선이 있어야 비로소 완전해질 수 있었다.

연속체가설의 연구과정에서 칸토어는 '정렬정리$^{\text{well ordering theorem}}$'가 매우 필요하다는 것을 알게 되었다. 의미는 정렬정리 이름 그대로이다. 그는 어떤 집합에서 항상 최소 원소를 찾을 수만 있다면 이 집합은 '정렬$^{\text{well ordering}}$'이라고 부를 수 있다고 했다. 칸토어는 모든 공집합이 아닌 집합은 정렬이기를 바랐지만 그것을 공리로 정할 방법이 없었다. 이 명제는 '명백하다', '자명하다'와는 거리가 멀었기 때문이다. 그래서 체르멜로는 칸토어 증명을 돕기 위해 정렬정리를 설계하기 시작했다. 그는 새로운 공리를 하나 제기했는데 이 공리로부터 정렬정리를 추출할 수 있었다.

그 공리는 선택공리라고 부른다. 선택공리는 비슷한 표현 형식이 많은데 그중에서도 비교적 간단한 표현은 '임의의 원소를 가지는 공집합이 아닌 집합에 대해서 각 집합에서 원소를 하나씩 추출하여 새로운 집합을 항상 만들 수 있다'는 것이다.

공집합이 아닌 집합에서 하나의 원소를 선택하므로 선택공리라고 부른다. 이 공리가 불변의 진리처럼 보이지 않는가? 만약 (공집합이 아닌) 집합에 적어도 하나의 원소가 있으면 하나의 원소를 무조건 선택할 수 있다. 그리고 문제는 '선택'의 방법과 관련된다. '선택공리'는 '선택의 방법'의 정의를 요구하는 것은 아니지만 어떤 것은 '선택'가능하다. 하지만 이때 무한집합과 관련되면 의심스러운 점이 생긴다.

예로, 모든 자연수의 공집합이 아닌 부분집합에 대해서, 각 부분집합에서 원소를 하나씩 선택해보자. 제일 작은 수를 선택하면 어떤 문제도 없다.

다른 예로, 모든 실수의 폐구간으로 구성된 집합에 대해서, 각 구간에서 하나의 값을 고를 때 구간의 중점을 선택할 수 있다. 구간이 $[a, b]$라면, 중점으로 $(a+b)/2$ 값은 항상 존재하기 때문이다.

문제를 조금 확장해보자. 모든 실수의 공집합이 아닌 부분집합에서 하나의 원소를 택할 때, 어떻게 택할 수 있을까? 뭐라고 정확하게 말할 방법이 없다는 것을 곧 발견할 것이다. 그렇게 많은 공집합이 아닌 부분집합에 최소한 하나의 원소가 있다는 것을 알더라도, 수많은 공집합이 아닌 부분집합에 원소가 무한히 많다는 것을 알더라도, 당신은 정확한 방법을 정의할 수 없다.

'어떤 무한집합의 모든 부분집합으로 구성된 집합'에서 실제로 선택공리를 이용하게 된다. 러셀은 선택공리에 대해 비유적인 표현으로 설명한 적이 있다. 즉, 무수히 많은 신발에서 한 짝의 신발을 선택

[그림] 러셀은 '선택공리'에 대해 비유적인 표현으로 설명한 적이 있다. 즉, 무수히 많은 신 발에서 한 짝의 신발을 선택할 수 있다. 그러나 무수히 많은 양말에서 한 짝의 양말 을 선택할 수 없다.

할 수 있다. 왜냐하면 우리는 왼발 혹은 오른발 신발을 선택하라고 말할 수 있기 때문이다. 그렇기 때문에 양말 한 쌍으로 이루어진 집 합이 무수히 많을 때, 각 집합에서 양말 한 쪽을 추출하여 집합을 얻 기 위해서는 선택공리의 도움이 필요하다.

다른 관점에서 선택공리를 말하자면, 임의의 공집합이 아닌 집합 으로 구성된 집합에서 어떤 이는 선택함수를 말하는데 앞에서 말한 최소원소 또는 $(a+b)/2$과 같은 종류는 모두 선택함수의 예이다.

선택공리는 선택함수의 정의를 말하지 않더라도 선택함수는 존재 하는 것이라고 여긴다. 선택공리에 반대하는 사람은 '구체적으로 선 택함수의 정의를 말할 수 없으면 이런 함수가 존재한다고 할 수 없 다'고 말한다. 만약 선택에 대해 정확하게 정의하는 방법이 없다면 하나의 원소를 정하거나 정해지는 것은 모두 안 된다는 것이다.

당신은 선택공리가 나오는 아무런 상관도 없다고 생각할 수 있다. 어디서 이 공리를 써먹을 수 있을지와 같은 생각도 안 할 수 있다. 하지만 이것은 바로 당신의 큰 착각이다. 실제로 수많은 증명에서 당신은 이미 자각하지 못했겠지만 선택공리를 써왔다. 풍자적으로 말하면, 선택공리를 반대하는 사람들조차도 실제로 이전의 수많은 연구에서 이 공리를 사용해왔다. 가장 흔히 접하는 예는, 증명에서 '비구조성'을 이용하려면 바로 선택공리를 이해해야 한다는 것이다. 비구조성 증명의 전형적인 예는 다음과 같다.

무리수의 무리수 제곱은 유리수인가? $\sqrt{2}^{\sqrt{2}}$는 유리수인가, 무리수인가?

만약 당신의 생각에 당연히 무리수이더라도 그것을 증명하기는 쉽지 않다.

그러면 우리는 '무리수의 무리수 제곱은 유리수인 수가 존재한다'를 가지고 논증한다.

우선 만약 $\sqrt{2}^{\sqrt{2}}$가 유리수라면, 무리수의 무리수 제곱이 유리수인 예를 찾은 것이다.

만약 $\sqrt{2}^{\sqrt{2}}$가 무리수라면, 바로 이 수 $(\sqrt{2}^{\sqrt{2}})^{\sqrt{2}}$를 생각해보자. 이 수의 밑과 지수는 모두 무리수이다. 그리고 지수법칙에 의해 이 수는 $\sqrt{2}^2=2$와 같다. 이 수는 유리수이고 무리수의 무리수 제곱은 유리수라는 예를 하나 찾았다(이미 $\sqrt{2}^{\sqrt{2}}$이 초월수임이 증명되었지만 여기서 논할 범위는 아니다).

논리학에서 '배중률'은 어떤 명제가 참이 아니라면 거짓임을 의미한다. 집합론의 관점에서 배중률은 선택공리의 하나의 추론이다. 그래서 선택공리에 반대하는 사람은 배중률도 반대한다. 심지어 그들의 입장에서는 귀류법도 성립하지 않는다.

결론은 만약 어떤 증명에서 '…가 존재한다. …가 성립하는 …의 결과를 낳다'를 이용한다면 '…가 존재한다'에 대한 구체적인 구조에 대한 설명 없이 바로 선택공리를 사용한다.

여기에 또 전형적인 예가 '바나흐-타르스키 역설Banach-Tarski paradox'이다. 이것의 구체적인 내용은 좀 복잡하지만 간단하고 쉽게 이해할 수 있는 방법이 하나 있다. 선택공리를 사용하여 추론한 역설이다. 이제 상상력을 풍부하게 할 준비를 단단히 해라. 당황스러운 무한 상황을 마주할 것이다. 수학에서 많은 역설은 무한 개념과 관련이 있는데 이것은 이상한 일이 아니다.

먼저 전형적인 IQ테스트 문제를 하나 보자. 100명의 사형수와 관련 있다.

어느 날, 교도소장은 100명의 사형수에게 한 방향을 향해 줄을 서도록 했다. 모든 사람은 앞 사람의 뒤통수를 보고 있다. 그런 다음 교도소장은 사형수 한 명 한 명에게 검정 또는 흰색의 모자를 준다. 각자는 자신이 쓰고 있는 모자의 색을 볼 수 없다. 하지만 자신보다 앞에 있는 모든 사람의 모자 색을 볼 수 있다. 대열의 맨 끝 사람은 앞 99명의 모자를 볼 수 있다. 잠시 후 '게임'을 시작하려고 한다. 맨 끝에서부터 맨 앞까지의 죄수 번호를 1~100으로 붙인다. '100번'인 맨 앞의 죄수는 다른 사람의 모자를 하나도 볼 수 없다.

교도소장은 1번 죄수부터 그들 각자가 쓰고 있는 모자 색을 한 번 묻는다. 만약 답이 맞으면 바로 석방, 답이 틀리면 사형집행을 한다. 교도소장은 모든 죄수가 이 게임을 시작하기 전에 전략을 상의하도록 허락한다. 문제는 죄수들이 어떤 전략을 취해야 모든 사람이 살아남느냐 하는 것이다.

99명을 살릴 수 있는 확실한 전략은 있다. 하지만 1명은 운에 따라야 한다. 이 방법은 흰색과 검정색 모자 수량의 홀수 또는 짝수 성질을 이용하는 것이다. 1번 죄수의 모자 색을 볼 수 있는 사람은 없기 때문에 1번은 자신의 목숨을 보존할 확실한 방법이 없다. 하지만 그는 다른 사람의 모자 색을 모두 볼 수 있기 때문에 자신의 답을 다른 사람에게 전달하여 그들에게 행복을 가져다 줄 수 있다. 방법은 1번 죄수가 자신이 본 모자의 수량—홀수는 '검정'이라고 대답하고, 짝수가 '흰색'이라고 대답한다—을 관찰하는 것이다. 이런 식으로 2번 죄수는 자신이 본 검정모자의 홀짝 성질에 근거하여 다시 1번 죄수의 회답에 부합하게, 순리대로 자신의 머리에 쓴 모자의 색을 추측할 수 있다. 이후 모든 사람은 유사한 방법으로 자기의 모자 색을 추측할 수 있고 문제는 해결된다.

이제 이 문제를 조금 수정해보자. 100명의 죄수가 아니라, 무한히 많은 죄수로 같은 방식을 취하면 어떤 전략이 가장 좋을까? 드디어 올 것이 왔다. 무한이다. 번뇌가 시작되었다.

지금 각 죄수는 모두 무한히 많은 검정 모자와 흰 모자를 볼 수 있다. 무한히 많은 모자는 홀수든 짝수든 상관없이 앞의 전략을 계속 쓸 수 없다. 그러나 지금 당신에게 알려줄 수 있는 것은 만약 우리가 선택공리를 사용한다면 유한히 많은 죄수가 풀려날 한 가지 방법을 확보할 수 있다.

그러나 무한히 많은 죄수를 살리는 방법은 다음과 같다. 흰 모자를 0, 검은 모자를 1로 나타내자. 무수히 많은 죄수들에게 모자를 씌우고 나면 0과 1로 구성된 무한수열이 하나 얻어진다. 어떤 위치 이후에 무수히 많은 자리가 서로 같기만 하면―예를 들어 만약 100만 번째 사람 뒤로 무한히 많은 수열이 서로 같기만 하면―서로 같은 수열로 본다. 그러나 우리는 100만처럼 구체적인 숫자는 필요하지 않다.

또한 무한히 많은 종류의 수열이 있지만, 무한히 많은 죄수들은 결코 무서워하지 않을 것이다. 이어 '선택공리'가 출현한다. 선택공리는 우리에게 무한히 많은 공집합이 아닌 집합에 대해, 가운데에서 원소 하나를 고를 수 있다는 것을 알려준다. 죄수들은 각 수열에서 하나의 수열을 고르면 되는데 각 수열의 대표숫자를 이후에 '사전'에 쓰거나 '통째로 외워버릴' 수 있다.

테스트 날이 왔다. 죄수들이 다른 사람의 모자 색을 봤을 때, 기적의 순간이 왔다. 이 순간, 각 죄수들은 모두 무한히 많은 모자를 볼 수 있었다. 각 죄수 모두가 '먼 방향'을 보았을 때, 그들은 회상할 수 있거나 사전을 찾아볼 수 있었다. 그들의 사전에 속해 있는 어떤 수열에서 무한히 많은 수열을 보았다. 방금 말한 것처럼 많은 0과 1로 구성된 수열은 모두 같은 수열이다.

이것은 각 죄수는 모두 이 대표수열의 순서에 따라 자신의 모자 색을 추측할 수 있다. 이 대표수열은 어떤 사람부터 시작하기 때문에,

죄수들이 보는 수열과 같은 것이다. 그래서 유한히 많은 죄수가 희생된 후, 뒤에 무한히 많은 죄수들은 모두 자신의 모자 색을 추측할 수 있었다.

이 방법은 보통 사람은 생각해내기 힘든 조금은 기상천외한 방법이지 않은가? 각자 이 게임과정을 소화하려면 시간이 필요하다는 것을 안다. 당신이 이해한 후에는 지금과 같은 방법의 추리과정이 유창하다는 것을 발견할 수 있을 것이고, 또한 엄격한 수학용어 표현을 쓸 수 있을 것이다. 믿기 어려운 것(믿을 수 없는)이지만 '선택공리'는 믿을 것이 못된다고 탓할 뿐이다.

[그림] 무한히 많은 죄수가 모자 색을 추측하는 게임을 하고 있다.

위의 예는 만약 선택공리를 수용하면, 직관에 위배되는 결과를 도출할 수 있다는 것을 알려준다. 그러면 다른 공리를 이용하여 선택공리를 추론할 수 있을까? 하지만 연속체 가설처럼 선택공리는 수학자가 가장 많이 사용하는 체르멜로-프렝켈 공리계(ZF계)와 상응하는 것으로 증명되었고, ZF공리계로부터 선택공리를 증명할 수 없음이 증명되었다.

그러면 현재는 선택공리를 쓸까, 안 쓸까? 수학문제가 아니라 철학문제 같다. 현재 주류수학계에서 많은 사람들이 여전히 선택공리를 사용한다. 하지만 선택공리를 사용하지 않는 이유는 증명하기 어렵기 때문이다. 많은 사람은 일련의 공리를 좋아한다. 많은 무기를 가진 것과 같기 때문이다. 사실상 현재 상용되는 ZFC공리계에서 C는 바로 선택의 영어단어 Choice의 첫 알파벳이다. 그리고 Z는 체르멜로, F는 프렝켈로부터 따왔다. 그래서 ZFC는 체르멜로와 프렝켈이 공동으로 만든 한 세트 공리화 집합론(ZF계)이고, 선택공리가 다시 더해진 것이다. 이 절의 내용을 다 읽었는지 모르겠지만, 도대체 선택공리를 써야 할까, 말아야 할까?

당신은 이 절을 읽으면서 호기심을 느꼈을 것이다. 제3차 수학 위기의 결론은 도대체 어떻게 났을까? 간단히 말하면, 시작하자마자 수학자는 완전한 수학기초를 세우기 위한 시도를 했다. 그러나 완전하지 않은 집합론의 이런 점을 발견한 이후 수학계는 분열되었다. 수학계는 3가지 큰 흐름—논리주의, 형식주의와 직관주의, 더 많은 파별—으로 나누어졌다. 그러나 수학자 파별은 정치가들과 같은 분쟁이 아니다. 대다수 수학자는 구체적으로 수학문제를 해결하기 위해 전심을 다할 뿐이었고, 수학분파의 우세는 좋든 안 좋든 여전히 논리학자와 철학자에게 전해졌다.

'패리스-해링턴정리'부터
'불가증명성'의 증명에 이르기까지 ——

'패리스-해링턴정리Paris-Harrington theorem'의 주요 내용은 증명이 불가능한 명제 즉, '불가증명성unprovability'과 관련 있다. 앞에서 언급한 덕분에 당신은 바로 '연속체가설'을 떠올렸을 것이다.

우선 불가증명성이 무엇인지 명확히 해보자. 앞서 '괴델의 불완전성원리'에 대해 논했다. 여기서 간단히 복습을 해보자. 괴델의 제1종 불완전성원리는 '어떤 페아노산술을 포함하는 공리화가 가능한 이론은 모두 불완전하다'는 것으로 여기서 불완전은 이 공리계 안에 증명할 수 없는 명제가 존재한다는 것을 의미한다. 연속체가설은 바로 이런 명제다.

그런데 여기서 말하는 '페아노산술'은 무엇인가? 앞에서 체르멜로-프렝켈의 공리화집합론—간단히 ZFC—을 다루었다. 집합론은 일련의 집합 공리를 정의한다. 그것은 어떤 논리추리방법을 쓸 수 있다고 규정했다. 그러나 논리추리만 있고 추리의 근원이 없어 여전히 수학명제가 추론되지 않는다.

유클리드 기하의 5대 공리와 비교해보면 유클리드 기하의 시작은 5대 공리가 나오면서부터다. 이후에 일련의 이론이 도출되었는데 지금 와서 보면 ZFC계에 근거한 것이다. 대수영역도 이처럼 일련의 추리가 필요했다. 그래서 이탈리아 수학자 페아노는 1889년에 자연수의 5가지 공리에 관한 것을 발표했다.

이 5가지 공리는 간단히 말하면 0과 1이 무엇인지, 덧셈과 수학적 귀납법이 무엇인지 등을 정의했다. 이 공리에 의해 '일계산술체계', 즉, '페아노 산술체계'를 세울 수 있었고 그것은 대수영역에서 유클리드 공리와 같은 역할을 했다.

어떤 의미에서 보면, 대수는 기하에 비해 더 기초과목이다. 기하에서 점, 선, 면 이런 개념은 모두 간단한 대수형식으로 표현할 수 있다. 중학교에서 배우는 '해석기하'는 바로 이런 것에 대한 것이다. 이런 점에서 오늘날 모든 수학지식의 99.99%는 페아노 산술체계와 그에 따르는 파생된 정의와 명제로 표현가능하다. 페아노 산술체계를 수학문제 추리의 시작점으로 볼 수도 있다.

페아노 산술체계에서 괴델의 제1종 불완전성정리를 말하자면, 분명히 증명될 수 없는 명제가 있다. 재미있는 것은 괴델이 찾은 제1종 불완전성 명제에 부합하는 것이 바로 '연속체가설'과 '선택공리'라는 것이다. 그것들은 페아노 산술체계에 따른 것이 아니고 집합론의 명제에 속하는 것이다. 이 2가지는 근본적으로 자연수와 상관없이 ZFC 집합론공리를 이용하여 표현이 가능해진 것이다.

이후 괴델은 다른 종류의 명제도 찾았는데 많든 적든 모두 괴델이 불완전성정리를 증명할 때 사용한 방법과 닮았다. 이런 명제는 모두 '이 명제는 증명될 수 없다'라고 말하는 것 같다.

만약 우리가 ZFC공리계를 취사도구로 페아노 산술체계를 식재료로 두고 비유하면 "이 취사도구를 이용하여 이 취사도구로는 볶을 수 없는 요리를 하나 볶아 주세요."라고 말하는 것과 같은데 결과는 당연히 볶을 수 없다. 그래서 수학자는 페아노산술공리를 이용한 수학명제는 증명할 수 없다고 생각한다. 또한 요리 하나를 완성하려면 요리의 성분은 완전히 식재료가 제공한 것이고 ZFC 취사도구로는 볶을 수 없는 것이다. 이 요리는 1977년에 찾았다. 그러나 그것은 '패리스-해링턴정리'가 아니고 패리스-해링턴정리가 '또 다른 명제가 증명될 수 없다는' 것을 증명한 것이다.

패리스-해링턴정리를 해석하기 위해서는 램지이론Ramsey's theory에 대한 간단한 이해가 필요하다. 램지이론은 바로 그래프이론에서 배열조합문제 중 하나로, 그중에서도 기본정리를 램지이론이라고 부른다. 전형적인 램지이론의 응용문제가 하나 있다. 적어도 몇 명이 있으면 그중 3명은 서로 알거나, 서로 알지 못할까? 잠시 시도를 해보라. 6명이 있다면 3명은 서로 알고 3명은 서로 모르는 램지수가 $R(3, 3)$이다. R은 램지이름에서 따온 것이고, 괄호 안의 두 수는 '3명은 서로 안다'와 '3명은 서로 모른다'를 표시한 것이다. 같은 이유로 $R(4, 4)$를 생각해볼 수도 있다. 이것 또한 적어도 몇 명이 있을 때 서로 아는 4명과 서로 모르는 4명이 있다는 의미이다. 이 숫자는 이미 $R(4, 4)=18$인 것이 알려져 있다.

그리고 램지는 x, y가 얼마인지와 상관없이 $R(x, y)$의 값은 항상 존재하고 임의의 x, y에 대해서 $R(x, y)$는 유일하다는 것을 증명했다. 사람 수가 $R(x, y)$보다 크거나 같을 때 그중에는 반드시 서로 아는 x명과 서로 모르는 y명이 존재하고 이것을 램지 정리Ramsey theory 또는 항상 유한히 많은 사람에서 생각하므로 '유한 램지정리'라고 부른다.

당신은 어쩌면 램지수가 굉장히 간단하다고 여길 수 있다. 기껏해야 컴퓨터를 이용해서 일일이 세기만 하면 된다고 여길 수 있지만 이것은 완전히 틀린 생각이다. 예로, $R(4, 4)=18$은 그렇게 말할 수 있다. 만약 17명이라면 어떤 조건하에서 어떤 4명은 서로 알거나 또는 서로 모르는 경우는 존재하지 않는다. 그러면 당신은 17명의 상황을 일일이 헤아리기 시작하는데, 바로 컴퓨터 프로그램으로 처리할 수 없음을 알게 될 것이다. 왜냐하면 17명은 그들이 서로 아는 관계는 $(17 \times 16)/2 = 136$가지가 필요하다.

그러나 이 136가지는 '안다' 또는 '모른다'의 2가지 상황이 가능한 이유로 일일이 세는 경우는 2^{136}가지가 필요하다. 약 2.46×10^{26}가지 상황이다. 그리고 2.46×10^{26}가지 상황에서 극히 드문 한 가지 상황이 있으면 서로 알거나 또는 서로 모르는 4명이 없다는 것을 유도할 수 있다. 미루어 짐작컨대, 어려운 문제를 억지로 해결할 때는 노력만으로는 안 된다. 그래서 현재 알고 있는 램지수는 매우 적다. 예로, 우리는 여전히 $R(5, 5)$의 값을 모른다.

에어디쉬는 이런 농담을 한 적이 있다. 외계인이 지구에 떨어져 인류를 위협하며 $R(5, 5)$의 정확한 수를 요구하며 이 수를 내놓지 않으면 지구를 없애버리겠다고 한다. 그러면 지구의 모든 '계산력'을 모

[그림] 축구광이 선수정보를 구단 대표에게 제공했다. 그러나 대표는 기괴한 요구를 한다.

아 답을 내기 위해 안간힘을 쓸 것이고 해볼 만하다. 그러나 외계인이 만약 $R(6, 6)$이 얼마인지 묻는다면, 그러면 인류는 목숨을 건지기 위해 서둘러 도망가야 할 것이다.

지금 우리는 '유한 램지정리'를 확장했는데, 그 이상의 확장은 '무한 램지정리'(이 정리가 있긴 하다)가 아니라 '강한 유한 램지정리'이다. 이 정리의 내용은 가상의 축구선수를 빌려와 해석해보려고 한다.
가정은 '당신은 축구광'이다. 축구팀 구단대표는 당신이 자신을 도와 선수 물색하기를 바란다. 당신은 이적할 의향이 있는 예비 선수 20명을 찾아내어 1번에서 20번까지 번호를 부여했다.

구단대표 : "당신은 이 20명의 선수 중에서 적어도 5명의 선수를 찾을 수 있습니까? 이 5명에서 임의로 3명을 선택하는데 그

들은 모두 같은 클럽에서 뛴 적이 있어야 합니다. 아니면 모두 서로 다른 클럽에서 뛰었던지요. 나는 적어도 5명의 선수를 데리고 오고 싶기 때문에, 그들 중 임의의 3인의 조합은 서로 호흡을 맞춰보았으면 좋겠어요. 이렇게 구성되었다는 것은 비밀로 해주세요. 만약 함께 뛴 사람이 없다면 그들은 파벌을 만들수 없을 것이고 내가 새로운 팀을 구성하기가 더 편해질테죠."

축구광 : "대표님, 5명 중에 3인의 조합은 총 10가지 방법이 있습니다. 함께 뛰어본 적 있는 선수를 일부분 포함시키는 것이 가능할까요? 다른 일부분은 함께 뛰어본 적이 없어요."

구단 대표 : "당연히 안되죠. 그렇다면 임의로 5명을 다 뽑아도 다 조건에 안 맞는 거 아니에요?"

축구광 : "그럼 제가 정확히 5명이 넘는 선수를 골라낼 수 있고 그 조건에 맞는다면 가능할까요?"

구단 대표 : "당연히 되죠. 또한 한 가지 추가조건이 있다는 것이 떠올랐어요. 당신은 선수들에게 모두 번호를 주지 않았나요? 나는 당신이 뽑은 선수의 수가 뽑은 선수번호 중 가장 작은 번호보다 크거나 같았으면 좋겠어요. 예를 들어 만약 당신이 10번에서 14번 선수를 선출했고 그들 중 임의의 3명은 모두 한 클럽에서 뛴 적이 있어요. 그런데 그 안의 선수 번호는 최솟값이 10이기 때문에 내 조건에 맞지 않아요. 그러면 6번 앞의 어떤 선수를 더하면 돼요. 이러면 6명의 선수는 조건에 맞게 되고 6은 가장 작은 선수 번호보다 크거나 같게 되겠죠? 아니면 10번에서 19번까지 뽑으면 모두 10명의 선수는 조건을 만족시키겠죠? 나

도 내 조건이 매우 괴상한 것을 알지만 당신은 이것이 내가 좋아하는 방식인 것을 알아줬으면 좋겠어요."

이야기에서 축구팀 구단 대표의 요구는 바로 '강한 유한 램지정리'를 이용하여 문제를 해결하기 원하는 것이다. 잠시 정리를 해보자.

1번에서 n번까지 총 n개 번호(정확히 말하자면 0부터 $n-1$까지)를 가진 선수 중에서 적어도 k명의 선수(이야기에서 $k=5$)를 뽑으면 모두 같은 클럽에서 뛰었거나 그렇지 않은 임의의 선수 조합 i(이야기에서 $i=3$)가 있다. 그밖에도 '뽑은 선수의 수는 가장 작은 선수 번호보다 크거나 같다.' 이것은 이야기에서 구단 대표가 최후에 요구한 기괴한 요구이다.

덧붙여 우리는 선수들이 같은 클럽에서 뛰거나 같은 클럽에서 뛰지 않는 2가지 경우만을 고려했다. 실제로 우리는 몇 명의 선수가 몇 군데 클럽에서 함께 뛰었던 경우를 고려할 수 있다. 예로, 0개 클럽, 1개 클럽, 2개 클럽, 3개 이상의 클럽 등, 이렇게 4가지 상황을 취할 수 있다. 우리는 취한 상황의 수량을 변량 j로 나타낼 수 있다.

이리하여 강한 유한 램지정리는 매개변수 3개 (i, j, k)를 가진다. 마지막으로 수학적인 언어로 표현하자면, 0부터 $n-1$까지 n개의 자연수로 구성된 집합에서 각 i개 원소의 조합은 j가지 색을 사용한다. 그 가운데에서 고른 적어도 k개 원소의 부분집합은 그중 임의의 i개 원소의 색은 모두 같다는 결과를 낳는다. 게다가 당신이 고른 원소의 개수는 최소 k개를 제외하고, 이 부분집합에서 가장 작은 자연수보다 크거나 같아야 한다.

여기까지 이야기에서 당신은 선수가 충분이 많을 때, 구단 대표의 요구에 맞는 조합을 뽑을 수 있을지 없을지에 대해 어떤 직감이 있을지 모르겠다. 선수가 충분히 많으면 당신이 선수를 뽑을 여지도 더 많아지기 때문에 구단 대표가 나중에 추가 요구한 것이 장애가 되더라도 선수가 많아진 이후에는 비교적 적은 선수의 조합이 더 많아질 수 있다. 그래서 총체적으로 뽑힐 여지는 여전히 클 것이다. 그리하여 느낌상 선수의 총수가 충분히 많기만 하면 요구에 부합하는 선수를 찾을 수 있다.

이것이 바로 '강화된 유한 램지정리'이다. 의미는 임의의 (i, j, k)조합에 대해, 최소 정수 R이 존재하기만 하면, 이 R개 정수 내에서 어떻게 색칠하든 상관없이 앞의 조건에 부합하는 하나의 부분집합을 찾을 수 있다.

축하한다! 여기까지 내용이 극히 소수의 사람만 이해할 수 있다는 '강화된 유한 램지정리'를 당신은 매우 높은 수준으로 이해했다.

'강화된 유한 램지정리'에 대한 강의는 끝났다. '패리스-해링턴' 정리를 간단히 말하면 페아노 산술공리를 이용하여 '강화된 유한 램지정리'를 증명할 방법이 없다.'라는 것이다.

'아, 어떻게 해야 할까?' 왠지 이런 반응을 나타냈을 것 같다. 이 정리는 배열조합문제로 보이기 때문에 어떤 신비한 것도 없어 보이는데 왜 증명할 수 없을까? 우선 괴델의 제2종 불완전성정리에서 만약 페아노 산술체계가 '일치'한다면, 즉 그것은 자신이 '일치'인 것을 증명할 수 없다. 여기서 일치의 의미는 그것이 모순된 결론을 추론할 수 없는 것이다. 만약 하나의 공리체계가 어떤 명제가 참이라는 것을 증명하거나 거짓이라는 것을 증명할 수 있다면 그 공리체계는 바로 '불일치'하는 것이다. 우리는 당연히 불일치하는 공리체계를 좋아하지 않는다.

1977년에 패리스와 해링턴 두 수학자는 "만약 페아노 산술체계를 이용하여 '강화된 유한 램지정리'를 증명할 수 있다면, 페아노 산술체계는 바로 '일치'라는 것도 증명할 수 있다."라는 것을 증명했다. 그런데 우리는 이미 페아노 산술체계가 일치임을 알고 있기 때문에 자신이 일치임을 보일 수 없고 그래서 모순이 생기는 것을 확인할 수 있다. 그래서 페아노 산술공리체계에서 '강화된 유한 램지정리'는 증명될 수 없다는 추론만 가능하다.

신기하지 않은가? 패리스-해링턴 정리는 괴델의 제2종 불완전성정리를 이용하여 괴델의 제1종 불완전성정리가 예언한 '증명될 수 없다'는 명제를 찾았다.

그리고 이 '증명될 수 없다'의 명제는 페아노 산술공리 정의를 처음 이용한 명제이다. 그래서 중요한 의미가 있다. '증명될 수 없다'의 명제는 '연속체가설'과 같은 순수집합론 범위의 명제에 국한되지 않는 것이라는 것을 알려준다.

여기까지 내용에서 '페아노 산술체계는 자신의 일치성을 증명할 수 없게 되었으니, 그러면 앞의 '이미 알려진 페아노 체계는 일치한다'는 것은 무슨 근거로 말한 것인가?'라며 의문을 가질 수 있다. 이 증명은 분명히 페아노 산술체계보다 더 강한 공리체계를 이용해서 얻은 증명이다. 1936년 독일수학자 겐첸Gentzen은 '초한귀납법Transfinite induction'을 이용하여 페아노 산술체계가 일치함을 증명했다. 당연히 초한귀납법을 사용해도 증명될 수 없는 새로운 명제가 분명히 있을 수 있다.

그렇다면 강화된 유한 램지정리가 증명될 수 없는 것이 되었는데도 왜 연속체가설처럼 쓰지 않고 '정리'라고 부르는 걸까, 그것은 '가설' 아닌가?

이 문제는 앞의 문제와 좀 닮았는데 이미 증명되었다. 단지 페아노 산술체계보다 더 강한 '이계 논리체계'를 사용한 증명이라는 것, 그리고 페아노 산술체계는 '일계 논리'와 유사하게 삼계논리, 사계논리 등도 있다는 것이다. 유감인 것은 어떤 n계 논리체계든지 모두 증명되지 않는 명제가 존재한다는 것이다.

마지막으로 당신은 여전히 의문을 가질 터인데 연속체가설은 왜 더 고계의 논리체계를 사용할 수 없는가? 앞에서도 말했다시피, 연속체가설은 집합론 범주 내의 명제이고 '채소를 볶는 도구'의 문제이기도 하다. 그리고 앞에서 말한 일계, 이계논리 등은 '식재료'의 문제이다. '채소를 볶는 도구'의 문제는 '식재료' 추가로 해결할 수 없다는 것이다.

패리스-해링턴 정리를 제외하고, 사람들은 계속해서 수많은 증명되지 않는 명제를 발견했다. 또한 범위는 정수론, 위상기하학, 해석학, 측도이론 등의 영역 등에 이른다.

수학에서 '증명될 수 없는 명제'는 하나의 보편적 현상이고, 고립되어 존재하는 것이 아니라고 말할 수 있다. 또한 증명과정도 패리스-해링턴정리와 매우 닮았다. 이 명제는 이미 페아노 산술체계의 일치성을 이끌어내기에 충분하다. 그래서 이 명제는 페아노 산술공리로 증명할 수 없다. 이런 명제의 존재는, 수학본질에 대한 많은 사람의 이해에 영향을 미쳤다.

나는 논리학이 확실히 서로 긴밀하게 연결되어 있다고 생각한다. 그리고 괴델의 2가지 불완전성정리는 우리에게 '불가증명'은 증명될 수 있는 것이라는 것을 알려준다.

PART 5

LEVEL 5

수학적으로
세상을 수학하라

암호학에 빠르게 빠져들기 ———

이 절에서는 당신이 초스피드로 암호학의 신비를 이해할 수 있도록 안내하려고 한다. 우리가 사용하고 있는 인터넷 신분인증시스템이 바로 암호학의 원리를 이용한 것이다. 우리는 2가지 흥미로운 문

[그림] 전화통화로 공평한 가위바위보 게임을 할 수 있을까?

제로부터 시작할 건데, 자 이제 몸을 풀고 머리를 좀 써보자.

첫 번째는 '어떻게 전화통화로 공평한 가위바위보 게임을 할 수 있을까?'이다. 여기서는 영상통화의 가능성은 배제하고, 음성통화로 소통하는 상황만 허락한다. 제일 먼저 생각나는 것이 전화상의 쌍방이 동시에 1, 2, 3, 고! 하면 바로 자신이 가위인지, 바위인지, 보인지를 딱 이야기하는 것이다. 좋은 방법은 제3자가 두 명의 소리를 듣고, 서로가 거의 동시에 말하는지를 확인하는 것이다. 그러나 이런 방법은 상당히 번거로울 뿐만 아니라, 정보 전송이 매우 느리고 제3자의 감독결과를 온전히 믿기 어렵다. 게다가 참여한 두 사람이 모두 좀 '나쁘다'면, 상대방이 '고!'라고 말할 때를 기다렸다가 이 말이 끝나면, 서로가 침묵한 채로 있는 것이다. 그러면 곤란하다. 이럴 때는 쌍방이 신뢰를 더 이상 회복할 수 없게 된다.

다음은 쌍방이 믿는 상황에서 공평하게 게임하는 방법이다. 그중에서 '나'와 '너' 두 사람이 참여자이다. 가위, 바위, 보를 숫자 0, 1, 2로 표시하자. 그런 후 나는 너에게 전화를 걸어 "내가 말할 숫자는 우리 엄마 신분증의 가장 끝자리 숫자를 3으로 나누었을 때 나머지야(신분증에서 가장 끝자리 숫자(0부터 9까지)가 나타날 확률이 같다고 가정한다)."라고 말한다. 그러고는 바로 엄마 신분증 사본을 너에게 보내 확인시켜 줄 것이다.

하지만 너는 먼저 나에게 네가 말하고 싶은 숫자를 말해줘야 한다. 당연히 나는 네가 우리 엄마 신분증의 제일 마지막 자리 숫자를 모른다고 확신한다. 그래서 나도 너에게 신속히 네 숫자를 알려달라고 요구한다. 하지만 너는 하루가 지난 후에 나에게 알려줘서는 안 된다.

왜냐하면 나는 네가 하루 사이에 우리 부모님에게 연락해서 신분증 끝자리 숫자를 물어볼지 아닐지 알 수가 없기 때문이다. 이로써 엄마 신분증 하나로 모든 문제가 해결되었다. 만약 엄마의 신분증을 이용하는 것이 안전하지 않다면, '작년의 오늘 서울의 기온' 같은 것을 활용해도 된다.

이런 방법은 매우 신기한 기술은 아니다. 만약 나와 당신이 같은 물건을 거래—내가 팔고 네가 사고—한다면, 누구든 서로 먼저 가격을 말하고 싶지 않을 것이다. 모두 상대방이 가격을 먼저 말하길 원한다. 이런 경우 쌍방은 모두 난처해진다. 생활하면서 이런 상황이 있었을 것이다. 예를 들어 두 사람이 하나의 정보를 교환하고자 한다. 그러나 두 사람 중 누구도 먼저 이 정보를 유출하기를 원하지 않는다. 먼저 정보를 유출한 측에서 비난을 들을 것이므로 위와 같은 방법은 유용하게 쓰일 수 있다.

이어서 또 다른 문제를 다뤄보자. 당신이 속한 부서의 평균 소득이 얼마인지 알고 싶지 않은가? 다른 사람이 연말 상여금을 얼마나 받는지 알고 싶지 않은가? 그러나 자신의 소득을 흔쾌히 공개할 수 있는 사람은 분명히 많지 않다.

하지만 방법이 있다. 예를 들어 당신의 부서에 총 10명이 있다고 하자. 당신부터 시작해서 자신의 수입에 어떤 임의의 수를 더하라. 만약 현재 당신의 수입이 220만 원이면 임의로 100만 원을 더해서 320만 원을 다음 사람에게 조용히 전달한다. 다음 사람은 이 값에 자신의 수입을 더해서 또 다음 사람에게 전달한다. 이런 식으로, 10번째 사람에게 전달되고 같은 방법으로 자신의 수입을 더한 값을 당신에게 알려준다. 그런 후에 그 값에서 100만 원을 뺀다. 바로 부서의 총수입 값을 얻은 것이다.

당신은 총 수입을 10으로 나누어 나온 값을 기쁜 마음으로 부서 사람들에게 평균수입이라고 알려줄 수 있다. 회사의 회계사가 화를 낼 수도 있겠지만! 실제로 이 방법은 가능하지만 비교적 큰 결함이 하나 있다. 만약 당신과 세 번째 사람이 마음이 통했다면 미리 짜고 두 번째 사람의 수입을 노출하는 것이다. 당신은 세 번째 사람이 얻은 값에서 당신이 전달한 값과 세 번째 사람의 값을 빼면 두 번째 사람의 수입이라는 것을 알기 때문이다. 조금 더 생각해보면 어떤 두 사람이 서로 짜기만 하면 몇 가지 의외의 정보를 얻을 수 있다.

그래서 이런 방법도 생각할 수 있다. 각 사람이 자신의 수입을 임의로 10개의 숫자로 나눈다. 그런 후, 각 사람은 이 10개 숫자를 10장의 카드에 쓴다. 다른 사람에게 1장씩 나누어 주고 자신도 1장을 가진다. 모든 사람이 이렇게 하면 각자 가지고 있는 카드는 모두 10장이다. 각 사람은 자신이 가지고 있는 10장의 카드에 적힌 숫자를 더하고 큰 소리로 말한다. 10명에게 보고된 숫자를 서로 더하면 바로 10명 모두의 수입을 더한 값을 얻게 된다. 사실 필체를 신경 쓰지 않는다면 모든 사람이 쓴 카드를 한꺼번에 모아서 골고루 섞은 후 하나씩 더하면 된다.

2가지 게임이 모두 끝났다. 워밍업을 충분히 했는가? 사실 이 두가지 문제를 구현하는 기본생각은 암호학과 관련된 것이다. 위의 게임에서 기본 아이디어가 가상의 텔레뱅킹시스템(실제 인터넷뱅킹의 모의실험)에서 어떻게 이용가능한지 보도록 하자. 당신이 전화로 은행 업무를 보기 원한다면 은행서비스에 전화를 걸어야 한다. 대화는 대략 이런 식이다.

> **은행서비스** : 안녕하세요, 여기는 ××은행입니다. 무엇을 도와 드릴까요?
>
> you : 안녕하세요, 계좌이체하려고요.
>
> **은행서비스** : 네, 고객님 계좌번호 알려주시겠어요?
>
> you : 제 계좌번호는 ×××이에요.
>
> **은행서비스** : 비밀번호는요?
>
> you : 제 비밀번호는 ×××이에요.
>
> **은행서비스** : (2초간 말이 없다가, 비밀번호가 맞습니다)
>
> 네, ××고객님, 어느 계좌로 계좌이체 원하세요?
>
> ……

위의 내용은 매우 익숙하다. 비밀번호를 통해 당신의 신분을 검증하는 것은 매우 순조롭다. 그러나 하나 물어보자. 수정하고 싶은 부분이 없는가? 당신을 불편하게 하는 부분은 아마도 전화를 통해 당신의 비밀번호를 알려주는 것이다. 전화는 듣기만 하면 되니 매우 쉬운 방법이라서 우리는 모든 통화내용이 암호화되기를 원한다. 설령 도청을 당해도 정보를 이용한 유출이 될 수 없도록 말이다. 그러면 함께 보자. 암호학은 어떻게 '메시지 암호화', '신분확인' 이 두 가지 기본 요구를 만족시킬까? 먼저 메시지 암호화에 대해서 살펴보자.

본 절의 시작에서 사용한 게임을 잠시 빌려 쓰면 우리는 메시지 암호화의 효과에 대해 이렇게 말할 수 있다.

(전화 중) you : 이체할 계좌번호와 나의 이체비밀번호는 3770⋯6017

이체금액과 이체비밀번호는 1239⋯4128

은행서비스 : 네, 처리되었습니다(몇 초 동안 멈춤). 계좌이체 되었습니다.

당신의 계좌 잔액과 당신의 이체비밀번호는 7828⋯6645입니다.

위 과정에서, 은행은 당신의 비밀번호를 가지고 있기 때문에 당신의 계좌이체를 정확하게 처리할 수 있다. 그리고 도청자가 이 대화를 들어도(도청자가 이전에 당신의 비밀번호를 들은 적이 없다는 가정하에) 당신이 이체하려는 계좌번호, 금액 및 잔액을 알 방법이 없다.

이때 우리는 당신의 비밀번호를 '암호키^{encrption key}'라 하고, '대칭 키 암호 시스템^{symmetric encrption system}'을 만든다. 당신은 정확하게 암호화, 암호해제를 할 수도 있다. 암호화와 암호해제는 모두 같은 '암호화'를 사용하기 때문이다. 그래서 '대칭 암호화'라고 부른다. 인터넷상에서, 모든 정보는 모두 숫자를 이용해서 전송한다. 그러므로 대화정보는 모두 이런 방법으로 암호화 또는 암호해제로 이용될 수 있다. 이런 암호화 방법의 결점은 매우 분명하다. 모든 비밀유지 작업이 모두 이 비밀번호에 의지한다는 것이다. 그렇기 때문에 비밀번호 정보를 안전하게 은행에 보관하는 것은 중대한 문제가 된다.

위 문제에 대한 해결책은 자주 비밀번호를 바꾸는 것이다. 그러나 이것은 번거롭고 수고로운 과정이다. 그래서 하나의 개선책을 말하자면 다음과 같다.

> (전화 중) you : 제가 이체할 계좌번호와 금액은 이미 전자우편으로 발송했습니다.
> 은행서비스 : 네, 확인해보겠습니다(몇 초 동안 멈춤).
> 이미 메일을 확인했습니다. 이체처리 되었습니다.

이상의 과정에서, 전자메일시스템을 이용하여 암호화 정보 전송을 한 것과 같다. 당연히 현실에서 전자메일은 당신이 상상하는 것처럼 그렇게 안전하지 않다. 그래서 특별히 정보보안이 필요한 상황에 전자메일을 사용하는 것을 권하지 않는다. 하지만 여기서 전자메일이 안전하다는 가정하에서 전화통화가 도청되는 것을 두려워하지 않아도 된다는 것이다. 대화의 내용은 완전히 공개해도 된다. 보안이 필요한 정보는 모두 메일에 있다.

이런 상황에서 전자메일주소를 이용하는 것은 '암호화 키'와 같고, 은행이 메일함 비밀번호를 이용하는 것은 '암호화 해제 키'와 같다. 암호화와 암호화 해제는 서로 다른 암호화 키를 사용한다. 따라서 이것을 '비대칭 암호화 시스템'이라고 부른다. 이 시스템에서, 은행의 전자메일은 공개된 정보이다. 그래서 '공개키 public key'라고 부른다. 은행의 메일함 비밀번호는 정보보안을 위한 것이다. 그래서 '개인

키^{private key}'라고 부른다. 공개키는 임의로 공개된 정보일 수 있기 때문에 대칭 암호화 시스템에서 암호화 키 배포과정의 안전상 위험을 피했다.

현실에서 사람들은 어떤 계산을 이용하여 '매우 곤란'한 수학문제로 비대칭 암호화 키를 만들 수 있다. 예로, 빈번히 보는 비대칭 암호화 시스템 RSA에서 다음과 같은 수학문제가 이용되었다.

두 개의 매우 큰 소수 p와 q를 서로 곱하여 얻은 합성수 s가 주어질 때, s를 소인수분해하여라.

수학자는 이미 p와 q가 충분히 크면, s의 소인수분해가 매우 곤란하여 컴퓨터를 이용하더라도 수년이 걸린다는 것을 증명했다. 그래서 어떤 사람은 일종의 계산법을 설계했는데 p를 '공개키'로, q를 '개인키'로 사용하는 것과 비슷하다.

비대칭 암호화 시스템은 비록 명확한 장점이 있지만, 대칭 암호화 시스템에 비해서는 약하다. 가장 큰 결점은 비대칭 암호화 시스템을 이용한 암호화된 데이터의 양은 배가 된다는 것이다. 즉, 원래 크기가 1G의 데이터였다면 암호화된 데이터는 2G가 된다. 그리고 대칭 암호화 시스템에서 암호화된 데이터와 원래 크기는 기본적으로 같은 것이다. 그래서 실제 응용에서는 비대칭암호화를 항상 쓰지 않고 다음과 같은 '암호키 교환'을 자주 사용한다.

(전화 중) you : 안녕하세요. 저는 오늘 업무에 사용할 암호키를

전자메일로 당신에게 보낼 거예요.

은행서비스 : 안녕하세요, ×××메일을 확인했습니다.

우리도 오늘 필요한 암호키를 당신에게 메일로 보낼게요.

you : 네, 받았어요. 오늘 이체할 계좌번호와 당신이 나에게 보내 준 암호키를 더한 결과는 ×××이네요. 이체금액과 당신이 나에게 보내 준 암호키를 더한 결과는 ×××이에요.

은행서비스 : (몇 초간 말이 없다가, 받은 정보에서 보낸 암호키를 뺀다. '암호해제'를 진행하고 그런 후에 계좌이체 처리가 된다) 네, 이체되었습니다. 당신의 계좌잔액과 당신이 나에게 보낸 암호키를 더한 결과는 ×××이에요.

you : (몇 초간 말이 없다가, 받은 정보에서 보낸 암호키를 뺀다. '암호해제'를 진행하고 그런 후에 통장 잔고를 확인한다.) 네, 맞네요.

대화에서 이 과정은 '암호키 교환^{key exchange}'이라고 부른다. '암호키 교환'의 목적은 이번 대화에 사용할 임시 암호키를 발생시킨 후에 대칭 암호화 시스템으로 전환할 수 있게 함으로써, 데이터 전송량을 절약하는 것이다. 임시 암호키의 유효기간은 매우 짧기 때문에, '해커'들이 그것을 훔칠 동력이 크게 저하된다.

이상으로 '메시지 암호화' 전송 문제는 거의 해결되었다. 이제 '신분확인' 문제를 해결해야 한다. 은행은 어떻게 내가 내 계좌의 주인인 것을 확인할까? 또한 나는 나와 대화하는 사람이 정식 은행 고객 서비스인지 어떻게 확신할 수 있을까?

은행이 계좌주의 신분을 확인하는 것은 비교적 쉽다. 계좌주가 은행에서 통장을 개설할 때, 비밀번호, 핸드폰 번호, 신분증 번호 등 식별할 수 있는 정보를 남기기 때문이다. 하지만 계좌주(고객)가 은행을 검증하는 것은 매우 번거롭다. 이 문제를 간과하지 마라. 아마도 당신은 은행에 전화를 걸었을 때, 가짜 은행 고객서비스일 수도 있다는 생각을 한 적은 없을 것이다. 만약 사기꾼이 전화를 받았다면 그는 당신 몰래 정식 은행 고객서비스로 연결해서 당신이 정식 은행 고객서비스에 완전한 정보를 전달하게 하고 다시 정식 은행 고객서비스의 회답을 당신에게 전달해줄 것이다. 당신이 정식 은행 고객서비스라고 느끼는 은행도 정식 고객과 대화한다고 느낀다. 그러나 당신들의 대화는 모두 사기꾼에 의해 도청당하고 있다. 이것이 그 유명한 '중간자 공격 man in the middle attack'이다.

앞서 말한 것에 따라 전자메일을 통한 비대칭 암호화를 실시하면 이 사기꾼은 당신과 은행의 대화를 듣더라도 많은 정보를 얻을 수 없다. 하지만 현실에서는 정식 은행의 홈페이지라고 사칭한 경우, 당신은 비밀번호를 입력하자마자 해킹당하고 그런 후에 정식 홈페이지에 전달하여 '중간자 공격'을 실시한다. 그런 상황에서 당신은 정상적으로 인터넷뱅킹 업무를 보고 있다고 생각하겠지만 당신의 비밀번호는 이미 유출돼버렸다. 그래서 계좌주가 인터넷사이트를 열 때 확실하게 어떤 은행의 정식 인터넷뱅킹주소인지를 검증하는 방법이 있기도 하다.

하지만 모든 고객이 인터넷뱅킹 주소를 검증하고 은행이 계좌 주에게 매번 서로 다른 비밀번호를 제공하기란 여간 번거로운 일이 아니다(제공한다 해도 사용 시 매우 불안전하다). 그래서 비밀번호를 이용한 이런 방식을 검증할 방법이 없다. 현재 인터넷 웹사이트 주소는 바로 인터넷 시대 이전에 있던 오래된 증서에 바탕을 두고 있다는 사실이 믿겨질까? 사람들은 이런 증서의 안전신뢰성을 확보하려 각종 수단을 채택했다.

당신이 'https(http가 아니다)'로 시작하는 인터넷 주소를 열려고 할 때, 이것은 당신에게 인터넷의 진실성을 증명하는 증서를 줄 수 있음을 의미한다. 그래서 'https'로 시작하는 인터넷뱅킹 주소가 아니면 모두 가짜 인터넷 뱅킹사이트이다.

웹 브라우저에서 이런 증서의 내용을 볼 수 있다. 예로, 공상은행의 증서이다.

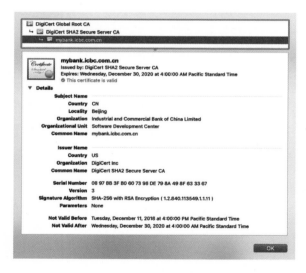

[그림] 공상은행의 인터넷뱅킹 증서

위 증서에서 당신은 확실히 이 증서가 공상은행 인터넷뱅킹 증서임을 볼 수 있다. 하지만 이것이 진짜인지 어떻게 믿을 수 있을까? 컴퓨터 네트워크에서 이 증서는 이진법 숫자 한 줄일 뿐이다. 그렇다면 내가 스스로에게 이런 증서를 주는 것이 가능할까?(사실 인터넷 증서 프로그램은 임의사용 가능하도록 소스가 오픈되어 있다)

실제 해결방안은 대학의 학력 증서 발급시스템을 참고했다. 교육부는 각 대학에 증서발급권한을 주었다. 각 대학은 학생자격을 심사한 후에, 학생에서 증서를 발급한다.

위 공상은행 인터넷뱅킹 증서는 'DigiCert SHA2 Secure Server CA'라는 기구의 것이다.

[그림] DigiCert SHA2 Secure Server CA의 증서, 배포자는 DigiCert Global Root CA이다.

이 기구는 대학에서 '전공'과 같다. 공상은행은 학생에게 증서를 발급한다. 당연히 발급 전에, DigiCert는 분명히 공상은행 측에 신분을 증명할 수 있는 어떤 문서—예로 영업허가증 같은 것—를 요구했을 것이다. 그러나 DigiCert 자체의 증서 또한 'DigiCert Global Root CA'가 발급한 것이다.

여기서 문제가 하나 생겼다. 만약 이 'DigiCert Global Root CA' 기구를 하나의 대학으로 본다면 우리는 이것을 어떻게 믿을 수 있을까? 증서를 남발할 가능성은 없을까? 당연히 그것 또한 상급기구로부터 증서를 받는다. 그러나 이런 식으로 올라가 제일 꼭대기에 이르면 문제에 부딪치게 된다. 그래서 우리는 이런 '대학'을 관리하는 '교육부'가 필요하다. 이 '교육부'는 바로 우리가 자주 사용하는 인터넷 웹 브라우저이다.

웹브라우저는 그들이 신뢰하는 모든 루트 인증서 발급기관Root certificate authority의 정보를 저장한다. 소위 루트 인증서는 인터넷증서의 최상위 발급기관으로 '루트root'라고 부른다.

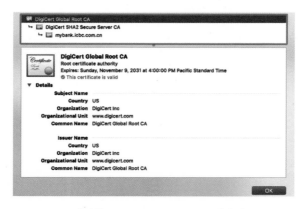

[그림] DigiCert Global Root CA의 증서

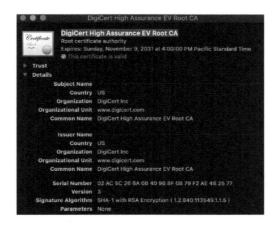

[그림] 시스템에 저장된 DigiCert 기구의 인증서. 이것은 우리가 사용하는 시스템이 DigiCert기구를 신뢰함을 의미한다.

Chrome 웹브라우저는 시스템에서 저장된 루트 인증서 정보를 사용한다. 예로, 나는 내가 사용하는 MacOS시스템에서 'DigiCert High Assurance EV Root CA'의 루트인증서를 찾을 수 있다.

이 인증서에 서명하여 발급한 사람은 바로 자기 자신이다. 그리고 우리는 웹브라우저가 신뢰하는 이미 저장된 루트 인증서를 믿는다. 그래서 웹브라우저는 '교육부'와 같다. 이것은 수많은 제조업자가 왜 그렇게 자신의 웹브라우저를 만드는 데 열중하는지 이해하게 한다. 웹브라우저는 루트 인증서 권한을 가지고 있고 인증서 발급에서 발언권도 있기 때문에, 이것은 엄청난 권력을 가진 것과 마찬가지다.

하지만 문제는 아직 해결되지 않았다. 이런 인증서 정보는 모두 공개정보이다. 그렇다면 어떻게 하면 도용되는 것을 막을 수 있을까?

은행의 인증서를 복사하여 자신의 인터넷에 가져다 놓으면 될까? 인터넷인증서 활용은 도메인 네임의 범위에서 규정되기 때문에 이것은 할 수 없다. 앞의 그림에서 공상은행 인터넷뱅킹 인증서의 활용범위는 바로 mybank.icbc.com.cn으로 표현되고 이 인증서는 이 도메인 네임상에서만 활용될 수 있다.

또 다른 문제는 만약 어떤 사람이 공상은행 인증서를 다운로드하여 수정했다면 수정된 인증서는 자신의 인터넷에서 다시 사용할 수 있을까? 답은 분명히 안 된다. 인증서는 스스로 '위조를 방지하는' 기능을 가지고 있는데 이것은 바로 '전자서명digital signature'이다.

생활에서, 우리가 사용하는 서명은 '부인방지'와 '변조방지', 이 두 가지 규정을 가지고 있다. '전자서명'의 기능도 유사하다. 이 문제를 생각해보자. 당신은 친한 친구 A에게 돈을 빌려준다. 당신들은 같은 도시에 살지 않고 택배는 매우 느리다. A는 차용증서를 당신에게 주려고 하는데 전자메일발송만 가능하다. 당신은 이 차용증을 신뢰할 수 있을까, 부인방지와 변조방지를 어떻게 실현할 수 있을까?

첫 번째 방법은 손으로 차용증서를 써서 서명한 후에, 신분증과 함께 사진을 찍어 메일 첨부파일로 보낼 수 있다. 단, A는 실명 인증된 메일함을 사용하여 메일을 보내야 한다.

두 번째 방법은 내가 A에게 메일에 다음과 같은 메시지를 표시하도록 요구할 수 있다.

"이 메일의 첨부파일은 본인 A가 ○○에게 빌린 ×××에 대한 차용증 사진이다. 사진의 용량은 ××× 바이트이다."

이 메시지에서 부인방지 효과는, 만약 메일함의 안전성을 신뢰할 수 있다면 A는 부인하기 매우 곤란하며 '어떤 메일은 그가 보낸 것이 아니다'라고 말할 수 있다. 변조방지 효과를 말하면, 메일에 명시된 사진의 용량정보로 인해 사진을 변경하기가 매우 어렵다.

같은 방식으로 웹 사이트 인증서 발급 기관에서도 인증서를 발급할 때 동시에 이 인증서에 대한 추가 정보를 게시할 수 있는데 여기서 첨부된 인증서의 용량정보는 큰 역할을 하지 못한다. 해커는 문서의 크기를 그대로 둔 채 인증서 내용을 수정하는 것이 용이하기 때문이다. 그래서 사람들이 채택하는 것은 암호학에서 매우 중요한 '해시 hash' 계산법이다.

해시계산법은 매우 쉽게 비교적 큰 숫자에서 작은 숫자로 대응할 수 있는 함수를 하나 찾아 문제를 해결하도록 한다. 그러나 '역연산'은 오히려 매우 어렵다. 비교적 작은 숫자 하나라도 큰 숫자가 그것에 대응하도록 빠른 계산을 할 수 없기 때문이다. 이런 함수는 사람들에게 쌍방향이 아닌 '일방향'이라는 느낌을 준다.

실생활에서 해시계산법을 사용한 예를 보면 쉽게 이해할 수 있다. 예로, DigiCert 루트 인증서 발급기관이 사용한 서명 해시함수는 'SHA-1'이다. 자신의 컴퓨터에서 우리는 매우 쉽게 두 줄의 문자(컴퓨터입장에서 글자열은 근본적으로 숫자이다)에 대해 이 계산법을 쓸 수 있다.

echo "A가 당신에게 100원을 빌린다." | shasum-a1
90536cb8469901d8ec660d59a4a2aae923a26c59-
echo "A가 당신에게 101원을 빌린다" | shasum-a1

61f24b403471bab639e4d58b2b9b2dd144444d66-

두 줄의 문자열 사이의 차이는 아주 작지만 해시함수를 사용하여 나온 결과는 큰 차이가 있다는 것을 확인할 수 있다. 더 묘한 것은, 한 줄의 해시함수의 출력을 정하면 당신은 이것이 어떤 문자열의 해시결과인지를 빨리 찾아낼 수 없다.

예로, df37f7b03b7c342d555e209a648485c01e1f0d6d는 이 문자열의 해시결과이다.

echo "A가 당신에게 10000000원을 빌린다." | shasum-a1
df37f7b03b7c342d555e209a648485c01e1f0d6d-

문제는 만약 내가 말하지 않으면 아무도 위 결과를 알지 못할 거라는 것이다. 그래서 당신은 해시함수를 사용하면 변조를 방지하는 역할을 할 수 있다는 것을 발견할 수 있다.

인증서 발행기관은 인증서를 발행할 때 이 인증서의 해시 정보(앞의 그림에서 볼 수 있다)를 포함시켰다. 웹브라우저는 인증서의 내용을 받은 후, 각 인증서의 해시값을 계산하여 인증서에 포함된 해시값과 비교한다. 만약 다르다면, 그것은 이 인증서가 변조되었다는 것을 보여주므로 웹브라우저는 바로 이 인증서를 거부할 것이다.

그런데 문제가 하나 더 있는데, 인증서를 변조한 사람은 해시함수 정보도 함께 변조할 수 있을까? 당연히 사람들은 일찍이 이 문제를 생각했고 대비했다. 해결책은 해시함수 정보가 인증서에 직접 명문

화되어 있지 않고 암호화되어 있었다는 것이다.

앞에서 말한 비대칭암호화시스템으로 돌아가 보자. 비대칭암호화시스템에서는 공개 가능한 '공개키'와 비밀보장이 요구되는 '개인키'를 말한다. 통신을 할 때, 우리는 정보수신자의 공통키를 사용하여 정보에 대해 암호화하고, 수신자는 그 개인키를 이용하여 정보에 대해 암호를 푼다. 그러나 사람들은 계산 중에 공개키와 개인키의 지위가 동등하다는 것을 발견할 수 있고 개인키를 이용하여 정보를 암호화, 공개키를 이용하여 암호해제가 가능하다는 것을 안다.

예로, A는 개인키를 이용하여 다음과 같은 정보를 암호화하여 다시 나에게 메일로 보낼 수 있다.

"A는 당신에게 천만 원을 빌린다." 차용증 사진의 해시값은 :
df37f7b03b7c342d555e209a648485c01e1f0d6d

모든 사람이 A의 공개키를 통해 위의 정보를 해독할 수 있기 때문에 사람들은 이 정보가 A가 보낸 것이고 다른 사람은 위와 같은 정보를 생성할 수 없다고 확신한다. 그런 후에 사람들은 사진의 해시값이 메시지에 언급된 해시값과 일치하는지 여부를 재검사한다. 만약 일치한다면 사진이 변조되지 않았다고 확신할 수 있다.

같은 이유로 웹사이트 인증서에서 인증서발급기관은 인증서의 해시값을 계산(산출)한 후, 이를 암호화(그림에서 암호화계산법은 RSA계산법이다)하여 다시 인증서와 함께 둔다. 웹브라우저가 인증서를 얻은 후, 인증서를 인증서발급기관의 공개키를 이용하여 암호해독할 수

있다. 그런 후 인증서의 해시값을 재계산하고 암호해독 후 표시된 해
시값과 비교하여 일치한다면 비로소 이 인증서를 채택하는 것이다.

이상 비대칭암호화시스템을 이용하여 암호화된 해시값은 전자서
명이 '부인방지'와 '변조방지'의 목표 아래 사용된 심오한 뜻을 함의
하고 있음을 확인했다.

그러나 여러분의 입장에서 하나의 문제가 더 있을 것이다(이것은
진짜 최후의 문제이다). 만약 두 개의 서로 다른 내용에서 해시값이 같
다면 이것은 해커에 의해 이용가능할까? 해시함수는 하나의 거대한
집합을 비교적 작은 집합으로 대응시키기 때문에 이론상 서로 같은
해시값을 갖는 서로 다른 문자열이 존재할 수 있다. 이런 상황을 '충
돌'이라고 한다.

[그림] 구글회사는 두 개의 서로 다른 pdf문서를 발표했다. 서로 같은 SHA-1 해시값을 가
지고 있지만 SHA-256값은 서로 다르다. 이것이 서로 다른 문서임을 증명한다.

만약 어떤 사람이 서로 같은 해시값을 가지는 두 줄의 문자열 구조를 꺼내면 이런 종류의 해시함수는 불안전하다. 2017년 구글회사는 두 개의 서로 다른 pdf문서를 발표했다. 그들은 서로 같은 SHA-1해시값을 가지고 있다.

이것은 SHA-1계산이 그렇게 안전하지 않다는 것을 의미한다. 그러나 당황할 필요는 없다. 구글회사는 이런 충돌을 찾기 위해 대량의 컴퓨터자원을 활용했다. 만약 한 대의 컴퓨터로 이 '충돌'을 계산하면 6500년이 걸린다. 그리고 다른 분야에서 사용될 수 있는 해시함수도 많다. 사람들은 필요에 따라, 점차적으로 낙후된 알고리즘을 도태시킬 것이다.

총 정리를 해보자. 웹사이트에서 신분을 검증하기 위해서, 'https:'로 시작하는 주소로 열리는 웹브라우저에서 인터넷인증서를 다운로드한 후, 다음을 확인할 수 있다.

- 인증서의 '루트인증서'발급기관이 신뢰할 수 있는지 검사
- 인증서의 표시된 도메인이 웹사이트 도메인과 매칭되었는지 여부
- 인증서가 유효기간 내의 것인지 검사
- 인증서의 서명부분은 인증서발급기관이 제공한 공개키 암호해독을 사용한 것이다. 암호해독이 가지는 해시값과 인증서에서 제공된 해시값을 비교하여 일치하는지 확인

[그림] 웹브라우저가 문제를 확인하면 경고 메시지를 띄운다.

하나라도 실패한 내용이 있다면, 웹 브라우저는 경고 메시지를 띄울 것이다.

이렇게 장황한 과정을 통해 사람들은 웹사이트 신분인증문제를 해결했다. 이 과정은 이상적이지는 않지만 기술적으로 '전자서명'을 실현하는 과정은 매우 의미 있고 배울 가치가 있다. 당신이 웹사이트에서 암호화와 신분인증의 기본원리를 잘 이해했기를 바란다.

자유토론 AlphaGo, 바둑, 수학과 AI ──────

바둑은 내가 어릴 때 가장 좋아하던 게임이다. 더 중요한 것은 바둑과 수학은 많은 특별한 관계가 있다는 것이다. 이 절에서는 바둑과 수학의 관계 및 최근 이슈인 인공지능에 대해 이야기해보려고 한다.

바둑과 수학을 연결하는 첫 번째 문제는 바둑에는 몇 가지 경우의 수가 있냐는 것이다. 수많은 책에서 이 결과를 말하는데

[그림] 바둑판의 모서리

$3^{361}=1.74\times10^{174}$이다. 바둑판은 가로, 세로에 19줄씩 19×19=361가지 착점 위치가 있다. 각 위치는 흑돌, 백돌 아니면 아무것도 두지 않는 경우로 총 3가지 선택이 있기 때문에 3^{361}가지 경우의 수가 있다. 이 수치로 바둑의 변화가 매우 많다는 것을 표현할 수는 있지만, 실제 바둑의 상황을 보면 이 수치는 의심할 여지없이 정확하지 않다. 실제 바둑판에서 일어날 수 있는 변화는 모두 몇 가지인가? 이 질문은 매우 곤란하다.

컴퓨터를 이용하여 19×19의 바둑판의 상태를 모두 열거하고 각각의 상태가 합리적인지 판단하는 것은 불가능해 보이지만, 이미 2006년에 누군가가 실험을 했다. 무작위로 하나의 바둑판 상태를 생성하고 '합리적인' 변화의 확률을 고찰하면, 그 결과는 약 1.2%이다. 바둑의 합리적 변화 수는 약 2.08×10^{170}이다. 그러나 정확한 수치는 2016년에 존 트로프가 38페이지에 달하는 논문에서 제시했다. 즉,

208168199381979984699478633344862770286522453884530548425639456820927419612738015378525648451698519643907259916015628128546089888314427129715319317557736620397247064840935

정확한 결과를 계산하는데 10년이 걸린 이유는 알고리즘이 완벽하지 않았기 때문이다. 끊임없이 최적화하여 목표를 달성했다. 흥미로운 것은 트로프가 사용하는 알고리즘에 '중국인의 나머지 정리'까지 적용됐다는 점이다. 그럼에도 불구하고, 최종 알고리즘의 시간복

잡도는 $O(m^3 n^2 \lambda^n)$에 도달했다. 그중 λ는 1개가 약 5.4의 상수를 가지고 있었고, m과 n은 각각 바둑판의 길이와 너비의 길이였고, 이것은 표준 바둑판에서 또한 이 알고리즘의 공간 복잡도 $O(m\lambda^m)$가 필요하므로 알고리즘은 시간 낭비는 물론 디스크 공간도 많이 소비한다.

공식적인 계산은 2015년 3월에 시작하여 같은 해 12월에 이르러서야 끝났으며, 이로 인해 생성된 중간 파일은 30PB($1PB=10^6 GB$)라는 어마어마한 규모가 되었다. 크고 작은 바둑판의 '합법적인' 국면이 모든 국면에서 차지하는 비율의 변화를 살펴보면 다음과 같이 흥미롭다.

바둑판의 크기가 클수록 합법적인 국면의 비율이 낮다는 점은 직감에 맞는 것으로 관찰될 수 있지만, 그것은 아직 추측에 불과하다. 트로프도 $m \times n$ 바둑판의 합리적인 변화 수에 대한 근사 공식을 제시했다 : $L \approx AB^{m+n} C^{mn}$, 그중 $A \approx 0.85$, $B \approx 0.97$, $C \approx 2.98$이다. 이 몇 개의 이상한 숫자를 보고 있자면 아무리 해도 '올바른' 답 같지가 않다. 앞으로 누군가가 정확한 유도공식을 내놓기를 바란다. 어쨌든 바둑의 복잡성은 의심할 여지없이, 바둑의 AI프로그램 개발이 역사상 큰 난제였고, 또한 내가 어렸을 때부터 많은 관심을 가지고 있던 문제 중 하나였다.

내가 처음으로 바둑 관련 AI게임을 한 것은 1992년경이다. 부모님이 사주신 바둑 FC카드 한 개 정도였는데, 이 테이프의 수준은 바둑 규칙을 아는 것 외에는 거의 아무것도 할 수 없는 것이었다. 나는 '컴퓨터'를 아주 쉽게 이길 수 있었기 때문에 잠시 놀다가 완전히 내팽개쳐버렸다.

그리고 그때 바둑에 관한 최첨단 AI프로그램이 어떤 수준인지에 대해 관심을 가지기 시작했는데, 그 결과는 역시 나를 실망시켰다. 1년에 한 번꼴로 열리는 세계 컴퓨터 바둑 선수권 대회에서 매년 결정되는 컴퓨터 바둑 우승자는 당시 아마추어 4, 5단 기사와 대국을 치렀다. 그러나 1990년대 전반만 해도 세계 컴퓨터 바둑 챔피언이라도 아마추어 기사에게 몇십 수만 내줄 뿐이었다.

특히 이 기간 중국의 중산대학교 화학과 진지행 교수는 은퇴 후 바둑 관련 AI 프로그램 개발에 전념했다. 개발한 '수담' 프로그램으로 1995~1998년 바둑 AI 대회에서 7연승을 했다. '수담'의 최고 성적은 아마추어 고수와 대적한 것으로 결과적으로 10수 차이로 승리한 것이다. 당시로서는 최고 성적이지만 아마추어 고수에게 10수로 이겼다는 것은 여전히 갈 길이 멀다는 것을 의미한다. 1990년부터 2006년까지만 해도 바둑과 관련된 AI 프로그램은 패턴 매칭과 계발적 사고라는 방법으로 바둑을 두는데, 이는 IBM의 체스 고수 컴퓨터인 '딥 블루'가 사용하는 기본 알고리즘이기도 하다.

1997년에 컴퓨터 '딥블루'가 당시 체스의 최고 기사를 무찌르는 것을 보면서 나 같은 바둑 애호가는 정말 조금 질투가 났다. 컴퓨터에서 바둑을 두게 하는 것이 왜 이렇게 어려운가? 주된 이유는 두 가지인데, 하나는 앞서 말한 바둑의 변화 수가 실로 너무 크다는 것이고, 또 다른 어려운 점은 어떻게 효과적으로 국면 평가를 할 것인가하는 것이다.

당신이 한 수를 두면, 컴퓨터가 무작위로 다음 수를 선택할 수 있지만, 이 수를 두면 도대체 좋은 수인지 나쁜 수인지 어떻게 컴퓨터가 판단하도록 할 수 있을까? 체스에는 아주 간단한 방법이 있다. 즉, 자력 비교이다. 체스는 처음에 쌍방의 힘이 같으므로 당신은 상대방에 대해 다른 점수를 부여할 수 있다. 예를 들어 '후'는 가장 높은 자력으로 '차', '마', '상'에 해당하는 점수를 부여할 수 있다. 그런 다음 쌍방의 힘의 존치 상황에 근거하여 대략적인 국면평가 결과를 쉽게 제시할 수 있다.

하지만 이 방법은 바둑에는 전혀 적용되지 않는다. 끝내기 단계는 겨우 이렇게 계산할 수 있을지 모르지만, 바둑판의 처음 판이 텅 비었을 때 사람들은 한 국면에 대한 정적 평가 방법을 전혀 찾지 못했다. 인간 고수들 사이에서도 국면에 대한 평가는 때로는 엇갈리는데 더구나 컴퓨터를 사용한다면 곤란하기 짝이 없다. 그렇기 때문에, 앞서 언급한 바둑에 관한 AI프로그래밍은 두 가지 난점—패턴 매칭과 계발적 사고—때문에 100년 안에 인간 9단 기수를 이기는 바둑 AI가 생기지 않을 것이라는 비관적인 전망도 나왔다.

하지만 바둑 AI 프로그래밍은 2006년 한 차례 도약했고, 누군가가 새로운 알고리즘을 바둑에 적용한 것이 몬테카를로 알고리즘Monte Carlo Algorithms(MC 알고리즘)이다. '몬테카를로 알고리즘'이란 무엇인가? 간단한 예를 들자면, 내가 어렸을 때 컴퓨터를 막 배웠을 당시 π의 근사치를 계산하기 위해 아주 간단한 프로그램을 썼다. π의 근삿값을 계산하면 당연히 급수를 사용하여 합을 구할 수 있지만, 우리가 이번에 사용한 것은 또 다른 '둔한' 방법이다. 평면 좌표계에 원점을 중심으로 한 변의 길이가 1인 정사각형을 그리고 이 정사각형 안에 내접원을 하나 그린다.

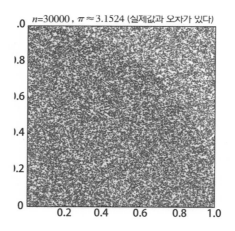

$n=30000$, $\pi \approx 3.1524$ (실제값과 오차가 있다)

[그림] 몬테카를로 방법으로 π를 구하는 그림. 사분원 안에 떨어지는 점의 수와 총 점의 수의 비로서 π를 구할 수 있다.

　다시 컴퓨터가 $(-1, 1)$구간에서 하나의 범위를 발생시켜서 어떤 점의 좌표로서 예를 들어 $(-0.4566, +0.254447)$, 이 점에서 원점까지의 거리를 계산하도록 한다. 원점까지의 거리가 1보다 작으면 점이 원 안에, 그렇지 않으면 원 밖에 있음을 알 수 있다. 이렇게 끊임없는 시도―예를 들면 100만 번 시도―를 하면 원 내부에 떨어진 점의 수를 100만으로 나눌 수 있다. 이 값 s는 이 원과 비슷한 면적을 그것의 외접 정사각형 면적으로 나눈 것과 같다고 볼 수 있다.

$$(\pi \times 1^2) / (2 \times 2) = \pi/4$$
$$s \approx \pi/4 \Rightarrow \pi \approx 4s$$

　이 방법은 상당히 교묘하고 수학 지식이 많이 필요하지 않으며 순전히 동전 던지기처럼 확률적인 방법으로 π의 값을 계산한다. 몬테카를로는 유럽의 도박으로 유명한 도시이름이다. 확률론이 처음 발전할 때도 도박과 관련된 문제가 종종 다루어졌다. 그래서 여기서 확률 관련 알고리즘을 몬테카를로 알고리즘이라고 부른다.

그렇다면 이런 알고리즘은 바둑에 어떻게 쓰일까. 앞서 언급한 바둑 AI 프로그래밍의 한 가지 난점인 국면 평가에 대한 아이디어가 나왔는데 컴퓨터가 하나의 국면에서 계발식 알고리즘으로 최적의 점을 찾는 것이 아니라 양쪽이 '임의로' 바둑을 두고 마지막에 가서 누가 지는지 다시 한 번 보는 것이다.

어느 한 쪽이 유리한 입장에 있을 때, 그 다음부터는 마구잡이로 바둑을 둔다고 해도, 우위를 차지한 쪽이 결국 이길 가능성이 더 크다는 것이다. 누군가 이런 시도를 했고 실제로 이 상황이 정말 잘 들어맞는다는 것을 알게 되어 몬테카를로 알고리즘이 국면평가 수단이 될 수 있음을 확인했다.

컴퓨터가 필사적으로 무작위로 바둑을 두게 하고 어느 위치에서 어느 쪽이 이길 확률이 가장 높은지 알아내기 위해 다음에 어디에 둘지 선택한다. 물론 실제 적용에서는 알고리즘이 순수 랜덤보다 더 똑똑해야 한다. 일단 컴퓨터에서 어느 한 수를 이길 가능성이 커지면, 무작위 샘플링 과정에서 이 수의 샘플링 빈도를 약간 높일 수 있다. 그래야 더 많이 쓸 수 있고, 더 정확하게 이길 수 있다. 이 '알고리즘'은 약간 '둔한' 것으로 들리는데, 이는 '멍청한' 바둑을 통해 판세를 판단하는 것과 같기 때문이다. 그러나 예상하지 못한 것은, 이 방법이 실제로 상당히 효과가 있었다는 것이다.

몬테카를로 알고리즘 도입 이후 모든 계발식 알고리즘 프로그램이 역사 속으로 밀려나면서 바둑 AI 프로그램의 실력은 급상승하기 시작했다. 2012년에 이르러 컴퓨터 바둑 프로그램인 '젠Zen'은 유명 온라인 바둑 대국 사이트인 KGS에서 6단 수준을 유지할 수 있게 되었다. 2006년 몬테카를로 알고리즘은 바둑 AI 프로그램으로 도입되었으며, 컴퓨터 바둑의 발전사 중 상당히 중요한 타이밍으로 기록된다. 나는 이 소식을 처음 들었을 때 바둑의 신비함을 좀 깎아내리는 것 같은 기분이 들었다. 하지만 지금까지도 바둑 AI 프로그램에서 가장 효과적인 가치 평가 방식으로 여겨지고 있다.

2012년 바둑 AI 프로그램이 다소 진전되었다. 'Zen'이 일본 다케미야 마사키 9단과의 4점 접바둑에서 승리한 것이다. 같은 해에 바둑 AI가 7×7의 바둑판에서 바둑 문제를 '완벽하게 해결'할 수 있었는데 이것은 컴퓨터가 이미 첫 걸음부터 마지막 한 걸음까지 성취할 수 있는 최선의 방법을 계산했다는 뜻으로 이것도 대단한 것이다. 하지만 그 성취를 확장하는 데에는 어려움이 따랐다. 계산량이 지수급의 증가를 보이므로 9×9의 바둑판에 대해서는 컴퓨터가 전혀 힘을 쓸 수 없었다. 컴퓨터가 특정 끝내기 '배국'을 완벽하게 해결한다는 뉴스도 있었는데, 끝내기 국면은 설령 인간 9단 고수라 하더라도 완벽하게 해결할 방법이 없는 것이 사실이다.

그 이유는 각각의 끝내기 가치에 대하여 변형된 계산 규칙이 많지만, 끝내기의 가치 계산은 여전히 매우 복잡하다. 아마추어로서 바둑을 배운 사람에게는 아마도 평생 동안 어떤 끝내기들의 정확한 가치를 계산할 수 없을 것이다. 9단 고수는 당연히 단일 끝내기의 가치를 잘 계산할 수 있지만, 하나의 특정 끝내기 국면을 완벽하게 해결해야 한다는 것은 9단 고수에게도 대단한 도전이다.

장면상 많은 끝내기가 있는 것을 고려해볼 때, 도대체 쌍방의 선수를 먼저 가는 끝내기인가, 아니면 먼저 가서 '역수'하는 끝내기인가? 이도 아니면 먼저 간 선수가 엄청난 끝내기를 하는 것인가? 이 안의 가지치기 조건이 너무 많아서 당신은 이 끝내기를 쌍방 선수의 몫이라고 생각하겠지만, 당신이 갈 때는 상대방이 국면에서 더 큰 끝내기가 있다고 생각할 수 있다.

당신은 끝내기 국면에서 바둑판의 낙점이 크게 줄어들어 바둑 AI 프로그램이 더 잘 처리될 것이라고 생각할지도 모른다. 하지만 사실은 그렇지 않다. 지금까지 임의의 바둑끝내기 국면을 완벽하게 해결할 수 있는 범용 AI 프로그램은 전무하다. 어쨌든 2012년 바둑 AI 프로그램은 설계 개발에 큰 돌파구를 만들었는데, 이때는 몬테카를로 알고리즘이 지배적이던 시기이다. 이후 2016년이 되자 알파고의 활약에 모두가 깜짝 놀랐다. 나는 처음에는 알파고가 이세돌을 이길 수 없다고 생각했지만 결과는 전혀 예상하지 못했던 것이었다.

알파고의 사고방식을 간단히 소개하겠다. 알파고는 두 세트의 '대뇌' 또는 '신경 네트워크'라고 불리는 것을 가졌다. 첫번째 네트워크는 '전략 네트워크 Policy Network'라고 하는데, 그것은 알파고가 현재의 바둑 국면에서 우선해야 할 한 수를 걸러내도록 도와준다. 바둑두기를 처음 시작할 때의 바둑판은 매우 개방적이고, 매 단계마다 이론적으로 200~300개의 가능한 하법이 있다. 만약 컴퓨터가 처음부터 각

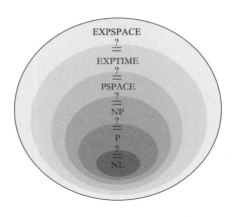

[그림] 복잡도 유형을 나타내는 그림. 내부로 갈수록 간단한 유형, 외부로 갈수록 복잡하다.

각의 방법을 평가하도록 한다면 효율성이 매우 떨어지는 것은 분명하다.

전략 네트워크는 알파고가 주로 고려해야 할 다음 수의 위치를 빠르게 선별하는 데 도움을 줄 수 있다. '전략 네트워크'의 구축 방법은 인간의 생각을 모방하여 역사적으로 모든 인류가 학습해 온, 특히 고수가 놓았던 기보를 끊임없이 입력하는 것이다. 기보를 보고 바둑돌을 놓아가면서 익힌 후, 신경 네트워크는 하나의 특정한 국면에서 인간의 낙자 가능성이 가장 높은 일부 위치를 '기억'할 수 있다.

예를 들어 대국을 시작하는 단계에서 적지 않은 수를 놓은 후에 알파고는 원래 인간의 첫 수가 구석에 있을 가능성이 가장 큰 것을 발견하고 모서리에 가장 많이 나타나는 것은 '소목', '별', '33'의 위치인 것을 안다. 또한 두 번째 수가 어느 위치에서 나타날 확률이 가장 큰지를 발견한다. 점차적으로, 전략 네트워크는 '정식'이 배치되어 있고 중판에는 '침입'이나 '연소'와 같은 하법이 있다는 것을 발견한다.

알파고가 바둑을 두도록 지도하는 사람은 없지만 알파고가 구사하는 속도는 매우 빠른 편이다. 위의 과정은 말하기는 쉽지만 두기는 힘들다. 왜냐하면 기보에 따라 바둑을 놓는 목표는 단순히 인간을 모방하는 것이 아니기 때문이다. 바둑판에서 옛사람과 똑같은 판을 만났다고 해도, 다음 9단 고수가 놓은 수가 최고의 수가 틀림없다고 말하기 힘들다. 또한 동일한 국면에서 사람에 따라 다른 하법이 있을 수 있으므로 알파고 내부에서는 '기억'을 가장 잘 할 수 있는 일련의 매개변수가 필요하다. 어떤 사람이 알파고에 대한 실험에서 알파고에게 인간 고수가 국면 중인 바둑판을 준 적이 있다 그런데 알파고가 인간 고수의 다음 단계의 가장 가능성이 높은 낙점을 추측하게 했더니 이것이 실제로 절반을 맞히는 결과를 낳았다. 알파고는 이미 매우 훌륭한 성적을 거둘 수 있게 된 것이다.

그런데 왜 알파고가 80%나 90%를 맞추도록 하지 않았을까? 그게 꼭 더 좋은 건 아니기 때문이다. 설령 9단의 고수라 하더라도 그가 두는 모든 수가 최고라고는 할 수 없다. 고수의 방법을 반 정도 배우는 것이 적당하다고 생각한다. 이제 알파고는 바둑판의 한 국면에 따라 4~5개의 가장 가능성 있는 착법을 신속하게 선별할 수 있는데, 어떻게 이러한 착법의 좋고 나쁨을 평가할 수 있을까? 이것은 '가치 네트워크Value Network'를 사용한 결과이다. 알파고는 이 부분에서도 주로 몬테카를로 알고리즘을 사용하지만, 알파고는 각 국면에서 가장 가치 있는 포인트의 가중치를 늘려 몬테카를로 알고리즘을 좀 더 선별적으로 쓸 수 있기 때문이다. '가치 네트워크'는 '전략 네트워크'와 연

[그림] 인간 기보를 묵인하고 배우는 '감독된 학습', 자신과의 대국을 통해 자신을 훈련시
키는 '무감독 학습'

관이 있다. '몬테카를로 알고리즘'은 이미 이전 바둑 AI 프로그램에
서 국면평가에 있어서 상당히 효과적인 것으로 증명되었기 때문에
알파고는 그것의 이 두 개의 '대뇌'에 의존하여 바둑을 둔다.

알파고가 이미 '바둑의 신'이라고 여겨졌던 2017년 알파고의 진화
버전 알파고 Zero가 등장한다. 알파고 Zero와 알파고의 차이점은
알파고는 인간 기보를 두는 것이 필요하며 인간의 하법이 '좋은 것'
이라는 것을 묵인하고 배워야 한다는 것으로 '감독된 학습'이라고 말
한다.

그러나 국면을 평가할 수 있는 가치 네트워크가 있는 이상 알파고
는 자신과의 대국에서 얻은 좋은 하법을 집대성하여 자신을 훈련시
키는 '전략 네트워크'를 구축할 수 있다. 이를 '무감독 학습'이라고 할

수 있는데 이것이 알파고 Zero에서 'Zero'의 의미이기도 하며, 모든 것은 0부터 시작된다. 인간에게 있어서 자기와 바둑을 두는 것은 매우 어리석은 짓이며 인간은 한평생을 살아도 흔하게 마주하는 사활이 걸린 문제를 풀기 힘들다. 그러나 알파고 제로는 매일 100만 게임의 자기 대국을 할 수 있는 휴식이 없는 기계로 불과 3일 만에 기수는 당초 이세돌을 꺾었던 알파고 버전을 제치고 21일 만에 알파고 Master(유감독 학습하에 강화된 알파고 버전)에 도달, 41일 후에 이전의 모든 알파고 버전을 격파한다. 현재 알파고 제로는 적어도 인간 9단의 고수로 3인자는 될 것으로 추정된다.

알파고가 이렇게 강한데 인간이 그것을 무너뜨릴 수 있을까? 다음은 내가 알파고 작업 원리에 대한 이해에 근거하여 알파고에 대응할 수 있는 세 가지 안을 생각해 낸 것으로, 타당성에 따라 낮은 것에서 높은 것으로 순위를 매겨보았다.

첫 번째는 축을 만들고 끌어들이는 것이다. 알파고 Zero는 결코 축의 상황에 대해 특별한 처리를 하지 않았다고 한다. 전적으로 스스로 배우는 프로그램에 의해 축의 심오한 뜻을 깨달았다.

그러나 나는 축에 있어서 인류가 이용할 수 있는 약간의 기교가 있을 것이라고 생각한다. 축은 바둑에서 매우 특이한 모양이기 때문이다. 보통 한 돌이 어느 한 지점에 놓이면 그 작용은 거리에 따라 점점 줄어든다. 그러나 일단 축이 나타나면, 바둑판 위의 축 위치에서 아주 먼 하나의 바둑판은 축의 결과에 결정적인 영향을 미칠 수 있다.

한편, 알파고의 두 개의 대뇌 중 하나인 '전략 네트워크'는 콘볼루션 신경망^{Convolutional Neural networks, CNN}을 사용하여 일반적으로 좋은 영역을 식별하는데, 그래서 알파고는 바둑판의 국지적인 어떤 형세를 빨리 판단할 수 있다. 그러나 '축머리' 수의 중요성은 바둑판에서 멀리 떨어진 형세와 결합하여 판단해야 하기 때문에, 그것의 전략 네트워크는 이 수를 간과하거나 혹은 인용한 바둑판의 가치 판단을 낮게 할 수 있다.

한편, 알파고의 두 번째 대뇌, '가치 네트워크'는 또 '몬테카를로 알고리즘'을 사용하여 작업한다. 이러한 상황을 고려해볼 수 있는데, 하나의 국지적 정식이 축의 발생을 야기할 수 있다고 가정하고, 또한 축이 국지적으로 좋고 나쁨을 결정한다면, 몬테카를로 알고리즘은 국지적 정식에 처음 시작할 때 이 정식의 결과를 정확히 판단하기 어려울 것이다. 왜냐하면 임의로 매우 적당한 축을 끄집어내는 것은 어렵기 때문이다. 또한 임의로 만든 정확한 축은 일련의 순서를 따라가며 '가치 네트워크'로 축의 결과를 만들 수 있다.

그래서 사람이 취할 수 있는 한 가지 방법은 축을 만들고 그 다음에 교묘한 '축머리'로 알파고에게 약간의 의외의 것을 만들어준다.

두 번째 수는 바둑을 모방하는 것이다. 컴퓨터와 바둑을 두고 이 바둑 경기를 모방하는 것은 좋은 것이다. 모방기라는 것은 말 그대로 컴퓨터의 다음 수순을 따라 하는 것이다. 이렇게 하면 인간 기사의 시간을 절약할 수 있다. 알파고가 계산하도록 하고 당신은 산출한 결과를 쓰면 된다. 다음으로, 바둑판의 대칭성 때문에 가치 네트워크의 판단 결과는 매번 여러 수의 가치가 매우 근접하기 때문에 알파고는 가치 네트워크를 더 많이 실행하도록 하는 데 어려움을 겪을 것이다.

한편, 인간 기사가 모방기를 해독하는 것은 기국을 기판 중앙으로 이끄는 데 달려 있으며 바둑을 두는 과정에서 매 걸음마다 반드시 조밀해야 하며 완수가 포함되어서는 안 된다는 것을 알고 있다. 기판 중앙에 수를 놓을 때, 일반적으로 모방자들은 모방을 그만두도록 강요받는다.

주준훈(대만 프로기사) 9단은 알파고 Master와의 대전에서 모방기 수법을 쓴 적이 있다. 그는 흑을 잡고 흉내를 내었다. 일반적으로 흑으로 바둑을 흉내 내는 것이 불리하다고 생각한다. 알파고 Zero에게는 자기와의 대국에서 수의 수많은 모방기가 결코 나타나지 않았을지도 모른다. 그래서 나는 인간 기사가 알파고 Zero를 상대하여 백을 들고 모방기를 하는 상황을 보고 싶고 알파고 Zero가 어떻게 모방기를 깨는지 보고 싶다.

세 번째 수는 속임수이다. 소위 '속임수'라는 것은 이런 수이다. 당신의 상대를 한 수씩 모두 마치 바둑의 이치에 맞는 것처럼 당당하게 대적하다가 결국 당신이 배치한 함정에 빠지게 만드는 것이다. 그러나 이런 바둑은 만약 올바른 대응 수단을 안다면 실제로는 나쁜 바둑이다. 속이는 의미가 있기 때문에 이것을 속임수라고 부른다. 프로기사들은 대국에서 거의 속임수를 쓰지 않는다. 그러나 알파고에게 있어 하나의 '속임'은 다음 몇 걸음 내지 몇십 걸음을 정확하게 계산해야 풀 수 있고 '가치 네트워크'가 올바른 경로를 찾아내지 못하면 알파고는 속임수를 식별하는 것이 불가능하다. 이 세 번째 수는 내가 알파고에 대처하는 가장 효과적인 대안이라고 생각하지만, 그래도 가장 실행하기에는 무리가 따른다. 속임수는 분명히 손상될 것이다.

알파고가 속을 수 있는 속임수는 지극히 복잡한 것이어야 하고, 한 걸음 한 걸음 교묘하게 상대를 함정으로 유인해야 한다.

요약하자면 알파고에 대응하는 두 가지 요점은 각각 그것의 두 대뇌를 공격하는 것이다.

1. 전반적인 국면에서, 다음 수의 최선의 선택을 전체 국면에서 판단하도록 하는 것은 '전략 네트워크'를 공격하는 것이다.
2. 아주 깊이 있고 정확한 계산이 필요한 국지적 국면을 조성한다. 예를 들면, 축과 속임수를 써서 가치 네트워크를 공격한다.

이상 바둑 AI 프로그램 발전사의 3단계인 계발식 알고리즘 시기, 몬테카를로 알고리즘 시기, 기계 학습 시기에 대해 이야기를 나누었다. 알파고 제로가 '바둑의 신'에 가깝다는 말이 있지만 바둑에 최선의 하법이 얼마나 먼 곳에 있는지 누가 알겠는가. 나는 몇십 년 후에 새로운 알고리즘 유형이 나타나 알파고 Zero를 쉽게 물리칠 수 있을 것으로 기대한다!

수학의 3대 상에 대해 수다떨기 :
필즈상, 울프상, 아벨상 ────

　최근 몇 년 동안 노벨상의 수상 결과는 언론 보도의 초점이 되었다. 어떤 사람이 "뉴스 미디어는 노벨상에 그렇게 관심이 많은데 수학계의 상은 왜 뉴스 보도에서 거의 볼 수 없는 것일까요?"라고 질문했다. 수학계에도 중대한 상이 있다. 그중 공인된 가장 중요한 세 개가 필즈상, 울프상, 아벨상이다. 하지만 이에 대한 뉴스 보도가 거의 없었던 이유는 뭘까? 평범한 사람도 노벨 문학상에는 관심을 가질 수 있다. 물리학, 화학, 의학과 경제학 등, 뉴스에서 조금만 설명해도 독자들은 대략적인 이해를 할 수 있다.

　물리상이 그중 가장 심오한 상이라고 해도 과언이 아니다. 많은 물리 개념―상대성이론, 흑점, 양자―은 뉴스 미디어의 노이즈 마케팅을 부추긴다. 얼마 전 중력파는 언론에 의해 과장 홍보될 정도였다. 그런데 수학상은 어떨까? 2015년 울프상 수상자인 캐나다 수학자 제임스 아서의 주된 업적은 '적 공식에 대한 뛰어난 공헌, 그리고 약화

군의 자수적 형식 이론상의 기초적인 공헌'이다. 이 내용을 나는 다 알고 있지만 그럼에도 나의 뇌는 완전히 몽롱하다. 나뿐만 아니라 일반 수학과 학부생들도 절대 읽을 수가 없을 것이다. 더군다나 뉴스 미디어는 말할 것도 없다. 하지만 나는 당신에게 몇몇 수학의 주요 상들에 대해 알게 해주고 싶다.

수학 애호가라면 이 상들이 노벨상과는 전혀 상관이 없다는 것 정도는 알 것이다. 먼저 세 개 중 가장 오래된 필즈상에 대해 이야기해 보자. 국제수학자연맹IMU이 4년에 한 번씩 여는 국제수학자대회에서 공포한 상이다. 필즈상이라고도 불리는 이유는 이 상이 필즈 생전의

[그림]필즈 메달 정면. 프로필 사진은 아르키메데스로 주변에는 라틴 문자가 새겨져 있다 : TRANSIRE SUUM PECTUS MUNDOQUE POTIRI, 그의 마음을 넘어 세계를 장악한다는 뜻이다.

[그림]필즈상 뒷면에는 라틴문(CONGREGATI EX TOTO ORBE MATHEMATICI OB SCRIPTA INSIGNIA TRIBUERE)이 새겨져 있다. 의미는 '뛰어난 업적에 대한 상을 주기 위해 세계 수학자가 모였다.'

버킷리스트에 의해 창설되었기 때문이다. 1920년대 말, 노벨상은 이미 10년 이상 존재해왔다. 필즈는 수학자로서 수학계에도 유사한 상이 있기를 바랐다.

그는 1920년대 말부터 이 상을 준비하여 필즈상 재단을 설립했지만 안타깝게도 1932년 그가 병으로 사망할 때까지 이 상은 수여되지 못했다. 필즈는 유언을 남기고 약 1000만 원을 이 상에 기금으로 기부했다. 그리고 4년이 지난 1936년에 제10회 국제 수학자 대회에서 마침내 이 상이 수여되기 시작했다. 노벨 시상식이 열리는 곳이 스웨덴인데 마침 1936년 국제수학자대회가 스웨덴의 이웃 노르웨이에서 열렸기 때문에 자연스레 수학계의 노벨상으로 여겨졌다.

그러나 필즈상과 노벨상의 차이는 분명하다. 우선 국제수학자대회는 4년마다 열리기 때문에 필즈상도 4년마다 주어지며 수상자 연령은 40세 이하로 제한된다. 이 나이 제한의 목적 중 하나는 당연히 젊은이들을 격려하는 것이다. 수학을 물리, 화학과 차별화한 것도 한 이유이다. 노벨 물리 화학상 수상자는 항상 70대가 되어서야 상을 받을수 있는데, 이유는 항상 자신이 몇십 년 전에 한 예언이나 이론이 입증되거나 적용되었기 때문이다. 반면에 수학자는 매우 큰 시간적 이점을 가지고 있다.

보통 수학 증명이 발표된 후 최대 2~3년 동안 충분히 많은 사람들이 읽고 검증을 한 후에 수학자는 자신의 증명이 성립되었다고 공인한다. 또한 많은 수학자들이 젊은 나이에 아주 중대한 성취를 거두고, 이런 추세가 점점 더 뚜렷해지기 때문에 이 40세라는 '문턱'을 설치한 것은 이상하지 않다. 한편 필즈상 수상자 수는 연간 2~4명 선으로, 수상 빈도를 약간 메울 수 있었다.

　필즈상은 1936년 제1회 수여한 후, 1940년에 다시 대회를 열어야 했지만 이때 제2차 세계대전은 이미 발발하여 아예 개회할 수 없었고 1950년이 되어서야 재개되었다. 그 후로는 4년마다 한 번씩 수여되었으며 중단된 적이 없다. 이 중 2014년에는 서울에서 세계수학자대회가 개최되었고 마리암 미르자카니 미국 스탠퍼드대 교수, 아르투르 아빌라 프랑스 국립과학연구소 소장, 만줄 바르가바 미국 프린스턴대 석좌교수, 마틴 헤어러 영국 워릭대 교수가 필즈상을 수상했다. 이란 수학자였던 마리안 미르자하니는 당시 로하니 대통령의 축하도 받았다고 전해지는데 안타깝게도 그녀는 부선암으로 인해 2017년 7월 14일 40세의 나이로 사망했다.

　현재까지 필즈상 수상자는 2018년까지 미국인이 13명으로 가장 많으며 프랑스인이 11명, 러시아가 9명이다. 안타깝게도 한국 수학자들이 아직 명단에 오르지 못했다. 필즈상의 상금은 1만 5000캐나다 달러, 우리 돈으로 약 1600만 원 정도로 그 액수가 대단하지는 않지만 오랫동안 수학자들의 마음속에 늘 최고로 자리 잡고 있는 상이다.

　다음으로 울프상에 대해서 이야기하겠다. 창업자 리카르도 울프의 생애는 전설적이다. 1887년 울프는 독일 하노버의 한 유대 가정에서 태어났으며 그는 모두 14명의 형제자매가 있었다. 1차 세계대전 전에 울프 가족은 쿠바로 이민을 갔다. 이것은 그의 가족에게 매우 중요한 결정이었다. 그렇지 않았다면 제2차 세계대전 당시 그들의 운명은 비참할 수도 있었다. 이것이 그의 인생의 첫 전환점이었다. 쿠바의 제철

공장에 다년간 근무한 후, 울프는 총명한 재능과 연구 정신으로 제련 과정에서 철을 회수하는 공정을 개발하여 특허를 출원했다. 그의 발명 특허는 전 세계의 많은 제철소에서 이용되었고 그에게 상당한 수입을 가져다주었다.

이것은 그의 인생의 두 번째 전환점이다. 쿠바 혁명으로 카스트로가 등장했다. 위키피디아에는 이 일에 관해 '경제적으로 도의적으로 볼 때, 울프가 카스트로가 일으킨 혁명을 지원하기로 했다'고 짧게 소개했다. 비록 위키피디아에는 이렇게 짧은 문자 소개로 쓰였지만, 울프가 당시에 큰 판돈을 카스트로에게 걸었다는 것은 예상할 수 있다.

돈 많은 70세 가까운 노인이 '무력으로 부와 지위를 얻으려는 현 정권'을 무너뜨릴 준비가 되어 있는 사람을 지원했다는 것을 상상해 보라. 분명히 매우 중요한 이유가 있었을 것이고, 위험한 일에 발을 담근 것이 분명했다. 하지만 신기하게도 그가 걸었던 쿠바 혁명이 성공하여 피델 카스트로가 권력을 빼앗았다. 카스트로는 당연히 그에게 매우 감사했고 직접 그를 이스라엘 주재 쿠바 대사로 임명했다. 당시에 그는 이스라엘로 이미 귀국했는데, 마침 울프가 유대인이었기 때문에 그를 대사로 보냈다.

이것은 그의 인생의 세 번째 전환점이었고 그 해는 1961년 울프는 74세였다. 그러나 그의 전설은 아직 끝나지 않았고 뒤에 또 한 번의 전환이 있었다. 1973년에 쿠바는 이스라엘과 단교한다. 울프는 이스라엘에 계속 머무르기로 선택했고 이스라엘 국적을 취득하여 1981년까지 지내다 생을 마감했다.

울프 생의 마지막 8년 그는 또한 이스라엘의 대표 엘리트가 되었다. 그리고 울프는 삶의 마지막 몇 년 동안 이스라엘 국적을 취득한 후 울프 재단을 설립하여 울프상을 수여하기 시작했다. 이것은 그의 인생의 네 번째 전환이다. 울프의 일생을 되돌아보면 장수(94세)는 물론 경력도 풍부해 유대인의 똑똑하고 완강하며 선명한 민족적 개성을 보여준다. 울프상 화제로 돌아가서, 울프상은 노벨상과 비슷한 종류의 상으로, 여기에는 수학, 농업, 화학, 물리학, 의약 그리고 예술이 포함된다. 울프 수학상은 1978년부터 매년 1회씩 나이 제한 없이 1~2명씩 수상한다. 때로 공석이 생기기도 한다. 공석의 원인은 공식적인 발표가 없어 심사위원들 사이에 의견이 갈렸다는 추측이 나오고 있다. 울프상은 매년 1월 수상자를 발표하는데 2017년 수상자는 미국 수학자 찰스 퍼브먼과 리처드 셔인이다. 울프상을 수상한 중국계 수학자로는 천성신 교수와 구성동 교수가 있다.

마지막으로 세 개의 상 중에서 후발주자인 '아벨상'에 대해 알아보자. 아벨이라는 이름은 수학의 역사에 대해 잘 아는 사람이라면 틀림없이 익숙할 것이다. 그는 노르웨이의 수학자로서 '5차 방정식의 일반적인 근의 공식은 존재하지 않는다'를 처음으로 해결했다. 사람들은 아벨을 갈루아와 함께 자주 언급하는데, 두 사람의 활동 연대가 비교적 가깝고 또 모두 이른 나이에 생을 마감했다는 공통점이 있기 때문이다. 갈루아의 이야기는 좀 더 전설적이어서 좀 더 유명하다. 아벨의 재능도 사실 뛰어나서 독립적으로 군론을 발명했지만 안타깝게도 27살에 폐결핵으로 세상을 떠났다.

1899년 아벨 탄생 100여 주년이 되었을 때 노르웨이의 수학자 소피스 리는 아벨상 설치를 제안했다. 소피스 리는 당초 노벨이 수학상을 설치할 준비가 되어 있지 않다는 말을 들었을 때, 약간의 불만을 가졌고 노르웨이 정부에 아벨이라는 이름으로 수학상을 설립할 것을 제안했다. 흥미롭게도, '아벨'은 '노벨'과 이름이 꽤 비슷하다. 그러나 소피스 리의 제안은 여러 가지 이유로 당시 채택되지 않았고, 100년의 시간이 흘렀다. 아벨의 200번째 생일인 2001년에 이르러서 노르웨이 정부는 다시 이 일을 생각하게 된다. 노르웨이 크로나로 2억원의 자금이 모였고 2003년부터 이 상을 시상하기 시작하였다. 이것은 수학상에서 후발주자이지만 상금이 가장 많으며 매년 상금이 대략 백만 달러로 1~2명의 상금에 해당한다. 이는 노벨상 상금과 거의 비슷하다. 아벨상은 매년 9월 15일까지 지명되어 이듬해 3월에 수상자를 발표한다. 2017년 아벨상 수상자는 프랑스인 이브 메이어로 소파 분석 이론에 기여한 공로를 인정받아 수상했다. 메이어는 또한 네 번째로 아벨 수학상을 수상한 프랑스의 수학자로서 이것은 프랑스의 아벨상 수상 건수가 전 세계에서 두 번째로 많은 것을 가능하게 했다. 프랑스의 필즈상 수상자도 전 세계에서 두 번째로 많은 상을 받았으며 미국에 이어 프랑스의 두터운 수학 전통을 잘 보여주고 있다. 중국에 아벨상을 수상한 수학자가 아직 없다는 게 아쉽다.

대표적인 3개의 상을 간략하게 소개했다. 종합해서 보면 이 3개의 상은 제각기 특성이 있다. 필즈상은 가장 오래되고 명성이 높고 공식적인 성격을 지닌다. 왜냐하면 수학자의 공식조직이 바로 국제수학자연맹이기 때문이다. 옥의 티는 4년에 한 번밖에 없고, 나이 제한도 있지만 상은 권위가 있다. 울프 상은 순수 민간 성격으로 매년 1회, 연령에 제한이 없다. 아벨 상은 앞의 2개와 비교하면 반 공식적인 성격을 가지고 있지만 상금에 있어서는 규모가 가장 크다. 우리는 이 3개의 상 중 어느 것이 수학계의 최고상인지 논쟁할 필요도 없고 수학자들이 노벨상을 시기할 필요도 없다. 세 개의 중량급 상이 있는 것은 수학 분야의 발전에 매우 좋은 일임에는 틀림없다.

각종 상 이외에 수학 연구를 장려하는 '현상금' 메커니즘을 활용하기도 한다. 예를 들어 미국 크레이수학연구소의 '21세기 7대 수학 난제'에는 1건당 100만 달러의 현상금이 걸려 있다. 수학 분야에서는 이렇게 수학 문제에 현상금을 걸 수 있지만 다른 분야에서는 시도도 힘들 일이다. 미국계 헝가리 수학자인 에어디쉬는 수학을 알리고 대중의 관심을 높이기 위해 개인 명의의 현상금으로 보통 50달러에서 1000달러를 내놓았다. 실제로 많은 사람이 현상금을 받아도 수표 대신 기념으로만 표구해 둔다고 한다.

나는 수학애호가의 입장에서 금액의 크기보다는 수학문제에 도전하여 성취한 기쁨이 더 클 것이라고 감히 단언한다. 나는 한국 수학자가 기업가와 협력하여 유사한 현상 활동을 많이 시도하기를 매우 희망한다. 이것으로 당신이 수학의 상에 대해 좀 더 많이 알기를 바라며 수학 분야의 시상식에 더 많은 뉴스 매체가 관심을 갖기를 원한다. 그렇게 된다면 수학 애호가들에게 큰 즐거움이 될 것이다.

이야기가 끝이 없는 피타고라스 정리 ──────

피타고라스 정리에 대해 말하자면, 나는 이 정리가 중학 수학에서 나오는 증명 중에 가장 아름다운 증명이라고 생각한다. 중학교 수학을 돌이켜보면 내용은 많지만 정리라고 할 수 있는 명제는 거의 없어 공식이라고 부르는 것이 적당해 보인다. 삼각형의 합동 등과 같이 기하에서 '정리'라고 부르는 것이 좀 더 많지만 대부분의 증명이 너무 간단하거나 평범해서 그다지 아름답게 느껴지지 않는다. 게다가 사람의 이름을 딴 정리가 이 중 하나밖에 없다는 것은 피타고라스 정리의 중요한 위상을 말해준다.

피타고라스 정리의 증명이 당신에게 아직도 인상적으로 남아 있을지 모르겠지만, 이것은 중학교 평면기하 단원에서 많은 보조선을 추가해야 하는 생소한 증명이었다. 다음으로 기억에 남는 것은 이 증명이 이전에 배운 '삼각형 합동정리'와 '두 평행선 사이에 밑변과 높이가 같은 삼각형의 면적이 서로 같다'는 두 가지 내용이 이용된다는

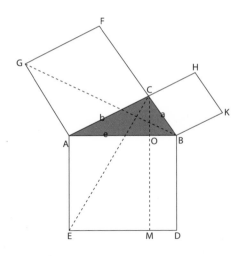

[그림] 교과서에 실린 피타고라스 정리의 증명을 나타내는 그림

것이다. 당시에 나는 어떻게 이런 교묘한 생각을 했는지 감탄했다. 정사각형 면적을 확인하는 문제에서 두 개의 삼각형과 관련된 정리까지 사용되었으니 말이다.

이 증명은 사실 유클리드의 《기하학 원론》에 따른 것이다. 이 증명을 본 후 나는, 나의 전 생애에 걸친 기하수준이 유클리드를 절대 따라가지 못할 거라고 확신했다. 피타고라스 증명에 대한 원고는 안타깝게도 남아 있지 않지만 흥미로운 사실은 동서고금을 막론하고 가장 많이 증명된 정리 중 하나라는 것이다. 100가지가 넘는 증명이 있고, 심지어 미국의 20대 대통령인 가필드의 증명도 있다고 한다.

다음의 증명그림은 대칭적이고 간단하기 때문에, 당신이 이 그림을 보기만 해도 이것이 어떻게 피타고라스 정리를 증명하는지 생각해낼 수 있을 것이다.

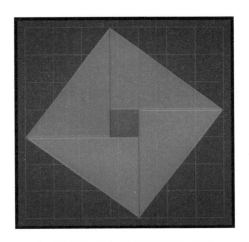

[그림] 피타고라스 증명을 나타내는 그림

　피타고라스 정리는 기하 명제임에도 불구하고 다양한 대수 문제를 제기했다는 점에서 매력적이다. 직각삼각형의 세 변을 구성하는 어떤 세 수를 '피타고라스 수'라고 부르는데 흔히 알려진 피타고라스 수는 바로 5, 12, 13으로 학교 시험에서 여러 번 봤을 법한 수이다.

　그렇다면 피타고라스 수가 될 수 있는 수 조합은 얼마나 많을까? 우리는 서로소인 세 수에 대해서 고려하고자 하는데 이런 수는 특히, '근원 피타고라스 수'라고 부른다. 고대 그리스 수학자들은 이런 수가 무수히 많이 존재한다는 것을 발견했다. 그들은 두 개의 다른 정수 u, v가 주어졌을 때, 세 개의 정수 u^2-v^2, $2uv$, u^2+v^2는 필연적으로 피타고라스 수가 된다는 것을 알았다. 만약 u와 v에서 하나는 홀수, 다른 하나는 짝수라면, 그것들은 필연적으로 '근원 피타고라스 수'로 구성될 것이다.

$$(u^2-v^2)^2+(2uv)^2=(u^2+v^2)^2$$

위 '피타고라스 수'의 구조 공식은 매우 간단해 보이지 않는가? 당신도 피타고라스 수를 발견할 수 있겠다는 자신감이 생기지 않는가? 그러나 결코 만만치 않다는 것을 먼저 말해두겠다. 이것의 확장 형식은 매우 많고 어떤 결론은 매우 놀랍다.

다음으로 확장된 피타고라스 정리를 보자. 먼저 피타고라스 정리의 가장 뚜렷한 확장형은 지수 확장이다. 지수가 3 또는 그 이상인 경우도 정수해를 가질까? 이것은 바로 당신이 익히 많이 들어 온 '페르마의 대정리'이다. 이 정리는 이미 1995년에 영국의 수학자 앤드류 와일즈에 의해 해결되었다. 그럼 왜 '와일즈 정리'라고 부르지 않을까? 분명한 것은 이 추측은 페르마 이전에도 누군가에 의해 연구되어 온 문제라는 것이다. 페르마 대정리라고 부르는 첫 번째 이유는 페르마 개인의 명성이 대단하고 수준이 높기 때문이다. 두 번째는 (아마도) 세계에서 가장 유명한 연구 노트를 남겼는데 이 노트에 실린 이 문제가 사람들의 주목을 끌었다.

또 하나는 페르마가 제시한 모든 명제 중 마지막으로 증명된 것이기 때문에 오랫동안 페르마의 마지막 추측이라고 불렸다. '페르마의 마지막 정리'가 증명된 후, 피타고라스 정리의 지수 확장은 관심거리가 되지 못했다. 하지만 우리는 여전히 항의 수를 확장할 수 있다.

예를 들어 다음과 같은 방정식은 정수해가 있을까?

$$x^2+y^2+z^2=p^2$$

이 문제는 사실 매우 간단하고 무궁무진한 여러 조합이 있다. 예를 들어 $17^2+134^2+58^2=147^2$ 이 있다. 이 네 가지 숫자의 조합을 '피타고라스 사원수'라고 한다. 이런 사원수는 다음과 같은 매개변수 공식으로 구성되어 있다.

$$a=m^2+n^2-p^2-q^2$$
$$b=2(mq+np)$$
$$c=2(nq-mp)$$
$$d=m^2+n^2+p^2+q^2$$

여기서 m, n, p, q는 서로소인 정수이며 $m+n+p+q$가 홀수인 경우 '근원 피타고라스 사원수'를 얻는다. 우리는 지수를 계속 확장하여 다음과 같은 방정식의 정수해도 찾을 수 있다.

$$a^3+b^3+c^3=d^3$$

그러면 당신은 재빨리 이런 예를 발견할 수 있을 것이다.

$$3^3+4^3+5^3=6^3=216$$

이 조합의 해는 매우 흥미롭다. 세 개의 연속된 정수와 (너무 완벽하고 이상적이기 때문에) '플라톤 수'라고 불리는 216이다. 이것은 세 개의 연속하는 정수 꼴의 유일한 정수해로 증명은 상당히 어렵다. 라마누잔은 위 방정식의 신기한 해의 꼴을 찾았는데 다음과 같다.

$$(3x^2+5xy-5y^2)^3+(4x^2-4xy+6y^2)^3+(5x^2-5xy-3y^2)^3=(6x^2-4xy+4y^2)^3$$

여기까지의 내용으로 지수를 네 제곱으로 바꾸어도 해가 존재하는지 궁금할 것이다. 이에 오일러는 다음과 같은 추측을 했다.

$$A^4+B^4+C^4=D^4$$ 의 정수해가 없다.

그러나 1987년 노암 엘키스Noam Elkies는 기하 구조적인 방법으로 다음과 같은 해법을 찾았다.

$$2682440^4+15365639^4+18796760^4=20615673^4$$

그는 오일러의 추측을 뒤집었다. 계속해서 좌변의 지수와 항수를 증가시키는 상황을 생각할 수 있지만 항수와 지수의 가능한 조합은 수없이 많으므로 어떤 구체적인 문제에 대해 연구하는 것은 너무 비효율적으로 보인다. 하지만 수학자들은 항상 보통 사람의 생각을 훨씬 능가한다. 그들은 등식의 우변에 있는 제한을 모두 없애고 좌변이 몇몇 자연수의 몇 제곱의 합이 된다면, 좌변에는 몇 개의 항이 필요할까? 이미지로 비유하자면 방이 충분히 많다고 가정하자. 방의 면적은 1, 2, 3, 4, 5, …이런 식으로 모두 양의 정수이다. 그리고 충분히 많은 타일이 제공되는데 타일의 면적은 모두 '완전 제곱수'이다.

예를 들면 1, 4, 9, 16, 25, …이다. 만약 각각의 방에 타일을 깔고, 모양에 관계없이 크기만 본다면 그 각각의 방들은 몇 개의 타일이 필요할까? 마찬가지로, 이 문제는 면적이 '완전 제곱수'인 타일, '네제곱' 크기의 타일, '다섯 제곱' 크기의 타일 등등 충분히 많은 타일을 제공하도록 확장할 수 있다. 이러한 종류의 문제를 연구하는 것은 각각의 지수나 항수를 개별적으로 고려하는 앞의 조합보다 훨씬 더 효율적이다. 왜냐하면 좌변에서 최대 몇 개의 항이 필요한지 알게 된 후에 우변에 자연수를 생각할 수 있기 때문이다. 그러면 우변에 '완전 제곱수'이든 '세 제곱수'이든 '100 제곱수'이든 상관없다. 왜냐하면 해가 있다는 것이 확실하기 때문이다. 이 점을 잘 알고 난 후에 우리는 면적이 '완전 제곱수'인 타일을 사용하는 문제를 생각한다. 자연수 7은 4+1+1+1이라고 쓸 수 있다. 즉 적어도 4개의 완전한 제곱수의 합으로 쓸 수 있다는 것을 알게 된다. 그 외에 많은 다른 수를 시도해보면 모든 수는 4개의 완전 제곱수가 필요하다는 것을 알 수 있다.

그래서 모든 자연수는 네 개의 완전 제곱수의 합으로 표시할 수 있다는 추측에 이른다. 축하한다. 아주 훌륭한 추측을 했다. 그러나 이 추측은 바셰라는 사람에 의해 이미 1621년에 제안되었다. 페르마는 이 추측을 증명할 수 있다고 말했지만 이것 또한 증명을 내놓지 않았다. 그로부터 100여 년이 흐른 후 1770년과 1773년에 이르러서야 라그랑주와 오일러가 각각 독립적으로 이 추측을 증명했다. 지금은 '네 제곱의 합 정리'라고 부른다. 때때로 페르마는 사람들을 정말로 화나게 한다고 생각된다. 그는 끊임없이 각종 추측을 가지고 동시대의 수학자를 조롱했다. 당시 수학자들은 어떻게 손 쓸 방법도 없었다. 누가 누구를 '아마추어 수학자의 왕'이라고 부를 수 있는가. 하지만 '아마추어' 페르마의 수준은 매우 높았고 내놓은 추측들 하나하나는 이후에 모두 정리로 확인되었고 수학연구의 중요한 정리로서 역할을 했다. 제곱수 문제는 해결되었는데 세 제곱수, 네 제곱수 등에 대해서는 어떨까? 일찍이 누군가가 시도를 해보았는데, 몇 제곱수인지 상관없이 충분히 많은 타일만 있으면 전체 자연수의 방을 다 덮을 수 있는 것처럼 보였다. 1770년 라그랑주에 의해 '네 제곱 합 정리'가 증명되었다.

그렇다면 등식의 좌변에 계수를 넣는 것은 어떨까? 예를 들어 $2x^2 + 2y^2 + 2z^2 + 2w^2$은 모든 자연수를 표시할 수 있을까? 더 확장하여, 어떤 (a, b, c, d)조합이 $ax^2 + by^2 + cz^2 + dw^2$을 나타낼 때 모든 자연수를 표시할 수 있을까? 이러한 다항식은 '만유다항식'이라고 불리며, 그것이 모든 자연수를 나타내기 때문에 만유萬有라고 부른다. 다만 한정된 종류 (a, b, c, d)의 조합만으로 만유다항식을 구성할 수 있다. 한정된 종류에는 어떤 것들이 있을까? 인도 천재 수학자이자 독학으로 공부한 라마누잔은 1916년 만유다항식 계수조합을 모두 찾아내어 55가지(이하 54가지, 나중에 잘못된 하나의 조합을 제외)라고 주장했다.

[1,1,1,1], [1,1,1,2], [1,1,1,3], [1,1,1,4], [1,1,1,5], [1,1,1,6],
[1,1,1,7], [1,1,2,2], [1,1,2,3], [1,1,2,4], [1,1,2,5], [1,1,2,6],

[1,1,2,7], [1,1,2,8], [1,1,2,9], [1,1,2,10], [1,1,2,11], [1,1,2,12], [1,1,2,13], [1,1,2,14], [1,1,3,3], [1,1,3,4], [1,1,3,5], [1,1,3,6], [1,2,2,2], [1,2,2,3], [1,2,2,4], [1,2,2,5], [1,2,2,6], [1,2,2,7], [1,2,3,3], [1,2,3,4], [1,2,3,5], [1,2,3,6], [1,2,3,7], [1,2,3,8], [1,2,3,9], [1,2,3,10], [1,2,4,4], [1,2,4,5], [1,2,4,6], [1,2,4,7], [1,2,4,8], [1,2,4,9], [1,2,4,10], [1,2,4,11], [1,2,4,12], [1,2,4,13], [1,2,4,14], [1,2,5,6], [1,2,5,7], [1,2,5,8], [1,2,5,9], [1,2,5,10]

라마누잔은 페르마와 마찬가지로 결과만 제시했을 뿐 증명은 주지 않았다. 이것은 아마 비전공 출신 수학자의 '폐단'일 것이다. 그러나 이번에도 55가지에서 [1, 2, 5, 5]가 틀렸다는 사실을 증명하지 않은 것은 라마누잔의 천재성에 대한 경의의 표시로 받아들여진다.

안타깝게도 라마누잔은 33세에 세상을 떠났다. 만약 그가 좀 더 오래 살았다면 우리에게 어떤 놀라운 수학 발견을 안겨주었을지 알 수 없다. 이 만유다항식 문제는 앞에서 언급되었던 '3인분 케이크 공평 분배 문제'에서 언급되었던 존 콘웨이에 의해 최종 해결되었다. 그와 그의 학생들은 54가지 조합의 숫자가 모두 만유다항식의 계수라는 것을 증명했다. 게다가 그들은 a, b, c, d라는 조합의 수가 정수 1에서 15까지를 나타낼 수 있으면 그것들은 모든 자연수를 표시할 수 있다는 것을 증명했다. 이 정리는 '15정리'라고 부른다. 또한 네 제곱의 만유다항식은 몇 가지가 모두 미해결 문제이다.

우리는 피타고라스 정리와 유사한 등식이 풀렸는가에 대한 문제를 토론했다. 수학에는 흔한 사고 패턴이 있는데, 방정식의 해가 존재하는지는 어떻게 판정해야 할까? 만약 해가 있다고 판단되면 어떻게 해를 찾을 수 있을까? 여기에 또 아주 대단한 화젯거리가 있다. 예를 들어 다시 피타고라스정리와 관련된 질문으로 돌아가서 숫자 하나를 정하자.

예를 들어 1234를 생각해보자. $a^2+b^2=1234$가 되는 한 쌍의 자연수 a와 b를 찾을 수 있을까? 만약 당신이 프로그램 검색 찬스를 쓴다면 $1234=3^2+35^2$을 빨리 찾을 수 있다. 그러나 일반적인 경우에 어떤 정수가 두 개의 완전 제곱수의 합으로 표시되는 문제를 어떻게 해결할 수 있을까? 여기서 또 페르마 이야기로 돌아가 보자. 이쯤 되면 '아마추어 수학자' 페르마의 수준 높은 수학을 질투하지 말고 인정하는 게 좋다. 그는 확실히 당시 대부분의 직업 수학자들보다 수준이 높았다. 위 질문에 대해서는 '페르마 제곱 합 정리'가 있다. 어떤 소수가 $4k+1$꼴로 나타난다면 이 수는 반드시 2개의 제곱수의 합으로 표현된다. 예를 들어 5는 4+1로, 13은 3×4+1로, 17은 4×4+1로 각각 표시할 수 있으므로 5, 13, 17은 두 정수의 제곱 합으로 표시할 수 있다.

이것은 매우 아름다운 정리로 역명제 또한 성립된다. 하지만 페르마는 역시나 증명을 하지 않았고 100여 년 뒤 오일러에 의해 증명되었다. 이런 역사를 볼 때마다 오일러가 참 바빴겠다고 느껴진다. 100여 년 전 페르마가 준 그런 문제들을 증명하는 것만으로 얼마나 많은 정력을 쏟아야 했을까. 페르마의 이 정리도 특정 형식에 대한 소수만으로 판정 방법을 찾아낸 것이다. $4k+3$형식의 소수 또는 합성수를 두

개의 수의 제곱 합으로 표시할 수 있는지 여부를 어떻게 판정할 것인
지에 대해서는 아무런 자료를 찾지 못했다. 또한 나는 세 제곱 및 그
이상의 지수에 대해서도 어떤 판정방법이 있는 것을 보지 못했다.

하지만 우리의 논의는 아직 끝나지 않았다. 앞에서 네 제곱수 정리
를 언급했기 때문에 모든 자연수는 네 제곱의 합으로 나타낼 수 있다
는 것을 확신한다. 어떤 자연수에 대해 네 개의 제곱수를 합한 것으
로 나타내는 '판정문제'는 완전히 해결되었다. 그러나 판정문제는 해
결되었지만 해를 찾는 문제는 여전히 해결되지 않았다.

어떤 수가 주어지면 이 수를 직접 계산하여 어느 네 개의 제곱수의
합으로 표시할 수 있는지를 알 수 있다. 주어진 하나의 수를 두 개의
큰 소수의 합으로 나타내고 다시 소수인 수로 분해하면 된다. 그러면
해를 구하는 문제가 해결된다. 하지만 아직 '모든' 해의 문제를 찾아
내는 과제가 남았다.

예를 들어보자. $50=5^2+5^2=1^2+7^2$에서 50은 완전제곱수의 합으로 나
타난다. 그렇다면 당신은 어떤 정수를 두 가지 방법으로 '네 제곱수
를 서로 더한 꼴'로 나타낼 수 있느냐고 물을 수 있다. 오일러가 일찍
이 발견한 예는 다음과 같다.

$$635318657=59^4+158^4=133^4+134^4$$

나를 놀라게 한 것은 오일러가 컴퓨터가 발명되기 전에 손으로 계
산해서 이 결론을 찾아냈다는 것이다. 오일러는 어떻게 이 숫자를 찾
았는지 말하지 않았지만, 나는 속으로 '수신數神'이라는 두 글자밖에

말할 수 없었다.

이어서 다섯 제곱 문제는 어떻게 해결할 수 있을까? 어떤 사람이 1.02×10^{26} 이내의 정수를 일일이 세어 $A^5 + B^5 = C^5 + D^5$ 이런 형식의 방정식의 정수해를 찾을 수 없다고 했다.

하지만 $14132^5 + 220^5 = 14068^5 + 6237^5 + 5027^5$이 발견되었다.

세 가지 종류의 해를 생각한다면, 1957년 린치가 발견한 것이 있다.

$$87539319 = 167^3 + 436^3 = 228^3 + 423^3 = 255^3 + 414^3$$

항의 수를 3개로 늘렸을 때 현재 가장 좋은 결과는 여섯 제곱에 대한 것으로 $25^6 + 62^6 + 138^6 = 82^6 + 92^6 + 135^6$이 있다.

일곱 제곱 혹은 그 이상에 대한 유사한 등식은 일일이 열거하지 않겠다. 만약 음수를 고려한다면, 1999년에 어떤 이가 발견한 다음과 같은 놀라운 등식이 있다.

$$30 = (2220422932)^3 + (-2218888517)^3 + (-283059965)^3$$

이것은 30을 나타내는 세 제곱합의 가장 작은 해이다.

2019년 3월, 브리스틀의 앤드류 부커는 다음과 같은 식을 발견했다.

$$33 = (8866128975287528)^3 + (-8778405442862239)^3 +$$
$$(-2736111468807040)^3$$

이상 피타고라스 정리로부터 확장된 문제들을 다루어보았다. 그것의 확장문제는 결코 만만치 않았고 머리가 좀 아팠다고 결론 내리고 싶다.

피타고라스 정리라면 자신 있게 말하던 사람도 본 절에서 다룬 간단하지 않은 숫자들에 기가 죽지는 않았나? 아니면 충분히 간단한가? 중학교 교과서에서 자신 있게 다루는 피타고라스 정리가 이렇게 엄청난 수학을 품고 있었다니 믿기 힘들 수도 있겠다. 하지만 분명한 것은 이런 문제는 매우 흥미롭다는 것이다. 모두 중학생도 이해할 수 있는 문제처럼 보일 수 있지만 몇백 년 동안 수학자들을 괴롭힌 문제이다. 참으로 정수는 신기한 힘을 가지고 있다. 오늘은 정수가 나의 뇌를 매우 뜨겁게 한다.

Let's play with MATH together

1. 어떤 수가 네 개의 완전 제곱수의 합으로 분해될 수 있다는 것을 알고 있다면 5678은 어떤 네 개의 제곱수의 합으로 분해될 수 있는지 계산해보자.

2. 우리는 [1, 2, 5, 5]가 만유다항식의 계수가 아니라는 것을 안다. 또 '15 정리'에 따르면, 우리는 1에서 15까지의 수 중 적어도 하나의 수는 $x^2+2y^2+5z^2+5w^2$으로 표시할 수 없다는 것을 알고 있다. 그 수는 어떤 수인지 생각해보자.

어떻게 골드바흐 추측을
생각해낼 수 있나요?

이 책을 읽은 후 당신도 한 번쯤 스스로 수학연구를 하고 싶지 않았는가? 그렇다면 '수학애호가'가 되는 길의 함정을 피하는 법부터 알아보자.

첫째, 역사적으로 증명된 명제를 뒤엎으려는 생각을 하지 마라. 역사상 증명되었던 명제가 결국 잘못된 것으로 판명된 적은 아직 없다.

둘째, 이미 인정된 증명에서 오류를 찾지 마라. 인터넷 상에 앤드류 와일즈의 페르마 대정리 증명, 괴델의 불완전성의 원리에 대한 증명을 부정하는 사람이 있다. 나는 이런 부정이 완전히 시간 낭비라고 말하고 싶다. 역사상 단 한 번 비교적 유명한 증명의 오류가 발견된 사건은 1876년 사색정리에 대한 증명이었다. 이 증명은 처음에는 옳은 것으로 여겨졌지만 11년 후에 영국수학자에 의해 오류가 확인되었다. 이 사건 이후로 수학계는 증명 심사가 매우 신중해졌고, 여러 해 동안 결론에 이르지 않았고 증명을 쉽게 받아들이지도 않았다. 그래서 이제는 수학계에서 옳다고 여겨지는 한, 더 이상 번복될 가능성은 희박하다.

셋째, 역사상 이미 증명된 것을 간단한 방법으로 다시 쓰려고 시도하지 마라. 역사상 확실한 예는 '소수정리'인데 복잡한 방법으로 먼저 증명되었다가 나중에 에어디쉬와 Atle Selberg에 의해 '초등수학' 방법으로 증명을 다시 썼다. 그러나 이 초등수학의 증명은 결코 간단한 증명이 아니었다. 절대 다수의 수학애호가들에게 매우 어려운 내용으로 이 초등증명에 사용된 하나의 등식은 다음과 같다.

$$\vartheta(x)\log(x) + \sum_{p \leqslant x}\log(p)\ \vartheta\left(\frac{x}{p}\right) = 2x\log(x) + O(x)$$

역사적으로는 오히려 간단한 증명이 있는 명제는 끊임없이 다른 방법으로 증명되어 왔는데 그 예가 '피타고라스 정리'이다. 피타고라스 정리는 이미 100가지 이상의 다른 증명이 있기 때문에 당신이 새로운 증명을 발견하고자 한다면 이전의 증명과 겹치는 것은 없는지 체크해야 한다.

넷째, 매우 유명하지만 100년 이상 증명되지 않은 명제를 증명하려고 시도하지 마라. 이러한 명제는 골드바흐의 추측, 리만가설, 콜라츠추측 문제 그리고 수많은 소수 관련 명제들이 포함된다. 이 명제들은 아마 수학애호가가 도전하기에는 너무 어려운 문제라고 생각된

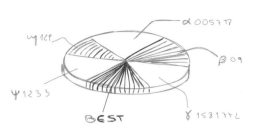

다. 무엇 때문에 이런 문제들에 도전할 수 없는가? 이 문제들은 매우 뛰어난 수학자에게도 위험한 영역들이다. 문제는 참 간단해보

이지만 수학에서는 간단할수록 더 어려운 경우들이 있다. 만약 몇몇 문제들이 오일러, 가우스, 리만 시대를 거쳐 심혈을 기울였지만 여전히 미해결이라면 당신은 문제에 대한 경각심을 가져야 한다.

그래서 만약 스스로 연구하고 싶은 수학문제를 선정한다면 먼저 인터넷을 통해 이 문제에 관한 최신 연구논문, 특히 영문판을 검색해 볼 것을 권한다. 당신이 그런 논문의 대략적인 의미와 최신의 연구성과를 이해한 후에 다시 자신의 연구를 해도 늦지 않다.

이상의 4가지는 내가 수학애호가들에게 하는 충고이다. 그렇다면 수학애호가들은 어떤 종류의 문제를 공략해야 할까? 내 생각에 비교적 새로이 제안된 것, 고등수학 지식을 너무 많이 다루지 않는, 수학자가 아직 많은 정력을 쏟아 붓지 않은 문제들이 좋은 방향이 될 것이다. 좋은 예는 테셀레이션 문제에서 가정주부 마저리 라이스가 오각형 테셀레이션 문제를 푼 것이라 볼 수 있다. 하지만 여기서 수학애호가들에게 좀 더 현실적으로 가능한 자신만의 추측(혹은 질문)을 어떻게 생각해낼 수 있는지를 탐구하기를 바란다.

어떻게 '좋은' 추측을 할 수 있을까? '좋

은' 추측의 기준을 살펴보자.

먼저 좋은 추측은 수학에서 명제여야
한다. 종이 위에 선을 아무거나 하나 긋
고 이 선의 길이가 유리수인지 또는 무
리수인지를 묻거나, 양자물리는 세계를
'이산'이라고 하는데 어떻게 미적분학
이라는 연속적인 수학으로 묘사할 수 있는지 등과 같은 질문을 하는
것을 많이 보았다. 이런 문제들이 의미가 있는지 아닌지를 말하기 전
에, 이런 질문들은 모두 수학적으로 토론할 수 있는 명제가 아니다. 어
떤 추측이 추측으로 인정받으려면 수학용어로 정의되고 서술할 수 있
는 명제여야 한다.

다음으로 좋은 추측은 좀 어렵다. 만약 당신의 추측이 제시된 후에
수학전공자 또는 학생들에 의해 해결되었다면, 그것은 겨우 하나의
연습문제나 경시대회 문제로 추측이라고 보기 어렵다. 좋은 추측은
어렵거나 무리한 것이 아니어야 한다. 만약 당신의 추측이 이미 알려
진 수학 난제를 필요조건으로 해야 한다면, 그것은 아마도 어렵고 무
책임한 일이 될 것이다. 마지막으로 좋은 추측은 정련되고 숙려된 것
이어야 한다. 정련의 의미는 충분히 일반화될 수 있는 것이다. 충분히
정련되지 않은 숙려의 예는 다음과 같다.

x, y가 모두 0보다 크거나 같은 양의 정수일 때, $4x+3y$가 6보다 크
거나 같아지는가?

이 문제는 좋은 문제이지만 정련되지 않았다. 정련된 표현으로 수

정하면 다음과 같다.

A, B, x, y가 모두 양의 정수이고 A, B가 서로소이면 $Ax+By$로 표시할 수 없는 가장 작은 정수는 얼마인가?

여기서는 'A, B가 서로소'라는 조건에 주의해야 하는데 이런 표현은 더 장황해진 걸까? 그러나 이것을 생략하면 즉, A, B가 서로소가 아니라면 $Ax+By$로 표시할 수 없는 양의 정수는 매우 많아진다는 것을 발견할 수 있다. 이밖에도 문제에서 '표시할 수 없는 가장 작은 정수'라고 표현한 사람은 이미 '어떤 수가 존재하여 $Ax+By$는 그것보다 큰 모든 수를 표시할 수 있다'는 것을 알고 있음을 나타낸다. 이것이 숙련이다.

'정련되고 숙련된' 질문은 원래의 명제보다 더 흥미를 끌게 해야 하고, 또한 문제를 푸는 사람의 시간을 더 존중해야 한다. 또한 많은 수학애호가들은 일부 제한된 논거에서 일반적인 명제를 귀납하는 것을 좋아한다. 예를 들어 '모든 x^n-1 꼴의 다항식은 모두 $x-1$을 인수로 가진다.' 그래서 다음과 같이 인수분해할 수 있다.

$$x^2-1=(-1+x)(1+x)$$
$$x^3-1=(-1+x)(1+x+x^2)$$
$$x^4-1=(-1+x)(1+x)(1+x^2)$$
$$\cdots$$
$$x^{30}-1=(-1+x)(1+x)(1-x+x^2)(1+x+x^2)(1-x+x^2-x^3+x^4)$$
$$(1+x+x^2+x^3+x^4)(1-x+x^3-x^4+x^5-x^7+x^8)(1+x-x^3-x^4-x^5+x^7+x^8)$$

위 식에서 인수분해 결과 인수들은 마치 임의의 항의 계수가 모두 ±1인 것처럼 보인다. 그래서 당신은 이렇게 추측한다.

모든 x^n-1 꼴의 다항식을 인수분해하면 인수들의 계수는 모두 ±1이다.

그러나 계속 인수분해를 해나가면

$$x^{105}-1=(-1+x)\,(1+x+x^2)\,(1+x+x^2+x^3+x^4)\,(1+x+x^2+x^3+x^4+x^5+x^6)$$
$$(1-x+x^3-x^4+x^5-x^7+x^8)$$
$$(1-x+x^3-x^4+x^6-x^8+x^9-x^{11}+x^{12})$$
$$(1-x+x^5-x^6+x^7-x^8+x^{10}-x^{11}+x^{12}-x^{13}+x^{14}-x^{16}+x^{17}-x^{18}+x^{19}-x^{23}+x^{24})$$
$$(1+x+x^2-x^5-x^6-2x^7-x^8-x^9+x^{12}+x^{13}+x^{14}+x^{15}+x^{16}+x^{17}-x^{20}-x^{22}-x^{24}-$$
$$x^{26}-x^{28}+x^{31}+x^{32}+x^{33}+x^{34}+x^{35}+x^{36}-x^{39}-x^{40}-2x^{41}-x^{42}-x^{43}+x^{46}+x^{47}+x^{48})$$

계수가 2인 항이 나왔다(어디에 있는지 찾아보아라). 자, 여기서 '숙려'가 얼마나 중요한지 보이는가! 이 책에서 '이동소파문제', '내접정사각형문제', '콜라츠추측' 그리고 '벤포드법칙'에 이르기까지 모두 '정련과 숙려'의 범위에 속한다. 어떻게 하면 좋은 추측을 생각할 수 있는지 다음과 같이 내용을 정리해보았다.

첫째, 많이 읽고 많이 보고 확장된 독서를 해라. 이렇게 하면 중복된 질문을 피할 수 있고 다른 사람의 추측과 명제를 통해 자신의 질문의 생각과 수준을 확장할 수 있다. 많은 문제에 있어 그 풀이과정을 보는 것은 불필요하고 문제 그 자체를 보면 '이 문제는 정말 멋지다!'

라며 진심으로 감탄하게 될 것이다. 어떤 문제에 대해 좋고 나쁨을 느낄 수 있을 때 또 한 번 당신의 수학적 사고 능력은 비상할 것이다.

둘째, 생활 속에서 많이 관찰하고 주변의 사물에서 단서를 찾아라. 수학이 오늘날까지 발전하면서 순수 수학 분야에서 제기될 수 있는 질문은 '거의' 제기되었다. 오히려 많은 현실에서의 응용문제를 수학자가 반드시 알아차릴 수 있는 것은 아니다. 이 방면의 가장 좋은 예는 지도에 색칠을 하여 야기된 '사색정리'문제와 재무장부의 숫자 통계에서 발견된 '벤포드법칙'이다. 당신은 직접 곁에 있는 사물에서부터 손을 댈 수 있다. 특히 자신의 삶에서 수학과 관련된 현상과 사물에 맞닥뜨리면 그 안에 수학 문제가 담겨 있을 수 있다.

셋째, "대담하게 가정하고, 신중하게 증거를 찾아라." 이것은 불멸의 진리이다. 질문하는 것을 두려워하지 마라. 하지만 질문을 한 후에는 먼저 스스로 도전해보고 수학자의 사고방식으로 분석하며 자신의 과정 중에서 수학하는 즐거움을 얻을 것이다.

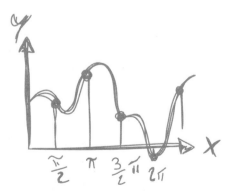

이밖에도 당신이 좋은 추측을 제시했다고 생각하고 또한 '정련과 숙려'를 거친 후에 다음과 같은 상황을 시도할 수 있다.

먼저 인터넷에서 유사한 문제를 제시한 사람이 없는지 검색해본다. 영어사이트를 활용하기를 바란다. 이것은 많은 수학 애호가에게 어려운 점이기도 하지만 극복하지 않으면 안 된다.

다음으로 문제를 표준적인 수학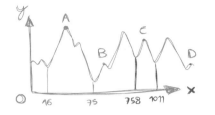
언어로 묘사해서 주변에 수학을 좋
아하는 친구에게 보낸다. 그들의 피
드백을 들어라. 만약 수학을 전공하
는 친구가 있다면 더 좋을 것이다. 마지막으로 만약 당신의 추측이 위
두 가지를 생각했다면 질문을 몇몇 웹사이트에 올리고 싶을 것이다. 반
드시 단순하게 문제만 올리지 말고 스스로의 생각과 분석을 함께 게시
해야 한다. 다른 사람들에게 이 문제에 대해 심사숙고 했다는 것을 알
게 해주고 또한 질문의 의미나 흥미로운 점을 표현해라. 만약 당신의
문제가 '정련과 숙려'에 속하는 문제라면 틀림없이 사회적 반향을 일
으킬 것이고 그러면 당신의 추측은 좋은 추측에 매우 가까워진다.

이후의 일은 우리가 파악할 수 있는 것이 아니다. 어떤 네티즌은
문제를 제기하자마자, 문제에 'KJH추측'처럼 자신의 이름을 붙이는
것에 급급했다. 그러나 어떤 추측은 먼저 '좋은' 추측이어야만 특정
한 이름을 부여받을 수 있다. 결국 어떻게 이름을 짓느냐는 임의적이
고 많은 추측을 먼저 게시하였다고 이름이 부여되지는 않는다. 이를
목적으로 추측을 제기할 필요도 없다. 이것은 우리가 기뻐하는 수학
의 근본적인 이유가 아니기 때문이다. 그렇지 않은가?

자, 어쨌든 나는 당신이 이 책을 좋아하기를 바라고 이 책을 읽고
조금이라도 무언가를 얻어갔으면 좋겠다. 자신만의 '골드바흐의 추
측'을 생각해낼 수 있기를 응원한다!